新能源电力系统动态稳定分析控制

马 静 沈雅琦 汪乐天 范 辉 著

科 学 出 版 社
北 京

内 容 简 介

本书共分为6章。第1章介绍新能源动态稳定的国内外事件及主要研究现状；第2章建立新能源机组动态能量模型，揭示不同场景下其动态能量特性；第3章分析新能源系统耦合特性，定量表征机组间及机组与其他设备间传变作用；第4章建立机组多支路能量依频重塑方法，提出主动阻尼控制技术；第5章探明不同机组及场站设备对动态稳定的影响，构建场站阻尼协同优化控制技术；第6章针对不同类型新能源，试验验证主动阻尼和协同控制功能的有效性。

本书可为从事新能源电力系统稳定控制研究的科研人员提供有益参考，也可作为高等院校电气工程专业师生的参考书。

图书在版编目(CIP)数据

新能源电力系统动态稳定分析控制 / 马静等著. —北京：科学出版社，2024.6

ISBN 978-7-03-078270-0

Ⅰ. ①新… Ⅱ. ①马… Ⅲ. ①新能源-电力系统稳定-稳定控制-研究 Ⅳ. ①TM712

中国国家版本馆CIP数据核字(2024)第055396号

责任编辑：范运年 / 责任校对：王萌萌
责任印制：赵 博 / 封面设计：陈 敬

科学出版社出版
北京东黄城根北街16号
邮政编码: 100717
http://www.sciencep.com
保定市中画美凯印刷有限公司印刷
科学出版社发行 各地新华书店经销
*
2024年6月第 一 版 开本：720×1000 1/16
2025年2月第三次印刷 印张：11 3/4
字数：240 000

定价：138.00元

(如有印装质量问题，我社负责调换)

序

随着新能源大规模、高比例并网，电力系统动态失稳问题日益凸显，尤其是在我国风能资源富集的“三北”地区，部分风电场位于电网末端，逐级升压并入主网，形成了典型的弱电网场景，系统阻尼及惯量缺失、振荡问题凸显，安全稳定运行面临巨大挑战。近年来，我国河北、新疆、山西等地新能源汇集区域已发生了多起振荡事故，严重威胁电网安全稳定运行。

大量随机、时变的新能源机组并网，造成电力系统振荡特性更为复杂多变。一是广域扩散特性，较低频段的振荡分量具有较强的振荡能量，能够在电网中进行大范围传播，使局部区域性的振荡问题演化为广域性的振荡问题。二是多设备强交互特性，随着新能源大规模并网，振荡逐渐由机网交互向风场与电网多电力电子设备之间交互转变。三是多模态漂移特性，新能源机组电力电子变流器具有多时间尺度响应特征，扰动能量在不同时间尺度的控制环节中交互具备时间差异性，导致振荡多模态共存且频率时变。

该书在总结现有研究成果的基础上，充分吸收前人研究的经验教训，对新能源电力系统稳定控制的关键技术问题进行了前瞻性的探讨，创新性地从动态能量的角度提出了应对上述挑战的多项关键技术，在新能源并网系统振荡稳定分析理论和主动阻尼控制技术方面取得了突破性进展，为保障新能源高水平消纳、电力系统安全稳定运行提供了理论和技术支撑。

该书具有鲜明的学术创新性和应用指导性，内容翔实，实用性强，可供电力领域新能源工程技术研发、运行管理等相关人员使用，也可供高等院校电力专业师生参考。相信该书的出版将引领更多研究人员参与到新能源电力系统的建设中，推动新能源电力系统稳定控制相关技术的发展和革新。希望通过大家的共同努力，早日建成绿色、低碳、安全、高效的新型电力系统，为实现我国“双碳”目标做出突出贡献！

2024 年 1 月

前　言

随着能源革命的深入推进，以风能为代表的可再生能源逐渐替代传统化石能源，在能源供给侧占据主导地位。截至 2022 年底，我国风电累计装机容量达到 3.65 亿 kW，占全国发电装机容量的 14.3%。区别于传统旋转发电机，风电机组主要通过电力电子设备实现输送功率控制。虽然电力电子设备能够有效提升新能源机组的发电效率及并网能力，但具备快速响应特性的电力电子设备大规模并网也造成系统结构、运行方式及动态特性更为复杂多变。特别地，在扰动作用下，风电表现出与常规电源迥异的行为，使电力系统动态特性发生质的变化，对系统安全稳定运行造成潜在威胁。

目前，学术界和工业界已针对风电并网系统宽频振荡开展大量研究，但现有研究仍局限于某一频段进行机理分析，对于宽频振荡发生发展的本质过程还难以准确揭示，无法从根本上进行全局的宽频振荡抑制。为此，本书针对风电并网系统宽频振荡问题，以国内外典型的风电并网系统宽频振荡事件为基础，探讨宽频振荡的发生发展特征，并论述宽频振荡抑制技术的研究现状。

在此基础上，本书结合实际需求，建立了直驱/双馈风电机组的动态能量模型，并研究了不同场景下风电机组的能量特性曲线，揭示了风电机组的动态响应特性，同时，构建了风电场网级能量模型，揭示了机组之间及机组与无功补偿装置之间的耦合作用。此外，提出并构建了风电机组多支路能量依频重塑技术，分析了不同锁相参数对风电场能量的影响，研究不同时间尺度控制环节参数、不同空间接入位置的风电机组，以及不同控制模式下的无功补偿设备对振荡模式的影响。最后基于电控系统进行半物理仿真试验，对双馈机组和直驱机组进行主动阻尼实验验证，证实了主动阻尼策略的有效性和可行性。

本书可供高等院校研究生、科研单位技术人员以及有一定理论水平和实践经验的专业人员，在从事新能源电力系统动态稳定控制科学研究和相关技术革新时阅读使用。由于作者水平所限，书中疏漏之处在所难免，望广大读者不吝赐教。

本书的出版离不开团队研究生的共同努力，在此感谢课题组徐宏璐、苏宁赛、项晓强、邓卓俊、宋宇博、康文博、赵冬、张涌新、张佳鑫、张敏、李鹏冲、杨更宇、顾元沛、杨真缪、杜汪洋、邵鸿飞、张家铭、周宜晴、李翔宇、周易、邓雅文、宋嘉龙、曹丰才等的辛勤工作。本书的研究得到国家自然科学基金资助项目(NO.52130709)、中国电力科学研究院、国电南瑞科技股份有限公司、科诺伟业风能设备(北京)有限公司、国网冀北电力有限公司的支持，作者在此表示衷心的感谢!

马　静

2023 年 11 月

目　录

第1章 概　　述

1.1 新能源电力系统的背景

截至 2022 年底，我国以风电、光伏为代表的新能源累计装机容量达到 7.6 亿 kW，占全国发电装机容量的 29.6%，总体呈现大规模、高集中、远距离的特点，同时存在严重的弃风问题，2022 年全年弃风总量高达 497 亿 kW·h[1]，图 1-1 为 2022 年我国各类电源累计装机占比。大比例高渗透率的风电并网运行造成系统结构、运行方式更为复杂多变，难以维持随机波动的电源与负荷功率实时平衡。新能源发电采用电力电子控制装备，其动态响应具有多时间尺度特型，与常规电源存在本质区别，使电力系统动态特性发生了质的变化。特别地，变流器控制环节覆盖低频到高频多个频段，导致风电并网系统受扰后会与同步机、电网、串补线路或直流外送系统产生多形态交互，激发以传输功率非平稳波动为表征的多时间尺度动态稳定问题，振荡频率覆盖几赫兹到几百赫兹宽频段，对系统安全稳定运行造成潜在威胁[2,3]。因此，对新能源电力系统复杂动态行为及其机理进行深刻剖析势在必行。

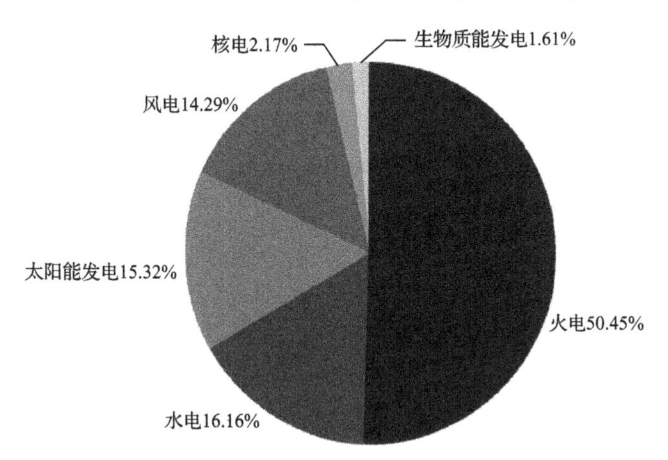

图 1-1　2022 年我国各类电源累计装机占比

一方面，风电机组受扰后呈现弱阻尼特性，而锁相环的引入在稳定风电机组并网电压的同时，增强了风电机组与电网机电暂态耦合作用，恶化系统阻尼水平，极易引发宽频振荡问题；另一方面，振荡分量在不同电力电子设备间传导、交互可能激发出新的振荡模态，导致多种形态的振荡分量在电网中共存。2010～2020 年期间，华北沽源地区风电场在低风速、无故障、经串补送出的条件下持续出现了数十起纯电气谐振的次同步振荡事故，起初振荡频率范围为 2～5Hz，而后为 4～9Hz，导致机组的大面积脱网，脱网总数高达上千台，严重影响区域电网的稳定[4]。2015 年 7 月，新疆哈密地区某永磁直驱风电场发生次同步振荡，机组汇集母线出现 19.4～90.8Hz 的次/超同步频率分量，导致西北天中直流配套花园电厂 3 台 660MW 机组因轴系扭振保护动作跳机，共损失功率 128 万 kW，西北电网频率由 50.05Hz 降低至 49.91Hz，严重威胁系统安全运行[5]。随着风电出力占比的增加，电网中与风电场相关的次/超同步振荡问题出现愈发频繁，如果不采取有效措施，极易引发全网安全稳定问题，这已成为制约风电发展的重要因素。

此外，电力电子变流器具备非线性、多时间尺度的特征[6,7]，如图 1-2 所示，直流电压控制、功率控制、电流内环控制等环节覆盖低频到高频多个频段。受变流器控制环节影响，风电并网系统受扰后会与弱电网和串补输送线路交互激发多形态振荡问题，振荡频率覆盖几赫兹到数百赫兹[8-11]。此外，随着直流输电的大规模发展，风电输送距离在不断攀升的同时，系统电力电子化也逐渐加强，电力电子设备间的相互耦合易引发数千赫兹的失稳性振荡[12-14]。现有研究将由电力电子设备及其与电网交互产生的覆盖几赫兹到几千赫兹的振荡定义为宽频振荡[15]。随着风电出力占比的增加，系统宽频振荡问题将愈发频繁，如果不采取有效抑制

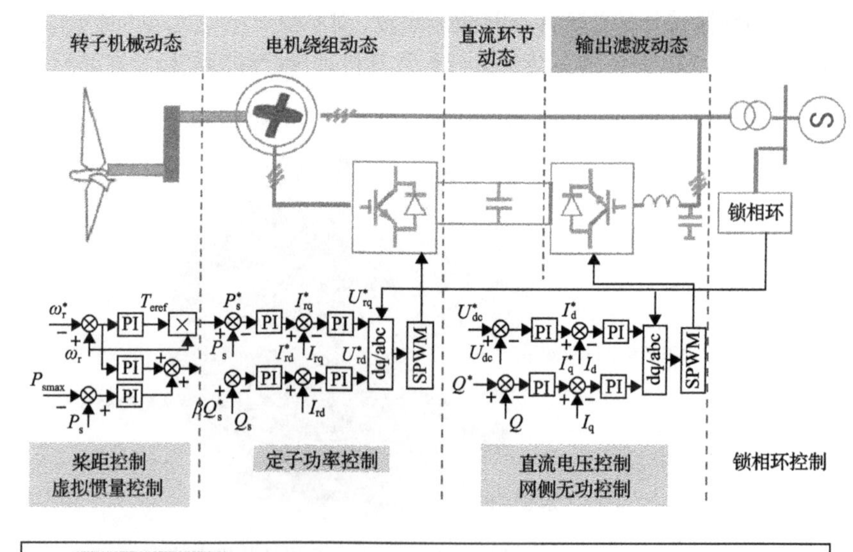

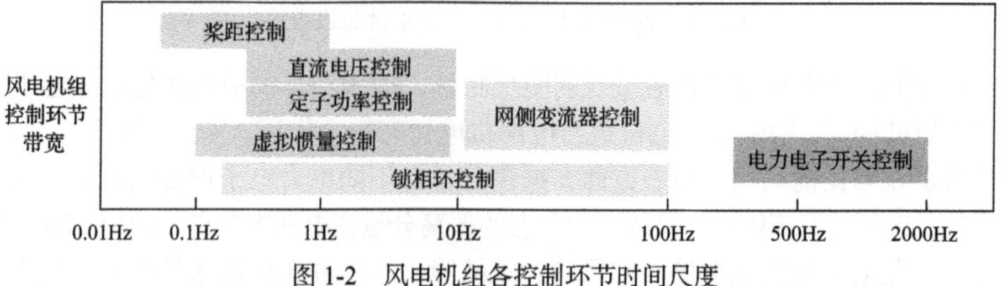

图 1-2　风电机组各控制环节时间尺度

措施，极易引发全网安全稳定问题，同时制约风电的发展。

1.2 新能源电力系统宽频振荡问题

新能源并网系统宽频振荡现象最早出现于风电并网系统接入交流电网的小干扰运行工况，文献[16]～[18]研究认为风电机组变流器在某一频段内呈现容性阻抗和负电阻，与电网中其他感性设备形成振荡电路，诱发持续振荡。文献[19]～[21]则认为系统扰动分量经过风机变流器产生放大作用，导致系统振荡发散。随着风电场内部以及电网中电力电子设备的大规模投入，多变流器、多控制环节之间交互作用引起的宽频振荡问题也逐渐凸显。风电并网系统产生的宽频振荡问题不再局限于单一小干扰运行工况，宽频振荡特征也发生了明显改变。下面分别针对目前国内外风电并网系统出现的小干扰宽频振荡事件和大扰动宽频振荡事件进行分析，阐明风电并网系统的宽频振荡特征。

1.2.1 风电并网系统小干扰引发的宽频振荡事件

按照风电并网运行场景，小干扰引发的宽频振荡事件又可分为风机接入交流线路产生的宽频振荡以及风机与电力电子设备交互产生的宽频振荡。

1. 风机接入交流线路产生的振荡

风电场与交流线路产生的宽频振荡主要集中于次/超同步频段，出现在双馈风电场经串补线路接入电网和直驱风电场接入弱电网这两种运行工况中。

双馈风电场经串补线路产生的次同步振荡问题是最早受到广泛关注的振荡问题。该问题出现于 2009 年，美国得克萨斯州的双馈风电场经串补线路输送时引发了 20Hz 左右的次同步振荡，并造成了大规模风机脱网[21-23]。从 2011 年开始，我国河北沽源双馈风电场也发生了多起次/超同步振荡问题，振荡频率波动范围较大，从起初 2～5Hz 逐渐上升至 4～9Hz，导致上千台风电机组脱网，如图 1-3 所示[24,25]。针对该场景下的次同步振荡问题，现有研究结果表明[26,27]，此类振荡主要由双馈风电机组变流器与串补线路交互作用产生。在串补线路的谐振频率附近，风电并网系统等效阻尼为负值，系统扰动电流和电压分量进入双馈风电机组变流器控制环节，将被进一步放大，从而诱使系统振荡发散。

风电场接入弱电网产生次/超同步振荡问题出现于 2015 年新疆哈密地区直驱风电场。风电并网系统受扰激发的 19.4～90.8Hz 的振荡分量传导到 300km 以外的火电机组，导致 3 台 660MW 火电机组因轴系扭振保护动作跳机，共损失功率 128 万 kW，其间，系统振荡频率也呈现动态变化过程，次同步频率在 16～24Hz 之间波动，如图 1-4 所示[28]。该次同步振荡事件引发国内外学者对风机接入弱电网场

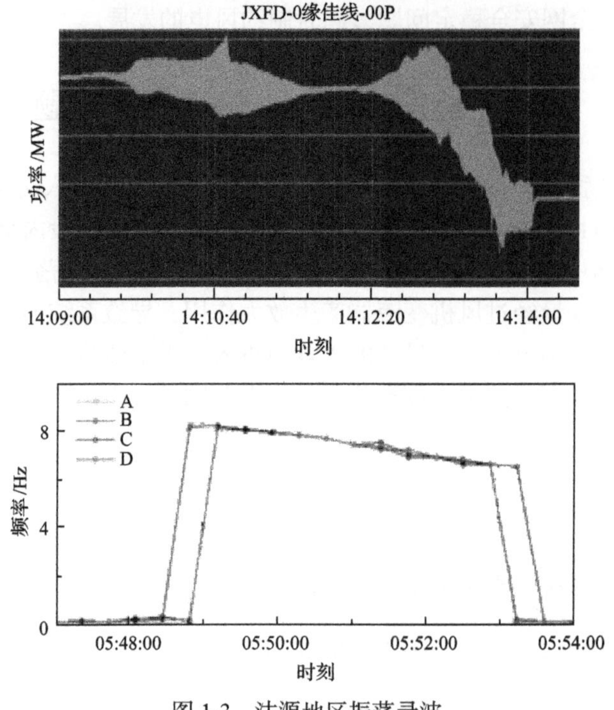

图 1-3　沽源地区振荡录波

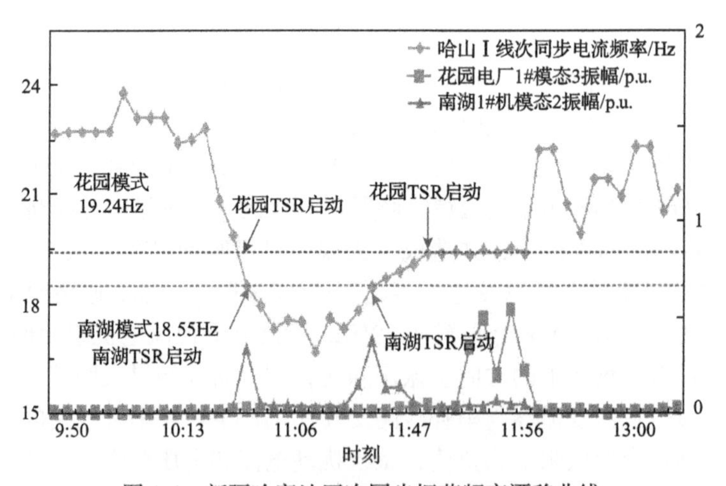

图 1-4　新疆哈密地区次同步振荡频率漂移曲线

景的探讨。事件研究结果表明，直驱风电机组在次/超同步频段上呈现容性特征，易与弱电网构成谐振回路。同时受锁相环和 q 轴电流内环影响，直驱风电机组呈现负阻尼作用，导致系统振荡发散至失稳[29-31]。也有学者研究指出，风电场接入弱电网产生的振荡不局限于直驱风电机组。双馈风电机组网侧变流器也会受锁相环和电流环参数影响，在 900～1000Hz 频段下呈现容性特征，并出现负阻尼作用，引发持续的宽频振荡[18-33]。

2. 风机与其他电力电子变流器设备交互产生的振荡

风机与其他电力电子变流器设备交互产生的振荡主要存在于风电场内风机与无功补偿设备交互作用和风电场与网侧直流输电线路交互作用。

风机与无功补偿设备交互产生的振荡现象出现于2018年，新疆哈密望洋台风电场发生23.6Hz的次同步振荡。在振荡过程中风电场接入强电网运行，且整场机组功率较小，约为3.52MW，不满足风电场与弱电网产生的宽频振荡起振条件。该风电场结构及振荡测量数据如图1-5所示。振荡期间，风电场SVG首先起振，随后振荡分量传播至风电场线路，引起振荡发散和失稳，且SVG端口振荡分量高达82%。该振荡是由风机与SVG之间交互作用产生的，且振荡现象与风电场接入交流线路的振荡场景有明显区别。目前对于该振荡发生机理仍未探明。

风电机组与直流输送线路交互作用在次/超同步频段到中高频频段均存在宽频振荡风险。2012年，广东南澳风电场经柔性直流输电工程输送时，激发出30Hz左右的次同步振荡，导致变流站停运[34-36]。2012年，德国北海海上风电场经柔性直流输电线路外送过程中，由于电力电子变流器之间的交互作用，系统激发了250～350Hz的高频谐振，导致换流站电容烧毁，其电流录波图如图1-6所示[13,37]。近年，国内柔性直流工程在投运初期的调试期间也多次观测到20～30Hz的电压、电流振荡现象。文献[36]表明，该振荡产生是由于直流线路设计时未考虑风机变流器和直流线路变流器之间的交互作用，模型研究过程中忽略了关键设备对振荡的影响，导致电力电子变流器设备在该频率下的阻尼不足，诱使系统扰动电流振荡发散[38]。

1.2.2 风电并网系统大扰动引发的宽频振荡事件

在大扰动引发故障穿越过程中，风电机组无功控制系统动作，加强了风机与电网扰动的耦合作用，极易诱发宽频振荡。在此场景下，若风电机组不具备主动阻尼能力，可能引发风机脱网甚至连锁故障。

2019年英国“8·9”停电事故是典型由故障引起的宽频振荡事件[39]。该事件起源于雷击导致的单相接地故障，风电场的电压无功控制系统在故障后开始启动，并呈现了近似2个周期的次同步振荡，振荡频率在10Hz左右。振荡持续两个周期后，风机过流保护动作，导致风电场大规模脱网。振荡过程中的电压及功率曲线如图1-7所示[39]。在振荡过程中风电场出现了显著的电压波动，导致振荡分量在风电机组变流器中的传导和发展过程与传统小干扰作用下的功率振荡有所区别[40]。目前对于该振荡事件的发生发展机理仍没有确切定论，但该问题的出现对于风电并网系统多控制系统间耦合机理以及大扰动下宽频振荡抑制的研究具有指导性意义。

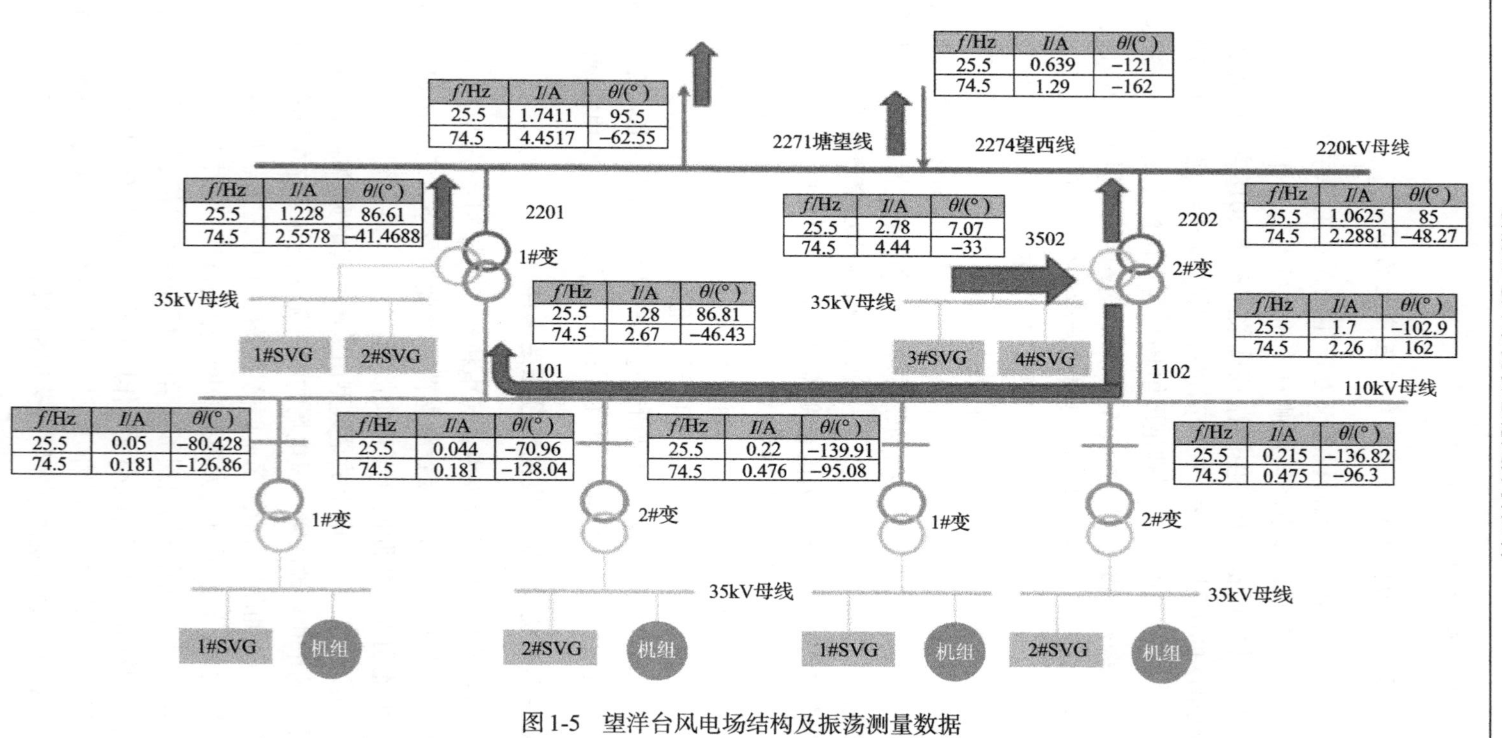

f/Hz	I/A	θ/(°)
25.5	1.7411	95.5
74.5	4.4517	−62.55

f/Hz	I/A	θ/(°)
25.5	0.639	−121
74.5	1.29	−162

f/Hz	I/A	θ/(°)
25.5	1.228	86.61
74.5	2.5578	−41.4688

f/Hz	I/A	θ/(°)
25.5	2.78	7.07
74.5	4.44	−33

f/Hz	I/A	θ/(°)
25.5	1.0625	85
74.5	2.2881	−48.27

f/Hz	I/A	θ/(°)
25.5	1.28	86.81
74.5	2.67	−46.43

f/Hz	I/A	θ/(°)
25.5	1.7	−102.9
74.5	2.26	162

f/Hz	I/A	θ/(°)
25.5	0.05	−80.428
74.5	0.181	−126.86

f/Hz	I/A	θ/(°)
25.5	0.044	−70.96
74.5	0.181	−128.04

f/Hz	I/A	θ/(°)
25.5	0.22	−139.91
74.5	0.476	−95.08

f/Hz	I/A	θ/(°)
25.5	0.215	−136.82
74.5	0.475	−96.3

图 1-5 望洋台风电场结构及振荡测量数据

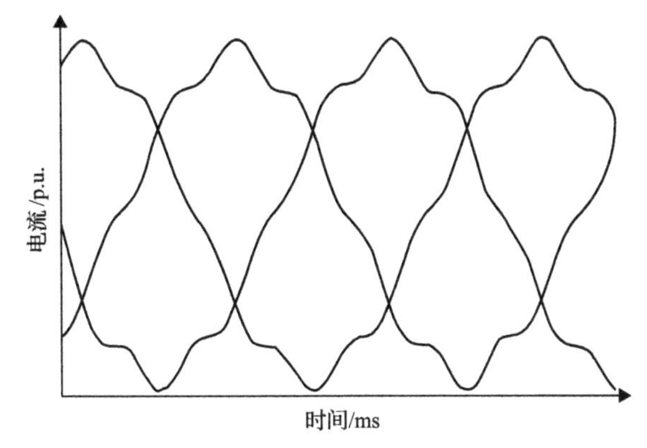

图 1-6 德国北海工程电流录波

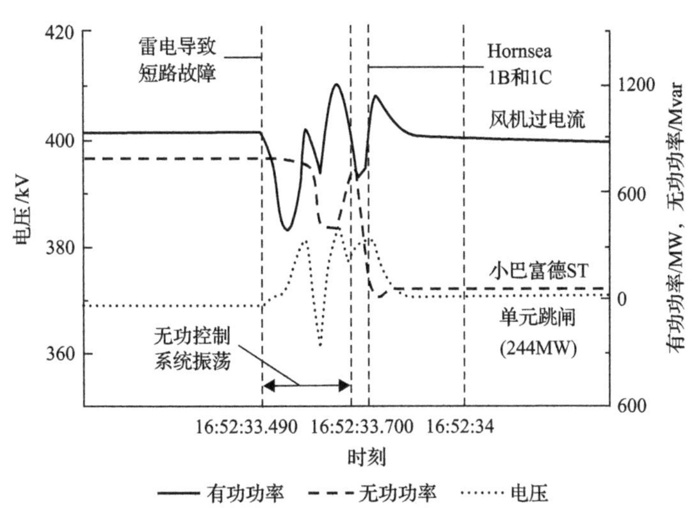

图 1-7 霍恩风电场电压、有功和无功功率曲线

1.2.3 风电并网系统宽频振荡特征

综合现有的宽频振荡事件，风电并网系统的宽频振荡特征如图 1-8 所示。

1) 宽频振荡多模态漂移

该特征主要出现于风电机组经串补线路输送或接入弱电网场景中。根据沽源风电场的现场录波发现，随着风电机组的逐步脱网，系统运行点发生变化，系统振荡频率也随之改变。此外，风速的随机性引起的振荡模式变化也是导致宽频振荡频率漂移的关键因素，相关研究[41-43]表明，串补度决定了次同步谐振的频率和阻尼所处区间位置，而风速则影响区间内的频率和阻尼的概率分布。在风电经直流送出场景中，随着网侧大规模电力电子设备投入运行，风电并网系统多时间尺度特性将越发明显，扰动能量在不同时间尺度的控制环节中交互具备时间差异性，将导致宽频振荡多模态漂移特征逐渐凸显。

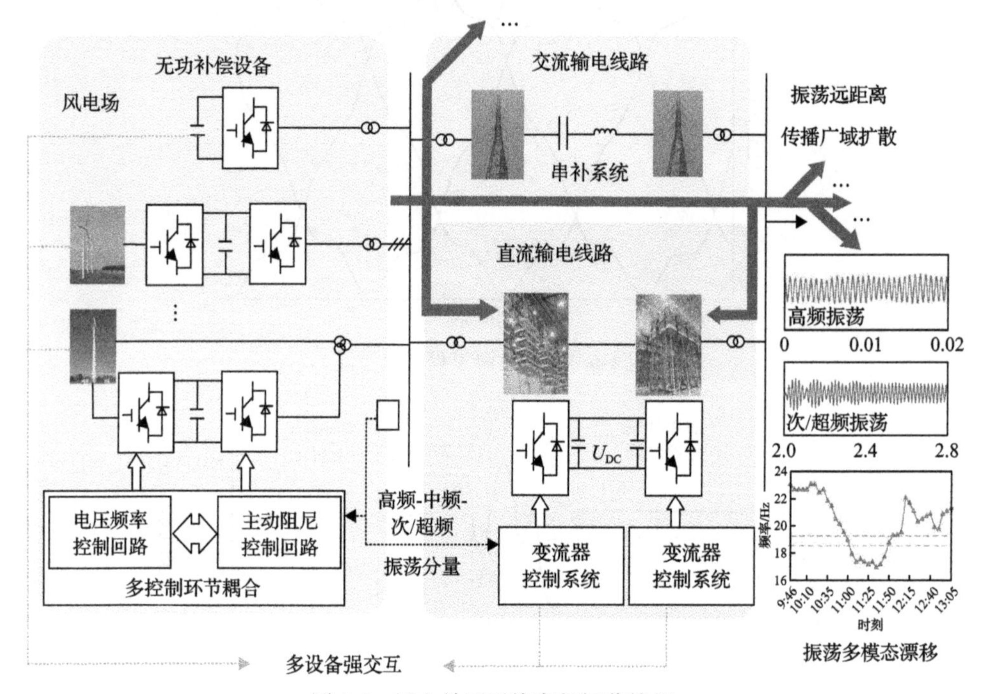

图 1-8 风电并网系统宽频振荡特征

2) 宽频振荡广域扩散性

较低频段的振荡分量具有较强的振荡能量，能够在电网中进行大范围传播，导致风电并网系统宽频振荡在机网耦合的作用下向其他电网区域扩散，使原本区域性的宽频振荡问题演化为广域性的振荡问题[11-16]。此外，在振荡传播过程中，由于网络拓扑和系统运行点的改变，风电机组不断与传播路径上其他机组及设备产生交互作用，引发多种振荡模式，使原本单一振荡模式向全局振荡模式转变。随着电力系统源–网–荷侧电力电子化逐渐加强，变流器设备间的强耦合作用将为宽频振荡提供快速传播媒介，风电并网系统宽频振荡的传播范围将进一步扩大。

3) 宽频段多设备多控制环节强交互特性

风电并网宽频振荡研究初期主要围绕风机和交流电网之间的交互作用开展，但随着电力电子设备的大规模投运，宽频振荡逐渐由单机机网交互转向风电场与电网多电力电子设备之间的交互作用。一方面，随着风电场内风电规模的不断扩大，各机组之间以及机组和无功补偿装置之间存在有功、无功的耦合作用，容易引发潜在的场内交互振荡模态[44,45]。另一方面，随着网侧电力电子化程度加深，风电场与直流输电线路控制环节间存在多条耦合通路，风电并网系统宽频振荡从单一振荡源向多变流器振荡源转变，并且柔直线路控制方式不同，机网耦合程度及其对阻尼作用也不相同[46,47]。宽频振荡频率和阻尼呈现强非线性特征，振荡的发生诱因和发展机理更加复杂。

由此可见，随着大规模电力电子设备投运，风电并网系统宽频振荡模态漂移特征逐渐加剧，振荡传播扩散范围不断加大，整体在时间上呈现多模态化，在空间上呈现多设备强交互，并且可能引起全局发散性振荡失稳，严重威胁风电并网系统的安全稳定运行。

1.3 本书的主要架构

目前，学术界和工业界已针对风电并网系统宽频振荡开展大量研究，但现有研究仍局限于某一频段进行机理分析[16]，对于宽频振荡发生发展的本质过程还难以准确揭示，无法从根本上进行全局的宽频振荡抑制。为此，针对风电并网系统宽频振荡问题，本书拟针对风力发电系统的宽频振荡问题开展研究，通过探究风电机组宽频段动态响应特性的关键影响因素，结合风电场网络拓扑，建立风电场网络能量模型，揭示机组之间及机组与无功补偿装置之间的耦合作用机理。在此基础上，兼顾风电机组基频响应需求，构建自适应宽频振荡频率变化的风电机组主动阻尼控制策略，从时间、空间、功率维度构建分层-集中的风电场协同优化控制技术方案；开发具备主动阻尼振荡抑制功能的风电机组变流器，以有效提升风力发电系统安全稳定运行能力。本书在理论和工程两方面均具有重要意义：其一，本书的研究有助于推动风力发电系统宽频振荡理论的发展；其二，本书的研究将为提高风电机组并网安全运行能力、提升风电消纳能力、降低弃风损失提供技术支撑。

本书针对风力发电系统的宽频振荡问题开展相关技术研究，采用的技术路线如图 1-9 所示。本书以构建具备自适应性、兼容性、协同性的风电侧宽频段动态特性主动优化控制技术为目标，探究宽频振荡下风电机组时频动态响应特性，揭示振荡分量在各控制环节中的传播及演化规律，并筛选影响风电机组宽频振荡稳定水平的关键因素。在此基础上，兼顾风电机组基频响应需求，构建多支路能量依频重塑方案，实现自适应宽频段的风电机组主动阻尼控制。进一步，在场网级，构建风电场网络能量模型，揭示机组之间及机组与无功补偿装置之间的耦合作用，并据此从时间、空间、功率维度构建场网级协同优化控制技术方案；开发具备宽频振荡抑制功能的风电机组电控系统，实现半物理仿真及现场试验验证。

本书共分为 6 章，除本章外，第 2 章构建直驱/双馈风电机组能量模型，并描绘振荡发散、振荡收敛等场场景下风电机组的能量特性曲线，揭示风电机组的动态响应特性。

第 3 章基于机组动态能量模型，从时域维度追踪宽频振荡下的能量流通路径，

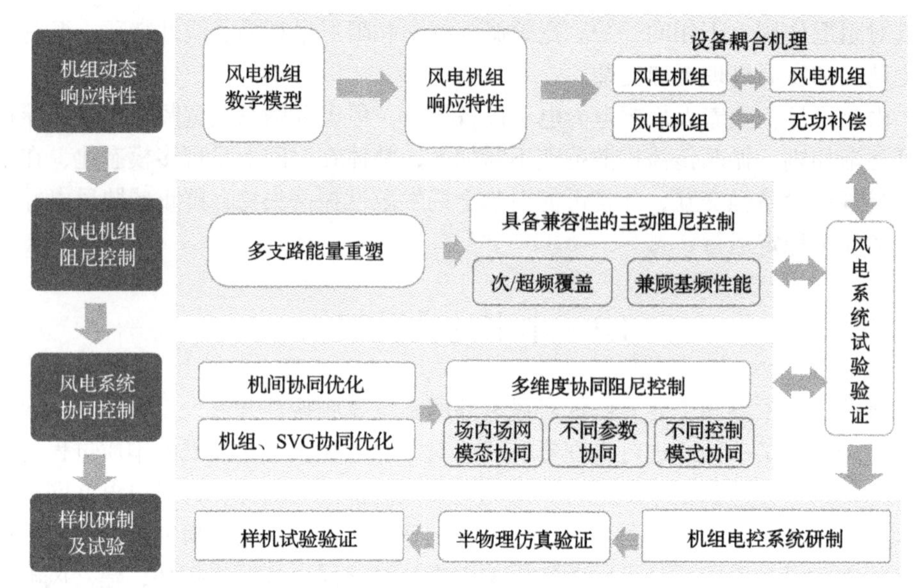

图 1-9　技术路线图

阐明振荡传播及演化规律，筛选宽频振荡下风电并网系统稳定水平的关键影响因素，揭示风电机组控制环节的时频耦合机理。在风电场层面，依据风电场网络拓扑，构建风电场网络能量模型，描绘场内及场网间的能量流通路径，揭示振荡分量在风电场中的传播路径及演化规律，明晰风电场各设备间耦合作用机理。

在此基础上，第 4 章结合风电机组控制环节耦合机理，在风电机组关键控制环节中，构建了双馈/直驱机组多支路能量依频重塑技术，并设计满足兼顾宽频振荡全频段稳定需求的风电机组能量特性指标，优选能量补偿支路控制参数。进一步地，考虑低电压穿越、功率扰动等场景下宽频段控制回路对机组基频特性的影响，校验各控制策略对机组基频响应需求的兼容能力，提出具备宽频振荡全频段自适应性以及基频兼容性的主动阻尼控制策略。

第 5 章考虑到不同锁相环参数导致的基准电压差异可能引发场内振荡模式，因此，首先探究了不同锁相参数对风电场能量的影响，揭示多风电机组输出动态能量同调原理；进一步解析锁相不一致情况下，不同时间尺度控制环节参数、不同空间接入位置的风电机组，以及不同控制模式下的无功补偿设备对场内振荡模式与场网振荡模式的影响。在此基础上，兼顾场内振荡模式及场网振荡模式的稳定需求，构建风电场能量优化设计原则与方法，从时间、空间、功率维度提出场网级参数协同优化方案，实现场网级宽频振荡主动阻尼。

第 6 章设计开发具备主动阻尼功能的风电机组电控系统，并基于半物理仿真验证了风电机组主动阻尼控制策略对宽频振荡的自适应阻尼能力和对基频特性的兼容能力。研究风电场级协同优化控制试验验证方案，并利用半物理仿真验证了风电场级协同控制策略的有效性。在此基础上，模拟典型电网运行工况下的宽频振荡场景，并进行直驱/双馈风电机组主动阻尼功能的试验验证。

参 考 文 献

[1] 中国农业机械工业协会风力机械分会. 中国风电产业发展报告(2023)[J]. 电气时代, 2023(5): 14-19.

[2] Chen A, Xie D, Zhang D, et al. PI parameter tuning of converters for sub-synchronous interactions existing in grid-connected DFIG wind turbines[J]. IEEE Transactions on Power Electronics, 2018, 34(7): 6345-6355.

[3] Patnaik R K, Dash P K, Mahapatra K. Adaptive terminal sliding mode power control of DFIG based wind energy conversion system for stability enhancement[J]. International Transactions on Electrical Energy Systems, 2016, 26(4): 750-782.

[4] Dominguez-Garcia J L, Gomis-Bellmunt O, Bianchi F D, et al. Power oscillation damping supported by wind power: A review[J]. Renewable and Sustainable Energy Reviews, 2012, 16(7): 4994-5006.

[5] Gao B, Hu Y. Sub-synchronous resonance mitigation by a STATCOM in doubly fed induction generator-based wind farm connected to a series-compensated transmission network[J]. Institution of Engineering and Technology (IET), 2019(16): 812-815.

[6] Zhao M, Yuan X, Hu J, et al. Voltage dynamics of current control time-scale in a VSC-connected weak grid[J]. IEEE Transactions on Power Systems: A Publication of the Power Engineering Society, 2016, 31(4): 2925-2937.

[7] Hu J, Yuan H, Yuan X. Modeling of DFIG-based WTs for small-signal stability analysis in DVC timescale in power electronics dominated power systems[J]. IEEE Transactions on Energy Conversion, 2017, 32(3): 1151-1165.

[8] 李明节, 于钊, 许涛, 等. 新能源并网系统引发的复杂振荡问题及其对策研究[J]. 电网技术, 2017, 41(4): 1035-1042.

[9] Huang B, Sun H, Liu Y, et al. Study on subsynchronous oscillation in D-PMSGs-based wind farm integrated to power system[J]. IET Renewable Power Generation, 2019, 13(1): 16-26.

[10] 李景一, 毕天姝, 于钊, 等. 直驱风机变流控制系统对次同步频率分量的响应机理研究[J]. 电网技术, 2017, 41(6): 1734-1740.

[11] 王伟胜, 张冲, 何国庆, 等. 大规模风电场并网系统次同步振荡研究综述[J]. 电网技术, 2017, 41(4): 1050-1060.

[12] Bodin A. HVDC Light®-a preferable power transmission system for renewable energies[C]//Proceedings of the 2011 3rd International Youth Conference on Energetics (IYCE), Leiria, Portugal, 2011: 1-4.

[13] Chi Y N, Tang B, Hu J, et al. Overview of mechanism and mitigation measures on multi-frequency oscillation caused by large-scale integration of wind power[J]. CSEE Journal of Power and Energy Systems, 2019, 5(4): 1-11.

[14] 尹聪琦, 谢小荣, 刘辉, 等. 柔性直流输电系统振荡现象分析与控制方法综述[J]. 电网技术, 2018, 42(4): 1117-1123.

[15] 马宁宁, 谢小荣, 贺静波, 等. 高比例新能源和电力电子设备电力系统的宽频振荡研究综述[J]. 中国电机工程学报, 2020, 40(15): 4720-4732.

[16] 李光辉, 王伟胜, 刘纯, 等. 直驱风电场接入弱电网宽频带振荡机理与抑制方法(二): 基于阻抗重塑的宽频带振荡抑制方法[J]. 中国电机工程学报, 2019, 39(23): 6908-6920.

[17] 谢小荣, 刘华坤, 贺静波, 等. 新能源发电并网系统的小信号阻抗/导纳网络建模方法[J]. 电力系统自动化, 2017, 41(12): 26-32.

[18] 刘其辉, 董楚然, 于一鸣. 双馈风电并网系统高频谐振机理及抑制策略[J]. 电力自动化设备, 2020, 40(9):

163-172.

[19] 吴熙, 关雅静, 宁威, 等. 双馈风机转子侧变换器参数对次同步振荡的交互影响机理及其应用研究[J]. 电网技术, 2018, 42(8): 2536-2544.

[20] 栗然, 卢云, 刘会兰, 等. 双馈风电场经串补并网引起次同步振荡机理分析[J]. 电网技术, 2013, 37(11): 3073-3079.

[21] Ma J, Yang Z, Du W, et al. An active damping control method for direct-drive wind farm with flexible DC transmission system based on the remodeling of dynamic energy branches[J]. International Journal of Electrical Power & Energy Systems, 2022, 141: 1-15.

[22] 常海军, 侯玉强, 柯贤波, 等. 综合 FACTS 和 HVDC 协调优化的大规模风电脱网控制方法[J]. 电力系统保护与控制, 2017, 45(13): 78-84.

[23] Adams J, Pappu V A, Dixit A. Ercot experience screening for sub-synchronous control interaction in the vicinity of series capacitor banks[C]//IEEE Power and Energy Society General Meeting, San Diego, CA, USA, 2012: 1-5.

[24] 董晓亮, 谢小荣, 杨煜, 等. 双馈风机串补输电系统次同步谐振影响因素及稳定区域分析[J]. 电网技术, 2015, 39(1): 189-193.

[25] 董晓亮, 田旭, 张勇, 等. 沽源风电场串补输电系统次同步谐振典型事件及影响因素分析[J]. 高电压技术, 2017, 43(1): 321-328.

[26] Xie X, Zhang X, Liu H,et al. Characteristic analysis of subsynchronous resonance in practical wind farms connected to series-compensated transmissions[J]. IEEE Transactions on Energy Conversion, 2017, 32(3): 1117-1126.

[27] 张剑, 肖湘宁, 高本锋, 等. 双馈风力发电机的次同步控制相互作用机理与特性研究[J]. 电工技术学报, 2013, 28(12): 142-149.

[28] 张明远, 肖仕武, 田恬, 等. 基于阻抗灵敏度的直驱风电场并网次同步振荡影响因素及参数调整分析[J]. 电网技术, 2018, 42(9): 2768-2777.

[29] 谢小荣, 刘华坤, 贺静波, 等. 直驱风机风电场与交流电网相互作用引发次同步振荡的机理与特性分析[J]. 中国电机工程学报, 2016, 36(9): 2366-2372.

[30] Jiang H, Ma S, Song R, et al.Research on subsynchronous interaction between direct-drive PMSG based wind farm and static var generator[C]//2020 5th Asia Conference on Power and Electrical Engineering(ACPEE), Chengdu, China, 2020.

[31] 张学广, 付志超, 陈文佳, 等. 弱电网下考虑锁相环影响的并网逆变器改进控制方法[J]. 电力系统自动化, 2018, 42(7): 139-145.

[32] 吴雨, 薛安成, 付潇宇, 等. 高频扰动下的双馈风机系统频率响应及其振荡风险分析[J]. 浙江电力, 2018, 37(11): 29-35.

[33] Fang R, Chen W, Zhang X, et al. Improved virtual inductance based control strategy of DFIG under weak grid condition[C]//2018 International Power Electronics Conference(IPEC-Niigata 2018- ECCE Asia), Niigata, Japan, 2018: 4213-4219.

[34] 吕敬, 董鹏, 施刚, 等. 大型双馈风电场经 MMC-HVDC 并网的次同步振荡及其抑制[J]. 中国电机工程学报, 2015, 35(19): 4852-4860.

[35] 李扶中, 周敏, 贺艳芝, 等. 南澳多端柔性直流输电示范工程系统接入与换流站设计方案[J]. 南方电网技术, 2015, 9(1): 58-62.

[36] 魏伟, 许树楷, 李岩, 等. 南澳多端柔性直流输电示范工程系统调试[J]. 南方电网技术, 2015, 9(1): 73-77.

[37] Buchhagen C, Rauscher C, Menze A, et al. BorWin1 - first experiences with harmonic interactions in converter dominated grids[C]//International ETG Congress 2015; Die Energiewende - Blueprints for the new energy age, VDE,

2016.

[38] Song Y, Breitholtz C. Nyquist stability analysis of an AC-grid connected VSC-HVDC system using a distributed parameter DC cable model[J]. IEEE Transactions on Power Delivery, 2016, 31(2): 898-907.

[39] Ottavi J, Grenard S. Impact of distributed generation on load shedding scheme in France: Current status and perspectives[C]//CIGRE Session, Paris, 2016.

[40] 樊陈, 姚建国, 张琦兵, 等. 英国“8·9”大停电事故振荡事件分析及思考[J]. 江苏电机工程, 2020, 39(4): 34-41.

[41] 王洋, 杜文娟, 王海风. 风电并网系统次同步振荡频率漂移问题[J]. 电工技术学报, 2020, 35(1): 146-157.

[42] 廖坤玉, 陶顺, 姚黎婷, 等. 双馈风机经串补并网引起的时变次同步谐振概率评估[J]. 电网技术, 2020, 44(3): 863-870.

[43] Chen W, Xie X, Wang D, et al. Probabilistic stability analysis of subsynchronous resonance for series-compensated DFIG-based wind farms[J]. IEEE Transactions on Sustainable Energy, 2018, 9(1): 400-409.

[44] 徐衍会, 滕先浩. 风电场内机群间次同步振荡相互作用[J]. 电力自动化设备, 2020, 40(9): 156-162.

[45] 刘宇明, 黄碧月, 孙海顺, 等. SVG 与直驱风机间的次同步相互作用特性分析[J]. 电网技术, 2019, 43(6): 2072-2079.

[46] 邵冰冰, 赵书强, 高本锋, 等. 多直驱风机经 VSC-HVDC 并网系统场内/场网次同步振荡特性分析[J]. 中国电机工程学报, 2020, 40(12): 3835-3847.

[47] 邵冰冰, 赵书强, 裴继坤, 等. 直驱风电场经 VSC-HVDC 并网的次同步振荡特性分析[J]. 电网技术, 2019, 43(9): 3344-3355.

第2章 新能源机组动态能量建模

本章提出以动态能量即传输功率非平稳变化量的时间累积，如图 2-1 所示，作为评估动态稳定水平的量化指标，构建适用于多时间尺度、多扰动场景的振荡稳定分析方法，是研究新能源机组并网系统宽频振荡的基础。本章从时域角度出发，分别探究直驱风电机组和双馈风电机组受扰后的能量动态特性，描绘新能源机组受扰后各控制环节之间的时域交互特征，筛选关键控制环节，为主动阻尼控制理论提供理论依据。

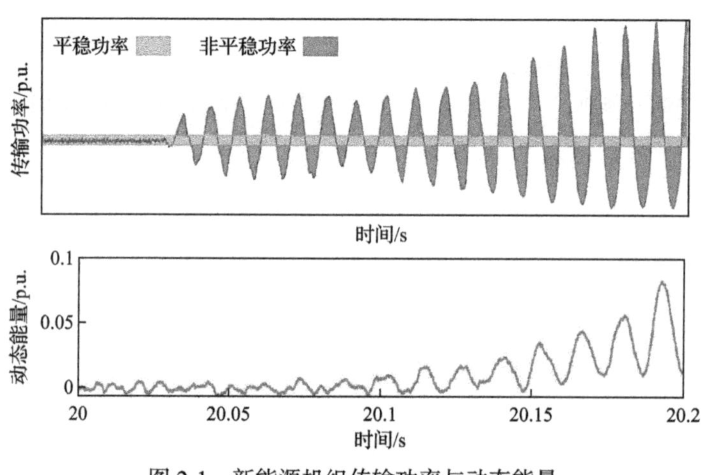

图 2-1 新能源机组传输功率与动态能量

2.1 直驱风电机组能量模型及动态特性

2.1.1 直驱风电机组数学模型

直驱风电机组网侧变流器是研究直驱机组诱发次同步振荡问题的主要研究对象[1,2]。在无穷大电网电压矢量定向的 dq 坐标系下，直驱风电机组并网系统可划分为网侧变流器电流环 d 轴子系统、q 轴子系统、锁相环子系统、电网 d 轴子系统和 q 轴子系统五部分，其数学模型分别如式(2-1)～式(2-5)所示。

(1)电流环 d 轴、q 轴子系统的数学模型为[3]

$$\begin{cases} C_{\rm k}\dfrac{{\rm d}\Delta U_{\rm ckd}}{{\rm d}t}=-\cos\theta_0\Delta I_{\rm d1}+F_{\rm ckd} \\ L_1\dfrac{{\rm d}\Delta I_{\rm d1}}{{\rm d}t}=-(R_{\rm k}+R_1)\Delta I_{\rm d1}+\cos\theta_0\Delta U_{\rm ckd}+F_{\rm L1d} \\ F_{\rm ckd}=\Delta I_{\rm dref}-\sin\theta_0\Delta I_{\rm q1}-I_{\rm q1\_c0}\Delta I_{\rm pll} \\ F_{\rm L1d}=R_{\rm k}\cos\theta_0\Delta I_{\rm dref}+R_{\rm k}\sin\theta_0\Delta I_{\rm qref}-\sin\theta_0\Delta U_{\rm ckq}-(R_{\rm k}I_{\rm q10}+U_{\rm q0})\Delta I_{\rm pll}+\omega_0L_1\Delta I_{\rm q1}-\Delta U_{\rm pccd} \end{cases} \tag{2-1}$$

$$\begin{cases} C_{\rm k}\dfrac{{\rm d}\Delta U_{\rm ckq}}{{\rm d}t}=-\cos\theta_0\Delta I_{\rm q1}+F_{\rm ckq} \\ L_1\dfrac{{\rm d}\Delta I_{\rm q1}}{{\rm d}t}=-(R_{\rm k}+R_1)\Delta I_{\rm q1}+\cos\theta_0\Delta U_{\rm ckq}+F_{\rm L1q} \\ F_{\rm ckq}=\Delta I_{\rm qref}+\sin\theta_0\Delta I_{\rm d1}+I_{\rm d1\_c0}\Delta I_{\rm pll} \\ F_{\rm L1q}=-\sin\theta_0\Delta I_{\rm dref}+\cos\theta_0\Delta I_{\rm qref}+\sin\theta_0\Delta U_{\rm ckd}+(R_{\rm k}I_{\rm d10}+U_{\rm d0})\Delta I_{\rm pll}-\omega_0L_1\Delta I_{\rm d1}-\Delta U_{\rm pccq} \end{cases} \tag{2-2}$$

式中，$\omega_0=100\pi$；L_1 为变流器侧滤波电感；R_1 为电感 L_1 上寄生电阻；$\Delta I_{\rm d1}$ 与 $\Delta I_{\rm q1}$ 为电感 L_1 上电流的 dq 轴分量；$C_{\rm k}$ 为电流环 PI 控制器电路中电容，$C_{\rm k}=1/(k_{\rm pwm}\times k_{\rm i})$，$k_{\rm i}$ 为电流环 PI 控制器积分参数，$k_{\rm pwm}$ 为变流器增益；$\Delta U_{\rm ckd}$ 与 $\Delta U_{\rm ckq}$ 分别为电容 $C_{\rm k}$ 上电压的 dq 轴分量；$R_{\rm k}$ 为电流环 PI 控制器电路中电阻，$R_{\rm k}=k_{\rm pwm}\times k_{\rm p}$，$k_{\rm p}$ 为控制器比例参数；$\Delta U_{\rm pccd}$ 与 $\Delta U_{\rm pccq}$ 为 PCC 点电压矢量的 dq 轴分量；$\Delta I_{\rm dref}$ 与 $\Delta I_{\rm qref}$ 为电流指令值扰动量可近似为零；$\Delta I_{\rm pll}$ 为锁相环子系统电感 $L_{\rm pll}$ 上电流；θ_0 为稳态时 PCC 点电压矢量相对无穷大电网电压矢量角度差；$I_{\rm d10}$ 和 $I_{\rm q10}$ 为 L_1 上电流的 dq 轴稳态分量；$I_{\rm d1\_c0}$ 和 $I_{\rm q1\_c0}$ 为控制坐标下 L_1 上电流的 dq 轴稳态分量；$U_{\rm d0}$ 和 $U_{\rm q0}$ 为变流器出口电压的 dq 轴稳态分量；交互环节 $F_{\rm ckd}$ 表达式中 $-\sin\theta_0\Delta I_{\rm q1}$、$-I_{\rm q1\_c0}\Delta I_{\rm pll}$ 分别代表电流环 q 轴系统、锁相环系统对电流环 d 轴系统电压 $\Delta U_{\rm ckd}$ 的影响；交互环节 $F_{\rm L1d}$ 表达式中 $-\sin\theta_0\Delta U_{\rm ckq}$ 和 $\omega_0L_1\Delta I_{\rm q1}$、$-(R_{\rm k}I_{\rm q10}+U_{\rm q0})\Delta I_{\rm pll}$、$-\Delta U_{\rm pccd}$ 分别代表电流环 q 轴系统、锁相环系统、电网 d 轴系统对电流环 d 轴系统电流 $\Delta I_{\rm d1}$ 的影响；交互环节 $F_{\rm ckq}$ 表达式中 $\sin\theta_0\Delta I_{\rm d1}$、$I_{\rm d1\_c0}\Delta I_{\rm pll}$ 分别代表电流环 d 轴系统、锁相环系统对电流环 q 轴系统电压 $\Delta U_{\rm ckq}$ 的影响；交互环节 $F_{\rm L1q}$ 表达式中 $\sin\theta_0\Delta U_{\rm ckd}$ 和 $-\omega_0L_1\Delta I_{\rm d1}$、$(R_{\rm k}I_{\rm d10}+U_{\rm d0})\Delta I_{\rm pll}$、$-\Delta U_{\rm pccq}$ 分别代表电流环 d 轴系统、锁相环系统、电网 q 轴系统对电流环 q 轴系统电流 $\Delta I_{\rm q1}$ 的影响。

(2) 锁相环子系统的数学模型为[4]

$$\begin{cases} C_{\text{pll}}\dfrac{\text{d}\Delta U_{\text{pll}}}{\text{d}t}=-\Delta I_{\text{pll}}+F_{\text{Cpll}} \\ L_{\text{pll}}\dfrac{\text{d}\Delta I_{\text{pll}}}{\text{d}t}=-R_{\text{kp\_pll}}\Delta I_{\text{pll}}+\Delta U_{\text{pll}}+F_{\text{Lpll}} \\ F_{\text{Cpll}}=K_{\text{pll7}}\Delta U_{\text{pccd}}+K_{\text{pll8}}\Delta U_{\text{pccq}} \\ F_{\text{Lpll}}=R_{\text{kp\_pll}}(K_{\text{pll7}}\Delta U_{\text{pccd}}+K_{\text{pll8}}\Delta U_{\text{pccq}}) \\ K_{\text{pll7}}=\dfrac{-U_{\text{pccq0}}}{U_{\text{pccd0}}^2+U_{\text{pccq0}}^2} \\ K_{\text{pll8}}=\dfrac{U_{\text{pccd0}}}{U_{\text{pccd0}}^2+U_{\text{pccq0}}^2} \end{cases} \tag{2-3}$$

式中，C_{pll}为锁相环 PI 控制器电路中电容，$C_{\text{pll}}=1/(k_{\text{i\_pll}}\times U_{\text{pcc}})$，$k_{\text{i_pll}}$为锁相环 PI 控制器积分参数，$U_{\text{pcc}}$为 PCC 点电压幅值；$U_{\text{pll}}$为电容$C_{\text{pll}}$电压；$R_{\text{kp_pll}}$为锁相环 PI 控制器电路中电阻，$R_{\text{kp\_pll}}=k_{\text{p\_pll}}\times U_{\text{pcc}}$，$k_{\text{p_pll}}$为控制器比例参数；$L_{\text{pll}}$为锁相环压控振荡器电路电感，$L_{\text{pll}}$=1H，$\Delta I_{\text{pll}}$为电感$L_{\text{pll}}$上电流；$U_{\text{pccd0}}$与$U_{\text{pccq0}}$为 PCC 点电压矢量的dq轴稳态分量；$F_{\text{Cpll}}$表示电网d轴、q轴子系统对锁相环系统电压$\Delta U_{\text{pll}}$的影响；$F_{\text{Lpll}}$表示电网 d 轴、q 轴系统对锁相环系统电流$\Delta I_{\text{pll}}$的影响。

(3)电网 d 轴、q 轴子系统的数学模型为[4]

$$\begin{cases} C_{\text{t}}\dfrac{\text{d}\Delta U_{\text{ctd}}}{\text{d}t}=-\Delta I_{\text{d2}}+F_{\text{ctd}} \\ L_2\dfrac{\text{d}\Delta I_{\text{d2}}}{\text{d}t}=-R_2\Delta I_{\text{d2}}+\Delta U_{\text{ctd}}+F_{\text{L2d}} \\ F_{\text{ctd}}=\Delta I_{\text{d1}}+\omega_0 C_{\text{t}}\Delta U_{\text{ctq}} \\ F_{\text{L2d}}=\omega_0 L_2\Delta I_{\text{q2}} \\ \Delta U_{\text{pccd}}=\Delta U_{\text{ctd}} \end{cases} \tag{2-4}$$

$$\begin{cases} C_{\text{t}}\dfrac{\text{d}\Delta U_{\text{ctq}}}{\text{d}t}=-\Delta I_{\text{q2}}+F_{\text{ctq}} \\ L_2\dfrac{\text{d}\Delta I_{\text{q2}}}{\text{d}t}=-R_2\Delta I_{\text{q2}}+\Delta U_{\text{ctq}}+F_{\text{L2q}} \\ F_{\text{ctq}}=\Delta I_{\text{q1}}-\omega_0 C_{\text{t}}\Delta U_{\text{ctd}} \\ F_{\text{L2q}}=-\omega_0 L_2\Delta I_{\text{d2}} \\ \Delta U_{\text{pccq}}=\Delta U_{\text{ctq}} \end{cases} \tag{2-5}$$

式中，L_2为等效电网电感；R_2为L_2上寄生电阻；ΔI_{d2}与ΔI_{q2}为电感L_2上电流的

dq 轴分量；C_t 为滤波电容；ΔU_{ctd} 与 ΔU_{ctq} 为电容 C_t 电压的 dq 轴分量，大小分别等于 PCC 点电压矢量的 dq 轴分量 ΔU_{pccd} 与 ΔU_{pccq}；交互环节 F_{ctd} 表达式中 ΔI_{d1}、$\omega_0 C_t \Delta U_{ctq}$ 分别表示电流环 d 轴和电网 q 轴系统对电网 d 轴系统电压 ΔU_{ctd} 的影响；交互环节 F_{L2d} 表达式中 $\omega_0 L_2 \Delta I_{q2}$ 表示电网 q 轴系统对电网 d 轴系统电流 ΔI_{d2} 的影响；交互环节 F_{ctq} 表达式中 ΔI_{q1}、$-\omega_0 C_t \Delta U_{ctd}$ 分别表示电流环 q 轴系统和电网 d 轴系统对电网 q 轴系统电压 ΔU_{ctq} 的影响；交互环节 F_{L2q} 表达式中 $-\omega_0 L_2 \Delta I_{d2}$ 表示电网 d 轴系统对电网 q 轴系统电流 ΔI_{q2} 的影响。

2.1.2　直驱风电机组能量模型

式(2-1)～式(2-5)中方程均可写成如下通式形式：

$$\begin{cases} C\dfrac{\mathrm{d}\Delta U}{\mathrm{d}t} = -K_L \Delta I + F_C \\ L\dfrac{\mathrm{d}\Delta I}{\mathrm{d}t} = -K_R \Delta I + K_C \Delta U + F_L \end{cases} \tag{2-6}$$

式中，C 为电容；L 为电感；K_R、K_C 和 K_L 为电阻；ΔU 和 ΔI 为电压和电流；F_C 为影响电压 ΔU 的交互环节 F_{Ckd}、F_{Ckq}、F_{Cpll}、F_{Ctd} 和 F_{Ctq}；F_L 为影响电流 ΔI 的交互环节 F_{L1d}、F_{L1q}、F_{Lpll}、F_{L2d} 和 F_{L2q}。

将式(2-6)中两式相除，可得

$$\frac{\mathrm{d}\Delta U}{\mathrm{d}\Delta I} = \frac{L}{C}\frac{-K_L \Delta I + F_C}{-K_R \Delta I + K_C \Delta U + F_L} \tag{2-7}$$

根据首次积分原理，将式(2-7)交叉相乘并对左右两边同时积分，整理后可得

$$\frac{1}{2}LK_L \Delta I^2 + \frac{1}{2}CK_C \Delta U^2 - L\int F_C \mathrm{d}\Delta I - CK_R\int \Delta I \mathrm{d}\Delta U + C\int F_L \mathrm{d}\Delta U = \text{Constant} \tag{2-8}$$

式中，Constant 为积分常数。

将式(2-6)中 $\mathrm{d}\Delta U$ 和 $\mathrm{d}\Delta I$ 的表达式代入式(2-8)，化简得

$$\frac{1}{2}LK_L \Delta I^2 + \frac{1}{2}CK_C \Delta U^2 + K_L K_R\int \Delta I^2 \mathrm{d}t - K_L\int F_L \Delta I \mathrm{d}t - K_C\int F_C \Delta U \mathrm{d}t = \text{Constant} \tag{2-9}$$

由式(2-9)定义能量函数W为[5]

$$W = W_s - W_d - W_t \tag{2-10}$$

$$\begin{cases} W_s = \dfrac{1}{2} C K_C \Delta U^2 + \dfrac{1}{2} L K_L \Delta I^2 \\ W_d = -K_L K_R \int \Delta I^2 \mathrm{d}t \\ W_t = K_C \int F_C \Delta U \mathrm{d}t + K_L \int F_L \Delta I \mathrm{d}t \end{cases} \tag{2-11}$$

式中，W_s代表电容C和电感L存储的电场能、电磁能；W_d代表电阻上的耗散能量；W_t代表子系统之间交互的能量，其中第一项反映了电容C通过交互环节F_C从其余子系统中吸收的电场能，第二项反映了电感L通过交互环节F_L从其余子系统中吸收的电磁能。

计算式(2-11)中能量函数W对时间t的偏导数，可得

$$\begin{aligned} \dot{W} &= \frac{\partial W}{\partial \Delta U} \cdot \frac{\mathrm{d}\Delta U}{\mathrm{d}t} + \frac{\partial W}{\partial \Delta I} \cdot \frac{\mathrm{d}\Delta I}{\mathrm{d}t} + \frac{\partial W}{\partial t} \\ &= (K_C F_C \cdot \Delta U - K_L K_C \Delta U \cdot \Delta I) + (K_L F_L \cdot \Delta I + K_L K_C \cdot \Delta U \Delta I - K_L K_R \Delta I^2) \\ &\quad + (K_L K_R \cdot \Delta I^2 - K_C F_C \cdot \Delta U - K_L F_L \cdot \Delta I) = 0 \end{aligned} \tag{2-12}$$

式(2-12)中能量函数W对时间t的导数为零，证明了系统是能量是守恒的。

联立式(2-10)～式(2-12)可得

$$\begin{aligned} \dot{W}_s(t) &= \dot{W}_d(t) + \dot{W}_t(t) \\ &= -K_L K_R \Delta I^2 + (K_C F_C \Delta U + K_L F_L \Delta I) \end{aligned} \tag{2-13}$$

式中，$\dot{W}_s(t)$、$\dot{W}_d(t)$和$\dot{W}_t(t)$分别为存储能量、耗散能量和交互能量对时间的导数，$\dot{W}_s(t)$反映了能量存储随时间推移递增或递减的趋势。

系统受扰后诱发次同步振荡，其振荡模式$\alpha + \mathrm{j}\omega_c$对应的电压和电流表达式分别为$\Delta U = A_U \mathrm{e}^{\alpha t} \cos(\omega_c t + \theta_U)$和$\Delta I = A_I \mathrm{e}^{\alpha t} \cos(\omega_c t + \theta_I)$，交互环节$F_C$和$F_L$表达式分别为$F_C = A_{FC} \mathrm{e}^{\alpha t} \cos(\omega_c t + \theta_{FC})$和$F_L = A_{FL} \mathrm{e}^{\alpha t} \cos(\omega_c t + \theta_{FL})$，将上述表达式代入式(2-13)中，可得$\dot{W}_s(t)$表达式为

$$\dot{W}_s(t) = \dot{W}_{s\_ac}(t) + \dot{W}_{s\_dc}(t) \tag{2-14}$$

$$\begin{cases}\dot{W}_{s\_ac}(t)=\dot{W}_{d\_ac}(t)+\dot{W}_{t\_ac}(t)\\ \dot{W}_{d\_ac}(t)=-\dfrac{K_L K_R A_I^2}{2}\cos(2\omega_c t+2\theta_I)e^{2\alpha t}\\ \dot{W}_{t\_ac}(t)=\left[\dfrac{K_C A_{FC} A_U}{2}\cos(2\omega_c t+\theta_{FC}+\theta_U)+\dfrac{K_L A_{FL} A_I}{2}\cos(2\omega_c t+\theta_{FL}+\theta_I)\right]e^{2\alpha t}\\ \dot{W}_{s\_dc}(t)=\dot{W}_{d\_dc}(t)+\dot{W}_{t\_dc}(t)\\ \dot{W}_{d\_dc}(t)=\lambda_d e^{2\alpha t}=-\dfrac{K_L K_R A_I^2}{2}e^{2\alpha t}\\ \dot{W}_{t\_dc}(t)=\lambda_t e^{2\alpha t}=\left[\dfrac{K_C A_{FC} A_U\cos(\theta_{FC}-\theta_U)}{2}+\dfrac{K_L A_{FL} A_I\cos(\theta_{FL}-\theta_I)}{2}\right]e^{2\alpha t}\end{cases} \tag{2-15}$$

式(2-14)和式(2-15)中，$\dot{W}_{s\_ac}(t)$ 和 $\dot{W}_{s\_dc}(t)$ 分别为存储能量导数的周期分量与非周期分量部分；$\dot{W}_{d\_ac}(t)$ 和 $\dot{W}_{d\_dc}(t)$ 分别为耗散能量导数的周期分量与非周期分量部分；$\dot{W}_{t\_ac}(t)$ 和 $\dot{W}_{t\_dc}(t)$ 分别为交互能量导数的周期分量与非周期分量部分。

式(2-14)中 $\dot{W}_s(t)$ 表达式中周期分量 $\dot{W}_{s\_ac}(t)$ 按 2 倍振荡频率周期性波动，不影响存储能量 $\dot{W}_s(t)$ 递增或递减趋势。而非周期分量 $\dot{W}_{s\_dc}(t)$ 呈现指数型递增或递减变化规律，决定了存储能量随时间递增或递减的趋势，即系统的稳定水平。

由式(2-15)可知，存储能量导数的非周期分量 $\dot{W}_{s\_dc}(t)$ 由耗散能量导数的非周期分量 $\dot{W}_{d\_dc}(t)$ 及交互能量导数的非周期分量 $\dot{W}_{t\_dc}(t)$ 两部分组成。考虑到 K_L、K_R 均大于零，λ_d 始终小于零，因此 $\dot{W}_{d\_dc}(t)$ 恒为负，有利于存储能量 W_s 衰减，有助于系统尽快恢复到平衡状态。进一步，交互能量导数的非周期分量 $\dot{W}_{t\_dc}(t)$ 的符号的取值受 F_C 和ΔU、F_L 和ΔI 间的相位关系以及常数项 K_C 和 K_L 正负的影响。若λ_t 大于零，$\dot{W}_{t\_dc}(t)$ 为正，不利于存储能量 W_s 衰减，起破坏系统稳定性的作用。因此，交互能量是导致系统失稳的直接原因。后续章节通过详细分析 F_C 和ΔU、F_L 和ΔI 之间相位关系以及常数项对 $\dot{W}_{t\_dc}(t)$ 的影响，进而揭示能量交互导致系统振荡发散的机理。

2.1.3　直驱风电机组能量响应特性

以直驱风电机组接入弱电网系统为例，在不同电网强度条件下，图 2-2～图 2-4 分别给出了并网直驱风电机组次同步振荡收敛、等幅振荡和振荡发散 3 种工况下输出有功功率的时域波形。

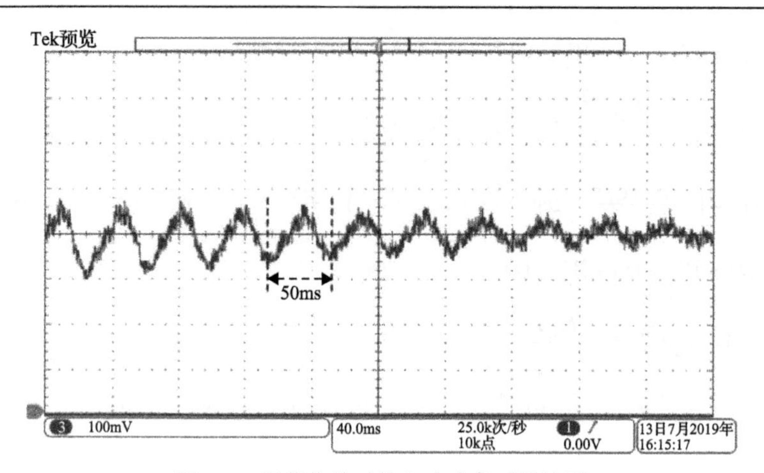

图 2-2　振荡收敛时的有功功率时域波形

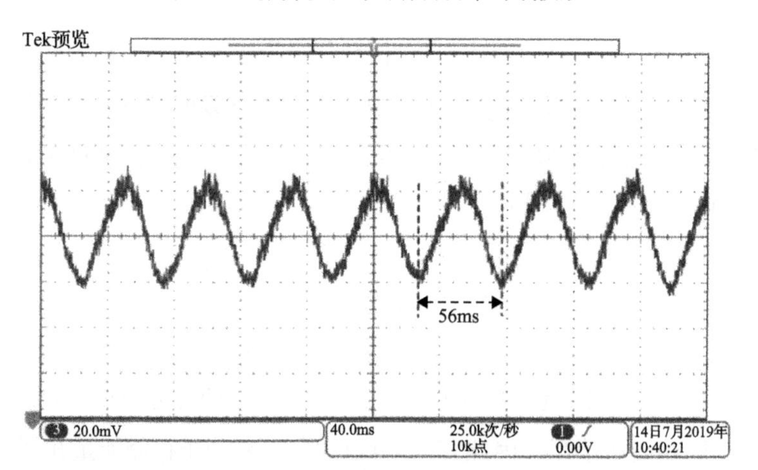

图 2-3　等幅振荡时的有功功率时域波形

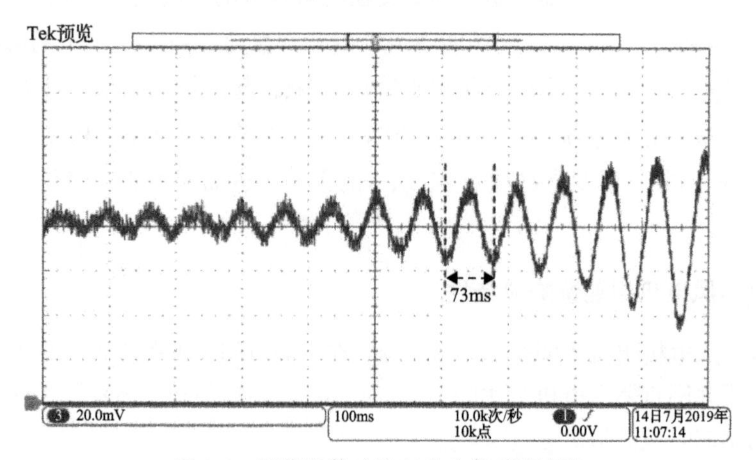

图 2-4　振荡发散时的有功功率时域波形

测量式(2-1)～式(2-5)微分方程中状态变量的变化量，并将测量值代入式(2-11)中，采用梯形积分算法刻画总能量耗散 W_d 的轨迹和总能量交互 W_t 的轨迹，其中，W_d 包括式(2-1)～式(2-5)中 5 个子系统的耗散能量之和，W_t 包括式(2-1)～式(2-5)中 5 个子系统间交互能量之和。进一步采用陷波器去除能量轨迹中的周期分量，得到 W_d 非周期分量 W_{d_dc} 的轨迹和 W_t 非周期分量 W_{t_dc} 的轨迹，再将二者求和可得总存储能量 W_s 非周期分量 W_{s_dc} 的轨迹。

图 2-5 给出了振荡收敛工况下 W_{t_dc}、W_{d_dc}、W_{s_dc} 的变化轨迹，图 2-5(d)中 A 点为能量轨迹起点，B 点为终点。图 2-5(a)表明 W_{t_dc} 呈现螺旋式递增的变化趋势，图 2-5(b)表明 W_{d_dc} 呈现螺旋式递减的变化趋势，对比两图可知，W_{t_dc} 递增的幅度小于 W_{d_dc} 递减的幅度，因而两者之和 W_{s_dc} 变化轨迹呈现向内收敛式的螺旋状递减变化趋势，如图 2-5(c)、(d)所示。图 2-6 给出了等幅振荡工况下 W_{t_dc}、W_{d_dc}、W_{s_dc} 的变化轨迹，图 2-6(d)中 A 点为能量轨迹起点，B 点为终点。图 2-5(a)表明 W_{t_dc} 呈现螺旋式递增的变化趋势，图 2-6(b)表明 W_{d_dc} 呈现螺旋式递减的变化趋势，对比两图可知，W_{t_dc} 递增的幅度等于 W_{d_dc} 递减的幅度，因而两者之和 W_{s_dc} 变化轨迹在空间中围绕 W_{s_dc} 幅值恒定的一点旋转既不向内收敛式也不向外

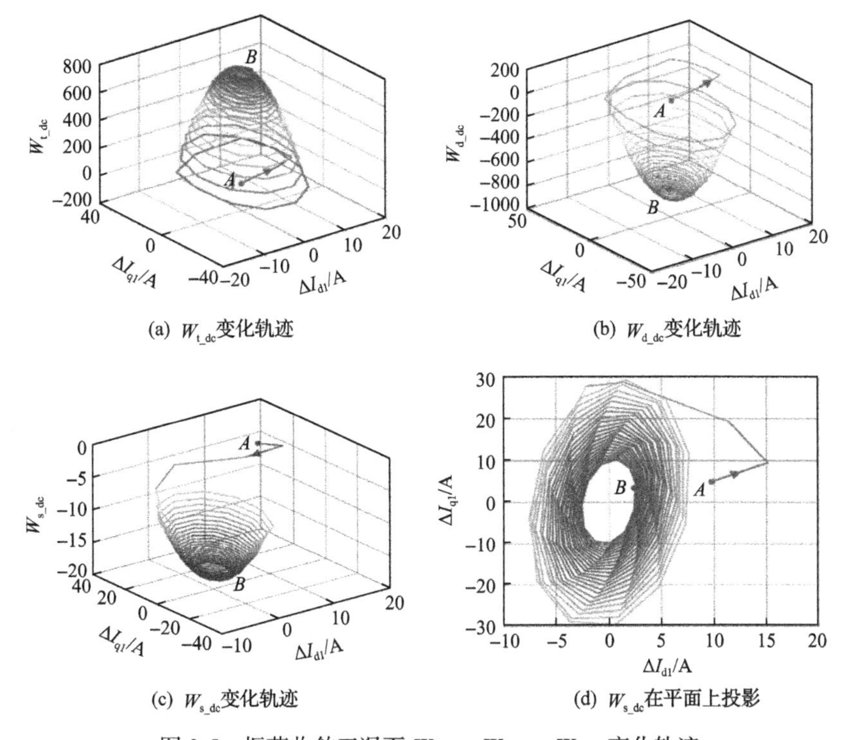

(a) W_{t_dc}变化轨迹　(b) W_{d_dc}变化轨迹

(c) W_{s_dc}变化轨迹　(d) W_{s_dc}在平面上投影

图 2-5　振荡收敛工况下 W_{t_dc}、W_{d_dc}、W_{s_dc} 变化轨迹

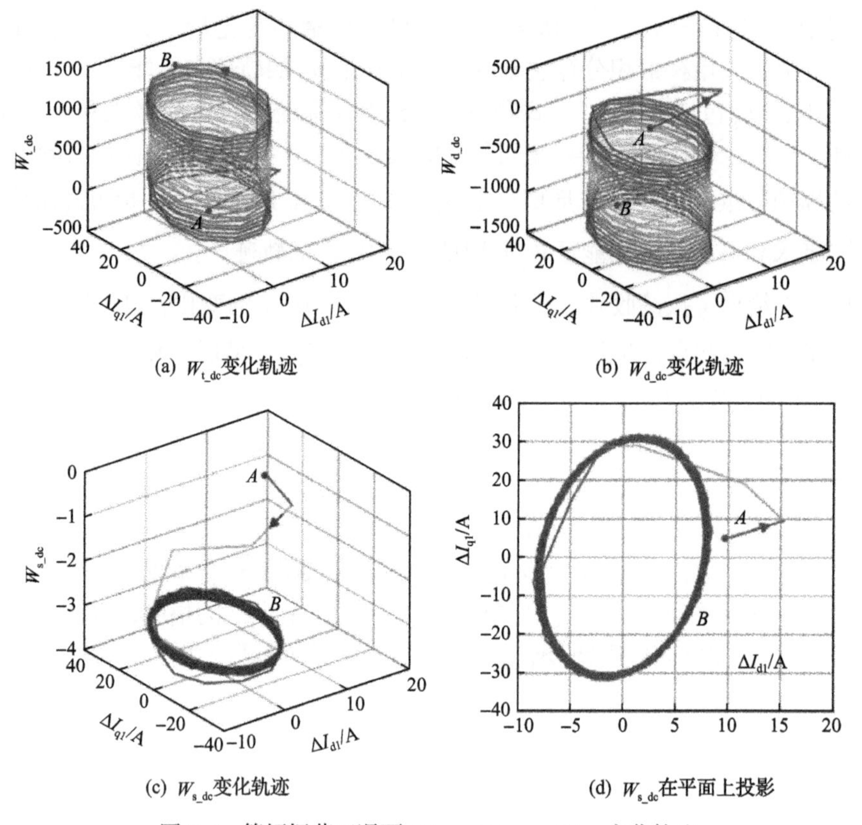

(a) W_{t_dc}变化轨迹　(b) W_{d_dc}变化轨迹

(c) W_{s_dc}变化轨迹　(d) W_{s_dc}在平面上投影

图 2-6　等幅振荡工况下 W_{t_dc}、W_{d_dc}、W_{s_dc} 变化轨迹

发散，如图 2-6(c)、(d)所示。由此表明，振荡过程中存储能量既不递增也不递减，根据 2.1 节结论可知该系统临界稳定。

图 2-7 给出了振荡发散工况下 W_{t_dc}、W_{d_dc}、W_{s_dc} 的变化轨迹，图 2-7(d)中 A 点为能量轨迹起点，B 点为终点。图 2-7(a)表明 W_{t_dc} 呈现螺旋式递增的变化趋势，图 2-7(b)表明 W_{d_dc} 呈现螺旋式递减的变化趋势，对比两图可知，W_{t_dc} 递增的幅

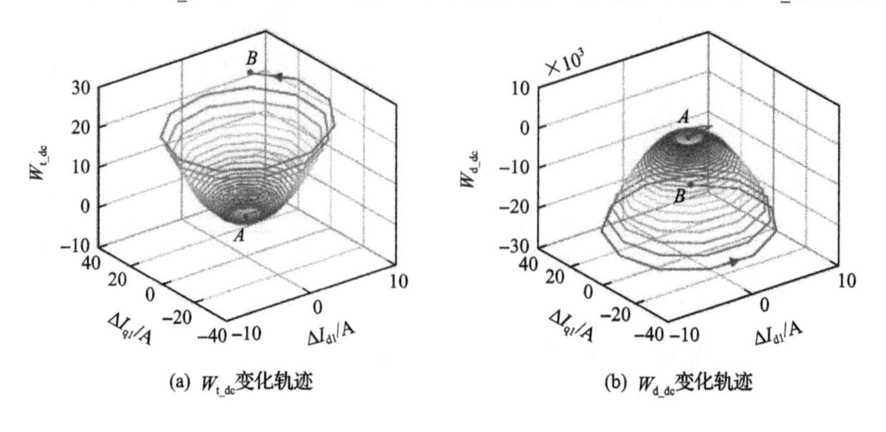

(a) W_{t_dc}变化轨迹　(b) W_{d_dc}变化轨迹

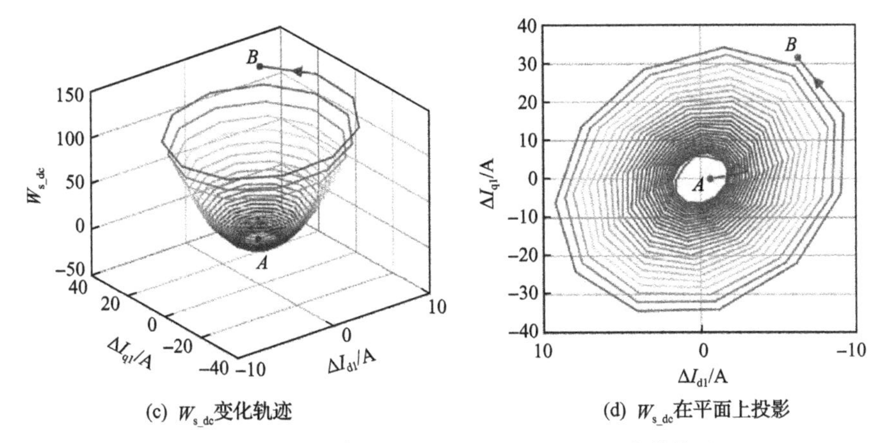

(c) W_{s_dc}变化轨迹　　(d) W_{s_dc}在平面上投影

图 2-7　振荡发散工况下 W_{t_dc}、W_{d_dc}、W_{s_dc}变化轨迹

度大于 W_{d_dc} 递减的幅度，因而两者之和 W_{s_dc} 变化轨迹呈现向外发散式的螺旋状递增变化趋势，如图 2-7(c)、(d)所示。

2.2　双馈风电机组能量模型及动态特性

2.2.1　双馈风电机组能量模型

双馈风电机组动态能量可由机组端口电气量表示为[1,2]

$$\Delta W_{\mathrm{DFIG}} = -\int(\Delta i_{\mathrm{d}}\mathrm{d}\Delta u_{\mathrm{q}} - \Delta i_{\mathrm{q}}\mathrm{d}\Delta u_{\mathrm{d}}) - \int \Delta P_{\mathrm{e}}\,\mathrm{d}\Delta\theta \tag{2-16}$$

式中，ΔW_{DFIG} 为双馈机组动态能量；i_{d}、i_{q}、u_{d}、u_{q} 分别为端口电流和电压的 dq 轴分量；P_{e} 端口有功功率；θ 为 dq 轴和 xy 轴的夹角；Δ 表示相对稳态值的变化量。

将式(2-16)中的端口电流、电压和功率用定子分量和网侧分量之和表示，双馈风电机组的动态能量又可分解为

$$\begin{aligned}\Delta W_{\mathrm{DFIG}} &= -\int(\Delta i_{\mathrm{d}}^{\mathrm{s}}\mathrm{d}\Delta u_{\mathrm{q}} - \Delta i_{\mathrm{q}}^{\mathrm{s}}\mathrm{d}\Delta u_{\mathrm{d}}) - \int \Delta P_{\mathrm{e}}^{\mathrm{s}}\mathrm{d}\Delta\theta \\ &\quad -\int(\Delta i_{\mathrm{d}}^{\mathrm{g}}\mathrm{d}\Delta u_{\mathrm{q}} - \Delta i_{\mathrm{q}}^{\mathrm{g}}\mathrm{d}\Delta u_{\mathrm{d}}) - \int \Delta P_{\mathrm{e}}^{\mathrm{g}}\mathrm{d}\Delta\theta \\ &= \Delta W_{\mathrm{e}} + \Delta W_{\mathrm{g}}\end{aligned} \tag{2-17}$$

式中，s、g 分别表示定子侧和网侧电气量。

由式(2-17)可知，双馈风电机组动态能量由两部分能量组成，本书将其定义为励磁能量 ΔW_{e} 和网侧能量 ΔW_{g}，分别对应机组中的两个能量通道，如图 2-8 所示。

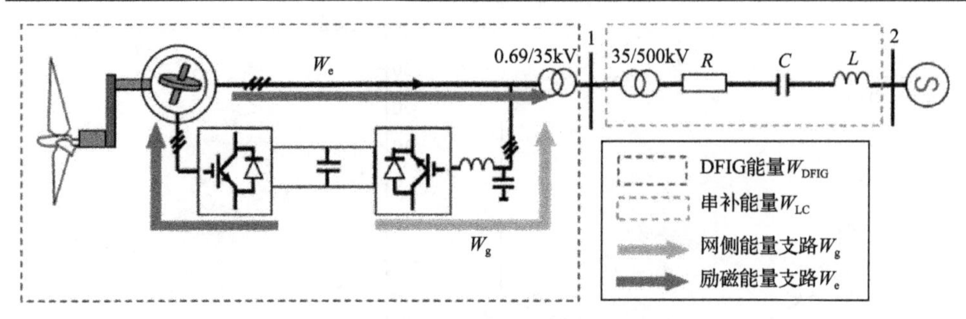

图 2-8　双馈风电机组结构及能量支路

本节将进一步通过解析励磁通道和网侧通道的详细动态能量表达式，构建双馈风电机组的动态能量模型。

1. 励磁通道能量

由图 2-7 可知，振荡过程中励磁通道能量变化量包含两部分：一部分为由转子变流器控制作用产生的能量，另一部分为由感应发电机中磁链作用产生的能量。因此，本书分别解析这两部分能量表达式。

1) 感应发电机产生的能量

双馈感应发电机采用定子磁链定向，假设定子磁链恒定，忽略定子电阻，则由发电机磁链方程可得，转子电压和电流的 dq 轴变化量方程如式(2-18)所示[3]：

$$\begin{cases} \Delta u_{rd} = R_r \Delta i_{rd} - a_2(\omega_s - \omega_r)\Delta i_{rq} + a_2 \dfrac{d\Delta i_{rd}}{dt} \\ \Delta u_{rq} = R_r \Delta i_{rq} + a_2(\omega_s - \omega_r)\Delta i_{rd} + a_2 \dfrac{d\Delta i_{rq}}{dt} \end{cases}$$
$$\begin{cases} \Delta i_{rd} = -\dfrac{1}{a_1}\Delta i_{sd} \\ \Delta i_{rq} = -\dfrac{1}{a_1}\Delta i_{sq} \end{cases} \tag{2-18}$$

式中，u_{rd}、u_{rq}、i_{rd}、i_{rq} 分别为 dq 轴下的转子电压和电流；ω_s 为同步转速；ω_r 为转子转速；$a_1 = -L_m/L_s$，$a_2 = L_r - L_m^2/L_s$，L_s、L_r、L_m 分别为 dq 轴下定、转子等效自感和互感；R_r 为转子电阻。

将式(2-18)代入式(2-17)中，可得振荡过程中感应发电机产生的动态能量为

$$W_{ig} = -(\omega_r - \omega_d)R_r \int \Delta i^2 dt - \left(-\omega_r \frac{L_r}{a_1} + \omega_r L_m\right) \int (\omega_r - \omega_d)\Delta i_{rd}\Delta i_{rq} dt \tag{2-19}$$

式中，$\omega_{\mathrm{d}}=\omega_{\mathrm{s}}-\omega_{\mathrm{n}}$ 为系统 dq 轴坐标系下的振荡频率。

2) 转子变流器控制环节产生的能量

根据转子变流器控制结构[2,6]，其输出电压可表示为

$$\begin{cases}\Delta u_{\mathrm{dr}}=K_{\mathrm{p1}}K_{\mathrm{p3}}\Delta P_{\mathrm{s}}+K_{\mathrm{i1}}K_{\mathrm{p3}}\int\Delta P_{\mathrm{s}}\mathrm{d}t-K_{\mathrm{p3}}\Delta i_{\mathrm{dr}}+\int K_{\mathrm{p1}}K_{\mathrm{i3}}\Delta P_{\mathrm{s}}\mathrm{d}t+K_{\mathrm{i1}}K_{\mathrm{i3}}\iint\Delta P_{\mathrm{s}}\mathrm{d}t\mathrm{d}t-K_{\mathrm{i3}}\int\Delta i_{\mathrm{dr}}\mathrm{d}t\\ \Delta u_{\mathrm{qr}}=K_{\mathrm{p2}}K_{\mathrm{p3}}\Delta Q_{\mathrm{s}}+K_{\mathrm{i2}}K_{\mathrm{p3}}\int\Delta Q_{\mathrm{s}}\mathrm{d}t-K_{\mathrm{p3}}\Delta i_{\mathrm{qr}}+\int K_{\mathrm{p2}}K_{\mathrm{i3}}\Delta Q_{\mathrm{s}}\mathrm{d}t+K_{\mathrm{i2}}K_{\mathrm{i3}}\iint\Delta Q_{\mathrm{s}}\mathrm{d}t\mathrm{d}t-K_{\mathrm{i3}}\int\Delta i_{\mathrm{qr}}\mathrm{d}t\end{cases}\tag{2-20}$$

式中，有功功率和无功功率变化量 ΔP_{s} 和 ΔQ_{s} 可表示为

$$\begin{cases}\Delta P_{\mathrm{s}}=\Delta u_{\mathrm{ds}}\Delta i_{\mathrm{ds}}+\Delta u_{\mathrm{qs}}\Delta i_{\mathrm{qs}}+U_{\mathrm{ds0}}\Delta i_{\mathrm{ds}}+I_{\mathrm{ds0}}\Delta u_{\mathrm{ds}}\\ \Delta Q_{\mathrm{s}}=\Delta u_{\mathrm{qs}}\Delta i_{\mathrm{ds}}+\Delta u_{\mathrm{ds}}\Delta i_{\mathrm{qs}}-U_{\mathrm{ds0}}\Delta i_{\mathrm{qs}}+I_{\mathrm{ds0}}\Delta u_{\mathrm{qs}}\end{cases}\tag{2-21}$$

其中，U_{ds0} 和 I_{ds0} 分别为定子 d 轴电压和电流的初始值；Δu_{ds} 和 Δu_{qs} 分别为 dq 轴下定子电压的变化量，其表达式可写为

$$\begin{cases}\Delta u_{\mathrm{sd}}=R\Delta i_{\mathrm{sd}}+L\dfrac{\mathrm{d}\Delta i_{\mathrm{sd}}}{\mathrm{d}t}-\omega_{\mathrm{s}}L\Delta i_{\mathrm{sq}}-\dfrac{1}{\omega_{\mathrm{d}}-\omega_{\mathrm{s}}}\dfrac{1}{C}\Delta i_{\mathrm{sq}}\\ \Delta u_{\mathrm{sq}}=R\Delta i_{\mathrm{sq}}+L\dfrac{\mathrm{d}\Delta i_{\mathrm{sq}}}{\mathrm{d}t}+\omega_{\mathrm{s}}L\Delta i_{\mathrm{sd}}+\dfrac{1}{\omega_{\mathrm{d}}-\omega_{\mathrm{s}}}\dfrac{1}{C}\Delta i_{\mathrm{sd}}\end{cases}\tag{2-22}$$

式中，R 为串补线路电阻；L 为串补线路电感；C 为串补线路电容。

由式(2-22)可知，定子电压中包含线路中的串补信息和振荡频率信息，该振荡分量在控制环节中的流动是产生机网耦合的重要诱因[7]。

将式(2-20)～式(2-22)代入式(2-17)中，可得转子变流器产生的动态能量 $\Delta W_{\mathrm{c\_r}}$ 表达式为

$$\Delta W_{\mathrm{c\_r}}=\Delta W_{\mathrm{rd\_i}}+\Delta W_{\mathrm{rd\_u}}+\Delta W_{\mathrm{rq\_i}}+\Delta W_{\mathrm{rq\_u}}+\Delta W_{\mathrm{Lr}}$$

$$\begin{aligned}\Delta W_{\mathrm{r\_i}}=&-\frac{1}{a_1}K_{\mathrm{p3}}\int\omega_{\mathrm{d}}\Delta i_{\mathrm{s}}^2\mathrm{d}t+\frac{1}{a_1}\frac{1}{\omega_{\mathrm{d}}}\int K_{\mathrm{i2}}K_{\mathrm{i3}}U_{\mathrm{ds0}}\Delta i_{\mathrm{ds}}^2\mathrm{d}t+\frac{1}{a_1}\frac{1}{\omega_{\mathrm{d}}}\int K_{\mathrm{i1}}K_{\mathrm{i3}}U_{\mathrm{ds0}}\Delta i_{\mathrm{qs}}^2\mathrm{d}t\\&-\int\frac{1}{a_1}K_{\mathrm{p2}}K_{\mathrm{p3}}U_{\mathrm{ds0}}\Delta i_{\mathrm{ds}}^2\mathrm{d}t-\int\frac{1}{a_1}K_{\mathrm{p1}}K_{\mathrm{p3}}U_{\mathrm{ds0}}\Delta i_{\mathrm{qs}}^2\mathrm{d}t\end{aligned}$$

$$\begin{aligned}\Delta W_{\mathrm{r\_u}}=&\frac{1}{a_1}K_{\mathrm{i1}}K_{\mathrm{p3}}I_{\mathrm{ds0}}\int\left[(\omega_{\mathrm{d}}-\omega_{\mathrm{s}})L-\frac{1}{\omega_{\mathrm{d}}-\omega_{\mathrm{s}}}\frac{1}{C}\right]\Delta i_{\mathrm{qs}}^2\mathrm{d}t+\frac{1}{a_1}\int K_{\mathrm{p1}}K_{\mathrm{p3}}I_{\mathrm{ds0}}\omega_{\mathrm{d}}R\Delta i_{\mathrm{qs}}^2\mathrm{d}t\\&-\frac{1}{a_1}\int K_{\mathrm{i1}}K_{\mathrm{i3}}I_{\mathrm{ds0}}R\frac{1}{\omega_{\mathrm{d}}}\Delta i_{\mathrm{qs}}^2\mathrm{d}t+\frac{1}{a_1}K_{\mathrm{p1}}K_{\mathrm{i3}}I_{\mathrm{ds0}}\int\left[(\omega_{\mathrm{d}}-\omega_{\mathrm{s}})L-\frac{1}{\omega_{\mathrm{d}}-\omega_{\mathrm{s}}}\frac{1}{C}\right]\Delta i_{\mathrm{qs}}^2\mathrm{d}t\end{aligned}$$

$$
\begin{aligned}
&+\frac{1}{a_1}K_{\mathrm{p1}}K_{\mathrm{p3}}I_{\mathrm{ds0}}\frac{1}{2}\left[(\omega_{\mathrm{d}}-\omega_{\mathrm{s}})L-\frac{1}{\omega_{\mathrm{d}}-\omega_{\mathrm{s}}}\frac{1}{C}\right]\Delta i_{\mathrm{qs}}^2\\
&+\frac{1}{a_1}K_{\mathrm{i2}}K_{\mathrm{p3}}I_{\mathrm{ds0}}\int\left[(\omega_{\mathrm{d}}-\omega_{\mathrm{s}})L-\frac{1}{\omega_{\mathrm{d}}-\omega_{\mathrm{s}}}\frac{1}{C}\right]\Delta i_{\mathrm{ds}}^2\mathrm{d}t-\frac{1}{a_1}\int K_{\mathrm{p2}}K_{\mathrm{p3}}I_{\mathrm{ds0}}\omega_{\mathrm{d}}R\Delta i_{\mathrm{ds}}^2\mathrm{d}t\\
&-\frac{1}{a_1}\int K_{\mathrm{i2}}K_{\mathrm{i3}}I_{\mathrm{ds0}}R\frac{1}{\omega_{\mathrm{d}}}\Delta i_{\mathrm{ds}}^2\mathrm{d}t+\frac{1}{a_1}K_{\mathrm{p2}}K_{\mathrm{i3}}I_{\mathrm{ds0}}\int\left[(\omega_{\mathrm{d}}-\omega_{\mathrm{s}})L-\frac{1}{\omega_{\mathrm{d}}-\omega_{\mathrm{s}}}\frac{1}{C}\right]\Delta i_{\mathrm{ds}}^2\mathrm{d}t\\
&+\frac{1}{a_1}K_{\mathrm{p2}}K_{\mathrm{p3}}I_{\mathrm{ds0}}\frac{1}{2}\left[(\omega_{\mathrm{d}}-\omega_{\mathrm{s}})L-\frac{1}{\omega_{\mathrm{d}}-\omega_{\mathrm{s}}}\frac{1}{C}\right]\Delta i_{\mathrm{ds}}^2\\
&\Delta W_{\mathrm{Lr}}=-\frac{1}{2}\frac{1}{a_1^2}\omega_2L_{\mathrm{r}}\Delta i_{\mathrm{r}}^2
\end{aligned}
\tag{2-23}
$$

由式(2-23)可得，转子变流器的动态能量可由5个能量支路构成。其中，$\Delta W_{\mathrm{r_i}}$为定子电流经过转子侧功率外环和电流内环产生的动态能量分量，记为励磁电流能量支路；$\Delta W_{\mathrm{r_u}}$为定子电压经过转子侧功率外环和电流内环的动态能量分量，记为励磁电压能量支路；ΔW_{Lr}为转子电抗支路分量。

2. 网侧通道能量

根据网侧变流器控制结构[2,6]，其输出电压Δu_{gd}、Δu_{gq}可表示为

$$
\begin{cases}
\Delta u_{\mathrm{gd}}=-K_{\mathrm{p4}}K_{\mathrm{p5}}\Delta u_{\mathrm{dc}}-\int K_{\mathrm{i4}}K_{\mathrm{p5}}\Delta u_{\mathrm{dc}}\mathrm{d}t-K_{\mathrm{p5}}\Delta i_{\mathrm{dg}}-\int K_{\mathrm{i5}}K_{\mathrm{p4}}\Delta u_{\mathrm{dc}}\mathrm{d}t\\
\qquad -\iint K_{\mathrm{i4}}K_{\mathrm{i5}}\Delta u_{\mathrm{dc}}\mathrm{d}t\mathrm{d}t-\int K_{\mathrm{i5}}\Delta i_{\mathrm{dg}}\mathrm{d}t\\
\Delta u_{\mathrm{gq}}=-K_{\mathrm{p5}}\Delta i_{\mathrm{qg}}-\int K_{\mathrm{i5}}\Delta i_{\mathrm{dg}}\mathrm{d}t
\end{cases}
\tag{2-24}
$$

式中，Δu_{dc}为直流母线电压；Δi_{dg}、Δi_{qg}分别为dq轴下网侧变流器输出电流。

根据直流母线电压两侧的功率平衡方程，可得直流母线电压Δu_{dc}表达式为

$$
CU_{\mathrm{dc}}\frac{\mathrm{d}\Delta u_{\mathrm{dc}}}{\mathrm{d}t}=\Delta u_{\mathrm{dg}}\Delta i_{\mathrm{dg}}+U_{\mathrm{dg0}}\Delta i_{\mathrm{dg}}+I_{\mathrm{dg0}}\Delta u_{\mathrm{dg}}-(\Delta u_{\mathrm{dr}}\Delta i_{\mathrm{dr}}+U_{\mathrm{dr0}}\Delta i_{\mathrm{dr}}+I_{\mathrm{dr0}}\Delta u_{\mathrm{dr}})
\tag{2-25}
$$

将式(2-24)和式(2-25)代入式(2-17)中，可得网侧通道能量的详细表达式。考虑到ω_{d}的数值远大于变流器参数K_{p4}、K_{p5}，且ω_{d}^{-1}所在项的数值较小，因此，本书忽略含ω_{d}^{-1}的能量分量，化简网侧通道能量表达式为

$$
\begin{aligned}
&\Delta W_{\mathrm{g}} = \Delta W_{\mathrm{C\_i}} + \Delta W_{\mathrm{C\_u}} + \Delta W_{\mathrm{gi}} + \Delta W_{\mathrm{Lg}} \\
&\Delta W_{\mathrm{C\_i}} = \frac{K_{\mathrm{p5}}K_{\mathrm{p4}}}{C}\int(-I_{\mathrm{dr0}}K_{\mathrm{p1}}K_{\mathrm{p3}}I_{\mathrm{ds0}}\omega_{\mathrm{d}}a_3\Delta i_{\mathrm{qs}}^2 - I_{\mathrm{dr0}}K_{\mathrm{p1}}K_{\mathrm{p3}}U_{\mathrm{ds0}}a_3\omega_{\mathrm{d}}\Delta i_{\mathrm{qs}}^2)\mathrm{d}t \\
&\Delta W_{\mathrm{C\_u}} = -\frac{K_{\mathrm{p5}}K_{\mathrm{p4}}}{C}I_{\mathrm{dr0}}K_{\mathrm{p1}}K_{\mathrm{p3}}I_{\mathrm{ds0}}a_3\frac{1}{2}\left[(\omega_{\mathrm{d}}-\omega_{\mathrm{s}})L - \frac{1}{\omega_{\mathrm{d}}-\omega_{\mathrm{s}}}\frac{1}{C}\right]\Delta i_{\mathrm{dg}}^2 \\
&\qquad - \frac{K_{\mathrm{p5}}K_{\mathrm{p4}}}{C}\int(I_{\mathrm{dr0}}a_3K_{\mathrm{i1}}K_{\mathrm{p3}} + I_{\mathrm{ds0}}a_3K_{\mathrm{p1}}K_{\mathrm{i3}})\Delta i_{\mathrm{qs}}^2\left[(\omega_{\mathrm{d}}-\omega_{\mathrm{s}})L - \frac{1}{\omega_{\mathrm{d}}-\omega_{\mathrm{s}}}\frac{1}{C}\right]\mathrm{d}t \\
&\qquad + \frac{K_{\mathrm{p5}}K_{\mathrm{i4}}}{C}\int I_{\mathrm{dr0}}K_{\mathrm{i1}}K_{\mathrm{p3}}I_{\mathrm{ds0}}a_3\left[(\omega_{\mathrm{d}}-\omega_{\mathrm{s}})L - \frac{1}{\omega_{\mathrm{d}}-\omega_{\mathrm{s}}}\frac{1}{C}\right]\Delta i_{\mathrm{qs}}^2\mathrm{d}t \\
&\qquad + \frac{K_{\mathrm{p5}}K_{\mathrm{p4}}}{C}\int I_{\mathrm{dg0}}Ra_3\omega_{\mathrm{d}}\Delta i_{\mathrm{qs}}^2\mathrm{d}t \\
&\Delta W_{\mathrm{gi}} = \int\omega_{\mathrm{d}}K_{\mathrm{p5}}\Delta i_{\mathrm{g}}^2\mathrm{d}t \\
&\Delta W_{\mathrm{Lg}} = \frac{1}{2}\omega_{\mathrm{g}}L_{\mathrm{g}}\Delta i_{\mathrm{g}}^2
\end{aligned}
\tag{2-26}
$$

由式(2-26)可知，网侧能量通道包含 4 个能量支路。其中，$\Delta W_{\mathrm{C\_i}}$、$\Delta W_{\mathrm{C_u}}$分别为转子侧电流和电压振荡分量引起的直流电压变化量，经过网侧变流器电压外环和 d 轴电流内环产生的动态能量分量，记为电流外环能量支路和电压外环能量支路；ΔW_{gi}为网侧电流振荡分量经过电流内环控制产生的动态能量分量，记为网侧内环能量支路；ΔW_{Lg}为网侧滤波电抗能量支路。

2.2.2　双馈风电机组能量响应特性

在模型建立的基础上，进一步构建能量稳定判据，并分析不同振荡场景下双馈风电机组受扰后的能量响应特性。当 DFIG 的$\Delta W_{\mathrm{DFIG}}(t)$逐渐减少，即$\Delta \dot{W}_{\mathrm{DFIG}}(t)$恒为负值时，系统总能量不断减少到最小值，最终系统达到稳定。若$\Delta W_{\mathrm{DFIG}}(t)$逐渐增加，$\Delta \dot{W}_{\mathrm{DFIG}}(t)$恒为正值，系统总能量不断增多，最终振荡发散。将$\Delta W_{\mathrm{DFIG}}(t)$的负时间梯度定义为耗散强度[8]，量化表征$\Delta W_{\mathrm{DFIG}}(t)$的上升或下降程度，反映系统总能量的耗散速度，记为$\eta$，其定义式为

$$
\eta = -\nabla\left[\frac{\left|\Delta W_{\mathrm{DFIG}}(t) - \Delta W_{\mathrm{DFIG\_av}}\right|}{\left[\dfrac{1}{n}\sum_{t=1}^{n}(\Delta W_{\mathrm{DFIG}}(t) - \Delta W_{\mathrm{DFIG\_av}})^2\right]^{\frac{1}{2}}}\right] \tag{2-27}
$$

式中，$\nabla[\bullet]$为梯度符号，$[\bullet]$中间部分为动态能量在时间尺度上的归一化过程，以

消除由扰动大小产生的动态能量差异。

由式(2-27)可知，当$\eta>0$时，DFIG发出的动态能量逐渐减少，系统稳定，若η值越大，动态能量下降的速度越快，系统稳定水平越高，振荡收敛越快。当η=0时，DFIG 发出的动态能量为恒定值，系统临界稳定，诱发等幅振荡。当$\eta<0$，DFIG发出的动态能量逐渐增大，系统总能量上升越快，稳定水平为负值，次同步振荡发散越剧烈。因此根据η值的大小可以量化评估双馈风电机组次同步振荡的稳定水平。

以双馈风电机组经串补线路并网系统为例，通过改变线路串补度模拟双馈机组并网系统受扰后产生的次同步振荡现象，设置三种振荡工况，即振荡发散、等幅振荡及振荡收敛场景。从双馈风电机组出口处测量系统振荡分量，探究能量响应特性，并验证双馈风电机组动态能量函数的准确性和稳定性评估的可行性。

1)振荡发散

当t=2s时，在双馈风电并网系统中接入30%串补度的串联补偿线路，系统中出现次同步振荡现象且振荡处于发散趋势，新能源机组出口处的有功功率时域曲线如图2-9所示。

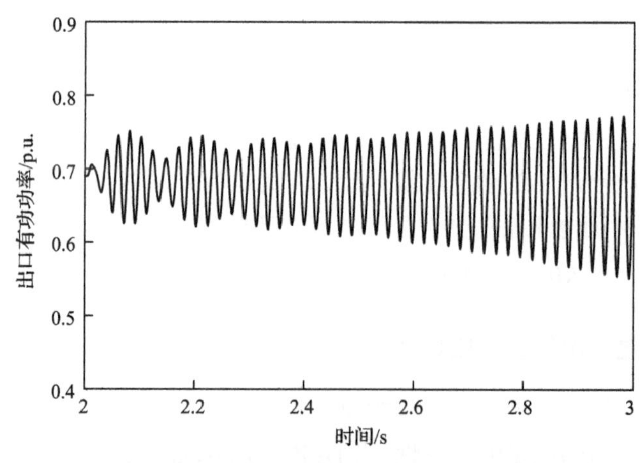

图2-9　振荡发散时双馈风电机组出口有功功率

通过测量风电场端口的电压、电流以及功率的变化量，将测量值代入式(2-21)，可得到风电场端口动态能量的测量值如图2-10(a)中的圆圈所示。将测量值与计算值相对比，可知计算值和测量值均呈现上升趋势且基本重合。考虑到测量值振荡分量中还存在除基频的其他频率分量，因此出现小幅度上下振荡，但波动误差在1.3%以内。

风电场端口动态能量、锁相环动态能量及输出线路动态能量三部分能量变化情况如图2-10(b)所示。锁相环动态能量为正值，即发出动态能量，输出线路动态能量恒为负值，不断吸收动态能量。风电场端口动态能量恒为正值，且不断增大，

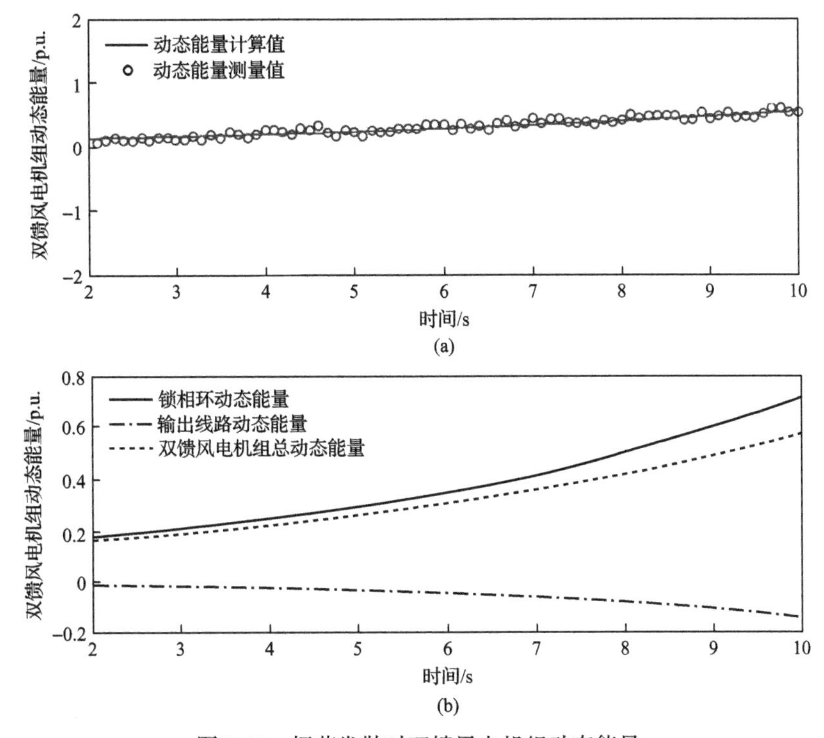

图 2-10　振荡发散时双馈风电机组动态能量

根据耗散强度稳定判据可知，此时 $\Delta\dot{W}_{\mathrm{DFIG}}(t)$ 恒为正值，该系统不稳定，振荡发散，与图 2-10 所示的时域仿真结果一致。

2) 等幅振荡

当 t=2s 时，将串补度为 20%的线路接入电网，系统出现等幅次同步振荡，风电场输出有功功率如图 2-11 所示。

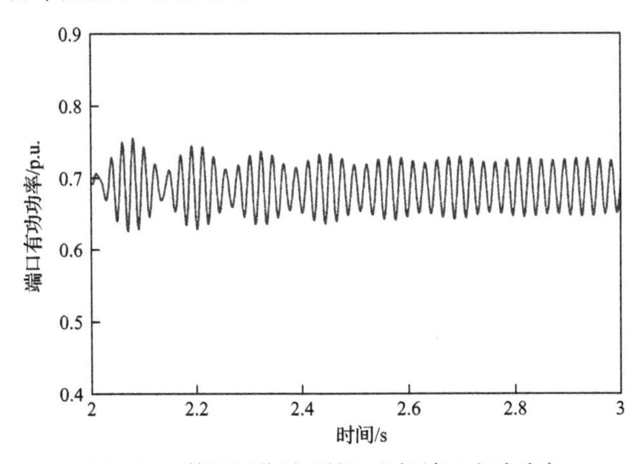

图 2-11　等幅振荡时双馈风电场端口有功功率

风电场动态能量测量值和计算值如图 2-12(a)所示。振荡过程中风电场发出的动态能量基本保持不变，且端口动态能量的测量值与计算值接近一致，最大误差在 2.1%以内。风电场端口动态能量、锁相环动态能量及输送线路动态能量三部分能量变化情况如图 2-12(b)所示。由于此时电压和电流分量一个振荡周期内的变化值恒为常数，动态能量分量也均为恒定值。风电场端口能量恒为正值，$\Delta\dot{W}_{\text{DFIG}}(t)$ 也恒为 0，系统处于临界稳定状态。

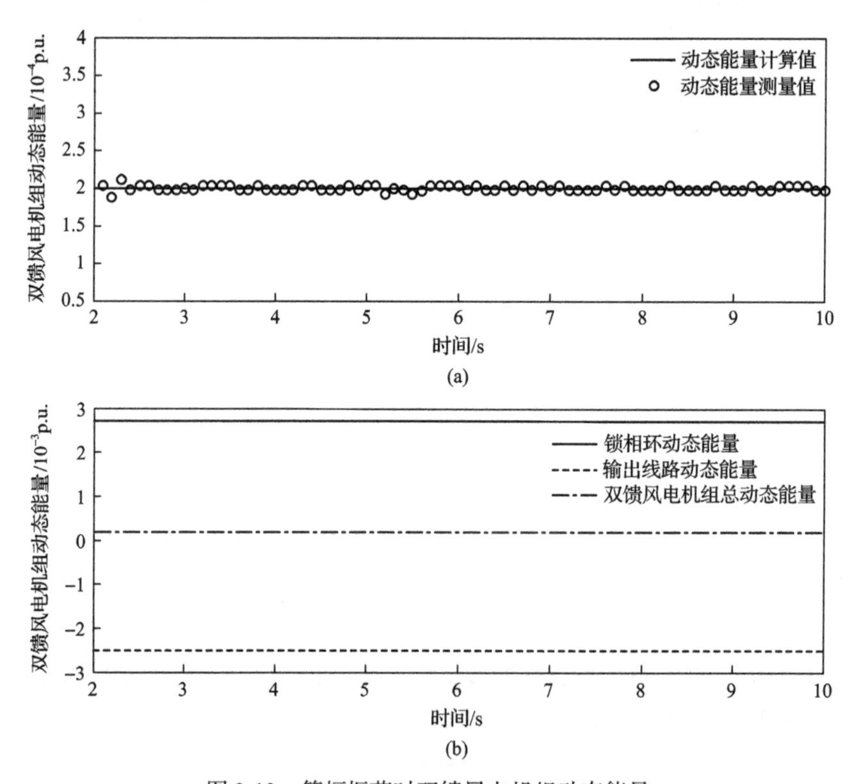

图 2-12　等幅振荡时双馈风电机组动态能量

3) 振荡收敛

当 t=2s 时，在双馈风电并网系统中接入串补度为 10%的线路，系统发生次同步振荡但随后逐渐收敛至稳定，风电场端口的有功功率时域曲线如图 2-13 所示。

该场景下风电场动态能量的计算值和测量值如图 2-14(a)所示。系统动态能量均呈现下降的变化趋势，且随着振荡收敛，动态能量逐渐减小，当达到稳定时，动态能量接近于 0。通过测量值和计算值对比可知，两者保持一致，误差在 2.0%以内。

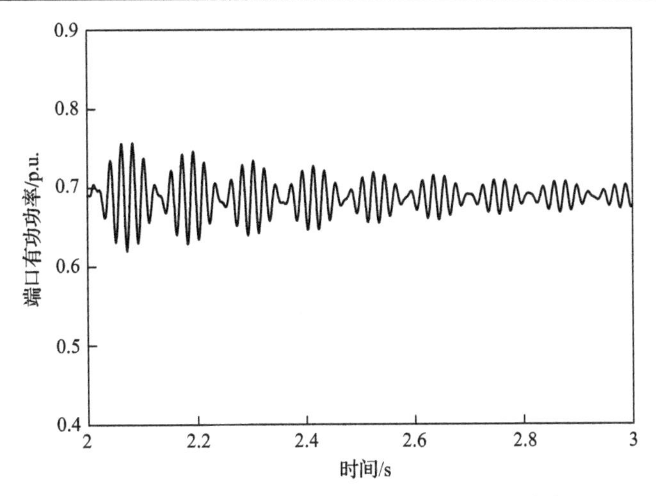

图 2-13　振荡收敛时双馈风电场端口有功功率

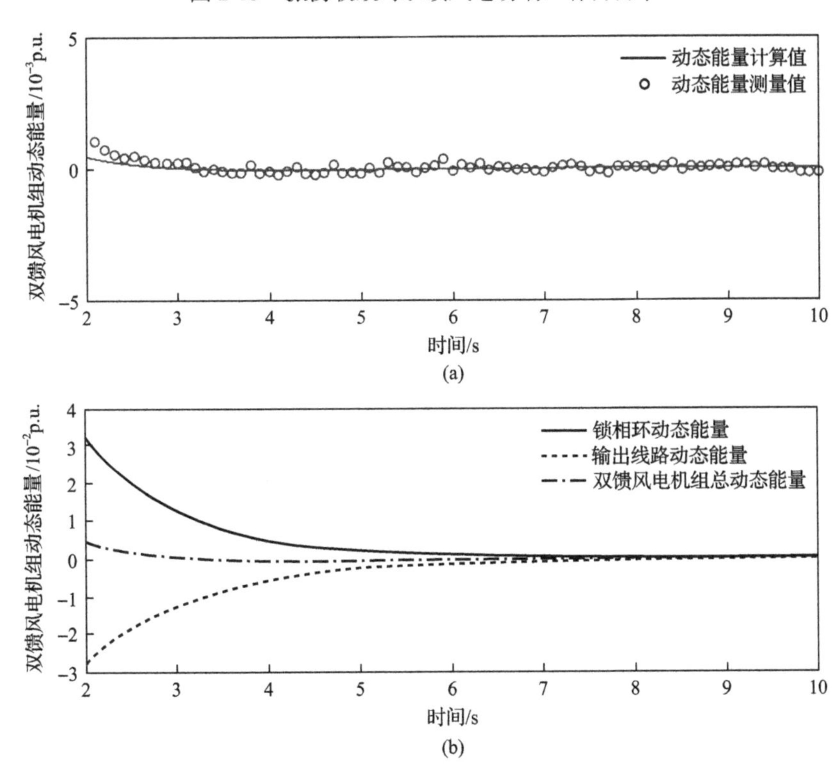

图 2-14　振荡收敛时双馈风电机组动态能量

风电场动态能量及其分量的变化趋势如图 2-14(b)所示。该情况下，锁相环发出的动态能量和输送线路吸收的动态能量绝对值均呈现逐渐下降的趋势，表明风电场发出的动态能量逐渐减少，$\Delta\dot{W}_{\mathrm{DFIG}}(t)$ 恒为负值，系统稳定。

2.3 总　结

本章从时域维度描绘了风电机组的动态响应特性，并揭示了风电机组-风电场的时频耦合作用机理。针对直驱风电机组接入弱电网系统，本章构建了直驱风电机组的交互能量模型，揭示了锁相环与电流环 q 轴系统间的能量交互是导致不稳定振荡产生的主要原因。针对双馈风电机组经串补线路外送系统，本章构建了双馈风电机组的动态能量模型，阐明了振荡分量经转子变流器功率环控制和网侧变流器电流内环控制产生的励磁电压能量支路和网侧能量支路是影响双馈风电机组稳定性的关键振荡路径。

参 考 文 献

[1] 闵勇, 陈磊. 包含感应电动机模型的电力系统暂态能量函数[J]. 中国科学: E 辑, 2007(9): 1117-1125.

[2] 章艳, 张萌, 高晗. 基于阻耗系数的双馈风机系统阻尼控制研究[J]. 电网技术, 2021, 45(7): 2781-2795.

[3] Du W, Wang X, Wang H. Sub-synchronous interactions caused by the PLL in the grid-connected PMSG for the wind power generation[J]. International Journal of Electrical Power & Energy Systems, 2018, 98: 331-341.

[4] 邵冰冰, 赵书强, 裴继坤, 等. 直驱风电场经 VSC-HVDC 并网的次同步振荡特性分析[J]. 电网技术, 2019, 43(9): 3344-3355.

[5] Ma J, Wang L, Shen Y, et al. Interaction energy based stability analysis method and application in grid-tied type-4 wind turbine generator[J]. IEEE Journal of Emerging and Selected Topics in Power Electronics, 2021, 9(5): 5542-5557.

[6] Mishra Y, Mishra S, Li F, et al. Small-signal stability analysis of a DFIG-based wind power system under different modes of operation[J]. IEEE Transactions on Energy Conversion, 2009, 24(4): 972-982.

[7] 朱蜀, 刘开培, 秦亮, 等. 电力电子化电力系统暂态稳定性分析综述[J]. 中国电机工程学报, 2017, 37(14): 3948-3962.

[8] Ma J, Shen Y, Phadke A G. Stability assessment of DFIG subsynchronous oscillation based on energy dissipation intensity analysis[J]. IEEE Transactions on Power Electronics, 2020, 35(8): 8074-8087.

第3章 新能源系统耦合特性分析

3.1 新能源机组控制环节能量耦合机理

3.1.1 直驱风电机组控制环节能量耦合机理

本节根据直驱风电机组数学模型中控制环节的连接拓扑，构建直驱风电机组动态能量模型，以交互能量为稳定性分析指标，分析控制环节间交互作用对稳定性水平的贡献程度，筛选影响系统稳定性的关键控制环节，得出诱发直驱风电机组振荡的控制环节耦合作用机理。进一步地，构建直驱风电机组动态能量模型，以能量灵敏度为指标，筛选影响次超同步稳定性的关键影响因素。

1. 基于动态能量的振荡传播路径及演化规律

由2.2.2节分析可知，各子系统之间的交互作用由交互环节各个分项所决定，如表3-1所示。

表3-1 各子系统交互环节分项表达式

		电流环d轴系统	电流环q轴系统	锁相环系统	电网d轴系统	电网q轴系统
电流环d轴系统	ΔI_{d1}	—	$-\sin\theta_0\Delta I_{q1}$	$-I_{q1\_c0}\Delta I_{pll}$	$-\Delta U_{pccd}$	—
	ΔU_{ckd}		$-\sin\theta_0\Delta U_{ckq}$ $\omega_0 L_1\Delta I_{q1}$	$-(R_k I_{q10}+U_{q0})\Delta I_{pll}$	—	
电流环q轴系统	ΔI_{q1}	$\sin\theta_0\Delta I_{d1}$	—	$I_{d1\_c0}\Delta I_{pll}$	—	$-\Delta U_{pccq}$
	ΔU_{ckq}	$\sin\theta_0\Delta U_{ckq}$ $-\omega_0 L_1\Delta I_{d1}$		$(R_k I_{d10}+U_{d0})\Delta I_{pll}$		—
锁相环系统	ΔI_{pll}	—	—	—	$K_{pll7}\Delta U_{pccd}$	$K_{pll8}\Delta U_{pccq}$
	ΔU_{pll}				$R_{kp\_pll}K_{pll7}\Delta U_{pccd}$	$R_{kp\_pll}K_{pll8}\Delta U_{pccq}$
电网d轴系统	ΔI_{d2}	ΔI_{d1}	—	—	—	$\omega_0 L_2\Delta I_{q2}$
	ΔU_{ctd}	—				$\omega_0 C_t\Delta U_{ctq}$
电网q轴系统	ΔI_{q2}	—	ΔI_{q1}	—	$-\omega_0 L_2\Delta I_{d2}$	—
	ΔU_{ctq}		—		$-\omega_0 C_t\Delta U_{ctd}$	

表 3-1 中元素为列坐标轴的各子系统对行坐标轴的各子系统中相关变量影响的表达式，其中“—”代表该列坐标轴的子系统对行坐标轴的子系统无能量交互，非“—”代表该列坐标轴的子系统对行坐标轴的子系统存在能量交互。由此可得，能量在 5 个子系统间的交互关系如图 3-1 所示，包括：①电流环 d 轴系统与 q 轴系统间的交互能量；②电网 d 轴系统与 q 轴系统间的交互能量；③电流环 d 轴、q 轴系统与电网 d 轴、q 轴系统间的交互能量；④电流环 d 轴、q 轴系统与锁相环间的交互能量；⑤电网 d 轴、q 轴系统与锁相环间的交互能量。各子系统间交互能量的表达式可通过将表 3-1 中影响电压变量、电流变量的表达式分别代入式(2-11) V_t 表达式中第 1 项、第 2 项获得。以下分别对各部分能量进行详细分析。

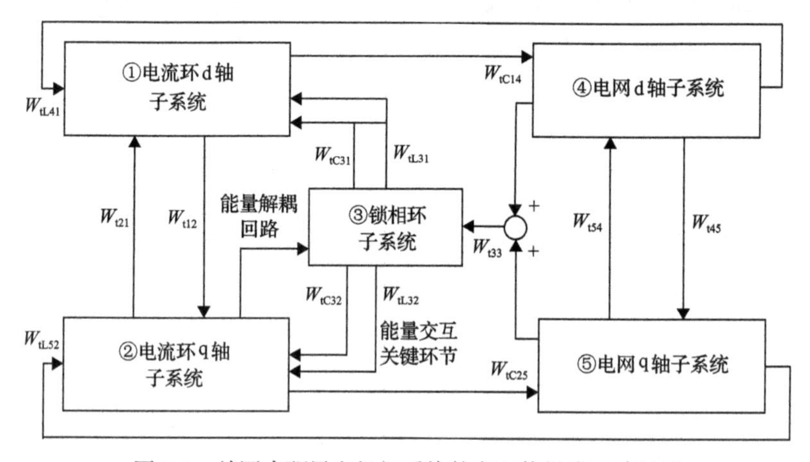

图 3-1　并网直驱风电机组系统的交互能量流通路径图

1) 电流环 d 轴系统与 q 轴系统间交互能量分析

电流环 d 轴系统与 q 轴系统间能量交互包括图 3-1 中 W_{t12} 和 W_{t21} 两部分。

(1) W_{t12} 为电流环 d 轴系统通过交互环节 $\omega_0 L_1 \Delta I_{d1}$、$\sin\theta_0 \Delta U_{ckd}$、$\sin\theta_0 \Delta I_{d1}$ 向 q 轴系统传递的能量，由式(2-15)可得 W_{t12} 导数的非周期分量为

$$
\begin{aligned}
&\dot{W}_{t12\_dc}(t) = \lambda_{12} e^{2\alpha t} \\
&= \begin{bmatrix} \cos\theta_0 \omega_0 L_1 A_{\Delta I_{d1}} A_{\Delta I_{q1}} \cos(\theta_{\Delta I_{d1}} - \theta_{\Delta I_{q1}}) - \cos\theta_0 \sin\theta_0 A_{\Delta I_{q1}} A_{\Delta U_{ckd}} \cos(\theta_{\Delta U_{ckd}} - \theta_{\Delta I_{q1}}) \\ -\cos\theta_0 \sin\theta_0 A_{\Delta I_{d1}} A_{\Delta U_{ckq}} \cos(\theta_{\Delta U_{ckq}} - \theta_{\Delta I_{d1}}) \end{bmatrix} e^{2\alpha t}
\end{aligned}
\tag{3-1}
$$

式中，α 为振荡模式 $\alpha + j\omega_c$ 的实部；$A_{\Delta U_{ckd}}$、$A_{\Delta U_{ckq}}$、$A_{\Delta I_{d1}}$、$A_{\Delta I_{q1}}$ 分别表示状态变量 ΔU_{ckd}、ΔU_{ckq}、ΔI_{d1}、ΔI_{q1} 的幅值；$\theta_{\Delta U_{ckd}}$、$\theta_{\Delta U_{ckq}}$、$\theta_{\Delta I_{d1}}$、$\theta_{\Delta I_{q1}}$ 分别表示状态变量ΔU_{ckd}、ΔU_{ckq}、ΔI_{d1}、ΔI_{q1} 的相角。

(2) W_{t21} 为电流环 q 轴系统通过交互环节 $\omega_0 L_1 \Delta I_{q1}$、$\sin\theta_0 \Delta U_{ckq}$、$\sin\theta_0 \Delta I_{q1}$ 向

d 轴系统传递的能量，由式(2-15)可得 W_{t21} 导数的非周期分量为

$$\dot{W}_{t21\_dc}(t)=\lambda_{21}e^{2\alpha t}$$
$$=\begin{bmatrix}-\cos\theta_0\omega_0 L_1 A_{\Delta I_{d1}}A_{\Delta I_{q1}}\cos(\theta_{\Delta I_{d1}}-\theta_{\Delta I_{q1}})+\cos\theta_0\sin\theta_0 A_{\Delta I_{d1}}A_{\Delta U_{ckq}}\cos(\theta_{\Delta U_{ckq}}-\theta_{\Delta I_{d1}})\\+\cos\theta_0\sin\theta_0 A_{\Delta I_{q1}}A_{\Delta U_{ckd}}\cos(\theta_{\Delta U_{ckd}}-\theta_{\Delta I_{q1}})\end{bmatrix}e^{2\alpha t} \tag{3-2}$$

式(3-1)和式(3-2)中，λ_{12} 和 λ_{21} 表达式大小相同符号相反，交互能量导数的非周期分量 $\dot{W}_{t12\_dc}(t)$ 和 $\dot{W}_{t21\_dc}(t)$ 之和为零，由式(2-15)第 4 项表达式可知如果交互能量导数非周期分量为零则不是导致振荡的原因，因此，电流环 d 轴系统与 q 轴系统间交互能量不是导致振荡产生的原因。

2) 电网 d 轴系统与 q 轴系统间交互能量分析

电网 d 轴系统与 q 轴系统间能量交互包括图 3-1 中 W_{t45} 和 W_{t54} 两部分。

(1) W_{t45} 为电网 d 轴系统通过交互环节 $\omega_0 C_t\Delta U_{ctd}$、$\omega_0 L_2\Delta I_{d2}$ 向 q 轴系统传递的能量，由式(2-15)可得 W_{t45} 导数的非周期分量为

$$\dot{W}_{t45\_dc}(t)=\lambda_{45}e^{2\alpha t}$$
$$=\left[\omega_0 C_t A_{\Delta U_{ctd}}A_{\Delta U_{ctq}}\cos(\theta_{\Delta U_{ctd}}-\theta_{\Delta U_{ctq}})+\omega_0 L_2 A_{\Delta I_{d2}}A_{\Delta I_{q2}}\cos(\theta_{\Delta I_{d2}}-\theta_{\Delta I_{q2}})\right]e^{2\alpha t} \tag{3-3}$$

式中，$A_{\Delta U_{ctd}}$、$A_{\Delta U_{ctq}}$、$A_{\Delta I_{d2}}$、$A_{\Delta I_{q2}}$ 分别表示状态变量 ΔU_{ctd}、ΔU_{ctq}、ΔI_{d2}、ΔI_{q2} 的幅值；$\theta_{\Delta U_{ctd}}$、$\theta_{\Delta U_{ctq}}$、$\theta_{\Delta I_{d2}}$、$\theta_{\Delta I_{q2}}$ 分别表示状态变量 ΔU_{ctd}、ΔU_{ctq}、ΔI_{d2}、ΔI_{q2} 的相角。

(2) W_{t54} 为电网 q 轴系统通过交互环节 $\omega_0 C_t\Delta U_{ctq}$、$\omega_0 L_2\Delta I_{q2}$ 向 d 轴系统传递的能量，由式(2-15)可得 W_{t54} 导数的非周期分量为

$$\dot{W}_{t54\_dc}(t)=\lambda_{54}e^{2\alpha t}$$
$$=\left[-\omega_0 C_t A_{\Delta U_{ctd}}A_{\Delta U_{ctq}}\cos(\theta_{\Delta U_{ctd}}-\theta_{\Delta U_{ctq}})-\omega_0 L_2 A_{\Delta I_{d2}}A_{\Delta I_{q2}}\cos(\theta_{\Delta I_{d2}}-\theta_{\Delta I_{q2}})\right]e^{2\alpha t} \tag{3-4}$$

式(3-3)和式(3-4)中，λ_{45} 和 λ_{54} 表达式大小相同符号相反，交互能量导数的非周期分量 $\dot{W}_{t45\_dc}(t)$ 和 $\dot{W}_{t54\_dc}(t)$ 之和为零，由式(2-15)第 4 项表达式可知如果交互能量导数非周期分量为 0 则不是导致振荡的原因，因此，电网 d 轴系统与 q 轴系统间交互能量不是导致振荡产生的原因。

3) 电流环 d 轴、q 轴系统与电网 d 轴、q 轴系统间交互能量分析

电流环 d 轴、q 轴系统与电网 d 轴、q 轴系统间交互能量包括图 3-1 中 W_{tL41}、W_{tL52}、W_{tC14} 和 W_{tC25} 4 部分。

(1) W_{tL41} 为电网 d 轴系统通过交互环节 ΔU_{ctd} 向电流环 d 轴系统传递的能量，

表达式为

$$W_{\mathrm{tL41}} = -\cos\theta_0 \int \Delta U_{\mathrm{ctd}} \Delta I_{\mathrm{d1}} \mathrm{d}t \tag{3-5}$$

(2) W_{tL52} 为电网 q 轴系统通过交互环节 ΔU_{ctq} 向电流环 q 轴系统传递的能量，表达式为

$$W_{\mathrm{tL52}} = -\cos\theta_0 \int \Delta U_{\mathrm{ctq}} \Delta I_{\mathrm{q1}} \mathrm{d}t \tag{3-6}$$

(3) W_{tC14} 为电流环 d 轴系统通过交互环节 ΔI_{d1} 向电网 d 轴系统传递的能量，表达式为

$$W_{\mathrm{tC14}} = \int \Delta I_{\mathrm{d1}} \Delta U_{\mathrm{ctd}} \mathrm{d}t \tag{3-7}$$

(4) W_{tC25} 为电流环 q 轴系统通过交互环节 ΔI_{q1} 向电网 q 轴系统传递的能量，表达式为

$$W_{\mathrm{tC25}} = \int \Delta I_{\mathrm{q1}} \Delta U_{\mathrm{ctq}} \mathrm{d}t \tag{3-8}$$

上述 4 项交互能量之和为 W_{gc}，W_{gc} 对时间 t 求导可得

$$\dot{W}_{\mathrm{gc}}(t) = (1-\cos\theta_0)\cdot(\Delta U_{\mathrm{ctd}}\Delta I_{\mathrm{d1}} + \Delta U_{\mathrm{ctq}}\Delta I_{\mathrm{q1}}) \tag{3-9}$$

式(3-9)中，由于系统输出的有功功率扰动量ΔP 近似为零，可得

$$\Delta P = \Delta U_{\mathrm{ctd}}\Delta I_{\mathrm{d1}} + \Delta U_{\mathrm{ctq}}\Delta I_{\mathrm{q1}} \approx 0 \tag{3-10}$$

将式(3-10)代入式(3-9)可知 $\dot{W}_{\mathrm{gc}}(t)\approx 0$，由式(2-15)第 4 个表达式可知如果交互能量导数非周期分量为零则不是导致振荡的原因，因此，电流环 d 轴、q 轴系统与电网 d 轴、q 轴系统间交互能量不是导致次同步振荡的原因。

4) 电流环 d 轴、q 轴系统与锁相环间交互能量分析

电流环 d 轴、q 轴系统与锁相环间交互能量包括图 3-1 中 W_{tC31}、W_{tL31}、W_{tC32} 和 W_{tL32} 4 部分。

(1) W_{tC31} 为锁相环系统通过交互环节 $I_{\mathrm{q1\_c0}}\Delta I_{\mathrm{pll}}$ 向电流环 d 轴系统传递的能量，由式(2-15)可得 W_{tC31} 导数的非周期分量为

$$\begin{aligned}\dot{W}_{\mathrm{tC31\_dc}}(t) = &-\cos\theta_0 I_{\mathrm{q1\_c0}} A_{\Delta I_{\mathrm{pll}}} A_{\Delta U_{\mathrm{ckd}}} \\ &\times\cos(\theta_{\Delta I_{\mathrm{pll}}} - \theta_{\Delta U_{\mathrm{ckd}}})\mathrm{e}^{2\alpha t} = \lambda_{\mathrm{C31}}\mathrm{e}^{2\alpha t}\end{aligned} \tag{3-11}$$

式中，$\cos\theta_0$、I_{q1_c0}为常数项；$A_{\Delta I_{pll}}$和$A_{\Delta U_{ckd}}$为状态变量ΔI_{pll}和ΔU_{ckd}的幅值；$\theta_{\Delta I_{pll}}-\theta_{\Delta U_{ckd}}$为状态变量$\Delta I_{pll}$和$\Delta U_{ckd}$间的相角差。

由于常数项I_{q1_c0}在直驱风电机组处于单位功率因数并网状态时为零，因此，λ_{C31}为零，交互能量W_{tC31}不影响稳定性。

(2) W_{tL31}为锁相环系统通过交互环节$(R_k I_{q10}+U_{q0})\Delta I_{pll}$向电流环 d 轴系统传递的能量，由式(2-15)可得W_{tL31}导数的非周期分量为

$$\begin{aligned}\dot{W}_{tL31\_dc}(t)=&-\cos\theta_0(R_k I_{q10}+U_{q0})A_{\Delta I_{pll}}A_{\Delta I_{d1}}\\&\times\cos(\theta_{\Delta I_{pll}}-\theta_{\Delta I_{d1}})e^{2\alpha t}=\lambda_{L31}e^{2\alpha t}\end{aligned}\tag{3-12}$$

式中，常数项$\cos\theta_0$和$R_k I_{q10}+U_{q0}$在机组发电运行时为正数；$A_{\Delta I_{d1}}$为状态变量ΔI_{d1}的幅值；$\theta_{\Delta I_{pll}}-\theta_{\Delta I_{d1}}$为状态变量$\Delta I_{pll}$和$\Delta I_{d1}$间相角差。

(3) W_{tC32}为锁相环系统通过交互环节$I_{d1_c0}\Delta I_{pll}$向电流环 q 轴系统传递的能量，由式(2-15)可得W_{tC32}导数的非周期分量为

$$\begin{aligned}\dot{W}_{tC32\_dc}(t)=&\cos\theta_0 I_{d1\_c0}A_{\Delta I_{pll}}A_{\Delta U_{ckq}}\\&\times\cos(\theta_{\Delta I_{pll}}-\theta_{\Delta U_{ckq}})e^{2\alpha t}=\lambda_{C32}e^{2\alpha t}\end{aligned}\tag{3-13}$$

式中，常数项$\cos\theta_0$、I_{d1_c0}在机组发电运行时为正数；$A_{\Delta U_{ckq}}$为状态变量ΔU_{ckq}的幅值；$\theta_{\Delta I_{pll}}-\theta_{\Delta U_{ckq}}$为状态变量$\Delta I_{pll}$和$\Delta U_{ckq}$间相角差。

(4) W_{tL32}为锁相环系统通过交互环节$(R_k I_{d10}+U_{d0})\Delta I_{pll}$向电流环 q 轴系统传递的能量，由式(2-15)可得W_{tL32}导数的非周期分量为

$$\begin{aligned}\dot{W}_{tL32\_dc}(t)=&\cos\theta_0(R_k I_{d10}+U_{d0})A_{\Delta I_{pll}}A_{\Delta I_{q1}}\\&\times\cos(\theta_{\Delta I_{pll}}-\theta_{\Delta I_{q1}})e^{2\alpha t}=\lambda_{L32}e^{2\alpha t}\end{aligned}\tag{3-14}$$

式中，常数项$\cos\theta_0$、$R_k I_{d10}+U_{d0}$在机组发电运行时为正数；$A_{\Delta I_{q1}}$为状态变量ΔI_{q1}的幅值；$\theta_{\Delta I_{pll}}-\theta_{\Delta I_{q1}}$为状态变量$\Delta I_{pll}$和$\Delta I_{q1}$间相角差。

由式(2-15)表达式可知，交互能量导数的非周期分量的大小由其表达式中常数项、状态变量幅值和状态变量相位差的余弦值三者共同决定，其正负由常数项和状态变量相位差的余弦值决定。状态变量幅值和相位差可通过在状态空间模型的基础上，推导以ΔI_{pll}为输入以ΔI_{d1}、ΔU_{ckq}、ΔI_{q1}为输出的传递函数获得，其中，幅值取决于传递函数的幅频特性如式(3-15)所示，相位差取决于传递函数的相频特性如式(3-16)所示。

$$\begin{cases} A_{\Delta I_{d1}} = A_{\Delta I_{pll}} \times |G_{12}(j\omega)| \\ A_{\Delta U_{ckq}} = A_{\Delta I_{pll}} \times |H_{11}(j\omega)| \\ A_{\Delta I_{q1}} = A_{\Delta I_{pll}} \times |H_{12}(j\omega)| \end{cases} \tag{3-15}$$

$$\begin{cases} \theta_{\Delta I_{pll}} - \theta_{\Delta I_{d1}} = \angle G_{12}(j\omega) \\ \theta_{\Delta I_{pll}} - \theta_{\Delta U_{ckq}} = \angle H_{11}(j\omega) \\ \theta_{\Delta I_{pll}} - \theta_{\Delta I_{q1}} = \angle H_{12}(j\omega) \end{cases} \tag{3-16}$$

式中，$G_{12}(s)$ 为以ΔI_{pll}为输入以ΔI_{d1}为输出的传递函数；$H_{11}(s)$ 为以ΔI_{pll}为输入以ΔU_{ckq} 为输出的传递函数；$H_{12}(s)$ 为以ΔI_{pll} 为输入以ΔI_{q1} 为输出的传递函数；$|G_{12}(j\omega)|$、$|H_{11}(j\omega)|$、$|H_{12}(j\omega)|$ 为各项传递函数的幅频特性；$\angle G_{12}(j\omega)$、$\angle H_{11}(j\omega)$、$\angle H_{12}(j\omega)$ 为各项传递函数的相频特性。

对于式(3-14)中 $\dot{W}_{tL32\_dc}(t)$ 与式(3-12)中 $\dot{W}_{tL31\_dc}(t)$ 而言，当机组处于单位功率因数发电运行状态，有功出力 1p.u.，电流环带宽设定为 250Hz，锁相环带宽 100Hz，L_2/L_1 比值等于 3 的工况下，通过比较 ω 在次同步频率范围内变化时 $\dot{W}_{tL32\_dc}(t)$ 与 $\dot{W}_{tL31\_dc}(t)$ 表达式中常数项、幅值、相角差的余弦值，可以得到以下结论。

对于常数项，在上述运行工况下 $\dot{W}_{tL32\_dc}(t)$ 中常数项 $|R_k I_{d10} + U_{d0}|$ 与 $\dot{W}_{tL31\_dc}(t)$ 中常数项 $|R_k I_{q10} + U_{q0}|$ 数量级接近。

对于幅值，在次同步频率范围内 $H_{12}(j\omega)$ 幅频曲线始终处于 $G_{12}(j\omega)$ 的幅频曲线的上方，且有 $|H_{12}(j\omega)| \gg |G_{12}(j\omega)|$，因此 $\dot{W}_{tL32\_dc}(t)$ 中状态变量幅值 $A_{\Delta I_{q1}}$ 远大于 $\dot{W}_{tL31\_dc}(t)$ 中状态变量幅值 $A_{\Delta I_{d1}}$。

对于相位差的余弦值，由 $\angle H_{12}(j\omega)$、$\angle G_{12}(j\omega)$ 相频曲线可得，在次同步频率范围内 $\dot{W}_{tL32\_dc}(t)$ 中相位差 $\theta_{\Delta I_{pll}} - \theta_{\Delta I_{q1}}$ 可始终满足 $\cos(\theta_{\Delta I_{pll}} - \theta_{\Delta I_{q1}}) \approx 1$，与 $\dot{W}_{tL31\_dc}(t)$ 中相位差 $\theta_{\Delta I_{pll}} - \theta_{\Delta I_{d1}}$ 余弦值相比，近似可得 $\cos(\theta_{\Delta I_{pll}} - \theta_{\Delta I_{q1}}) \gg \cos(\theta_{\Delta I_{pll}} - \theta_{\Delta I_{d1}})$。

通过 $\dot{W}_{tL32\_dc}(t)$ 与 $\dot{W}_{tL31\_dc}(t)$ 中常数项、幅值、相角差的余弦值对比结果可得 $|\lambda_{L32}| \gg |\lambda_{L31}|$。

同理，对于式(3-14)中 $\dot{W}_{tL32\_dc}(t)$ 与式(3-13)中 $\dot{W}_{tC32\_dc}(t)$，通过比较 $\dot{W}_{tL32\_dc}(t)$ 与 $\dot{W}_{tC32\_dc}(t)$ 表达式中常数项、幅值、相角差的余弦值，可以得到以下结论。

(1) 对于常数项，在上述运行工况下 $\dot{W}_{tL32\_dc}(t)$ 中常数项 $|R_k I_{d10} + U_{d0}|$ 远大于

$\dot{W}_{tC32\_dc}(t)$ 中常数项 $\left|I_{d1\_c0}\right|$。

(2) 对于幅值，对比在次同步频率范围内 $H_{12}(j\omega)$ 和 $H_{11}(j\omega)$ 的幅频曲线，可知 $\left|H_{12}(j\omega)\right|$ 和 $\left|H_{11}(j\omega)\right|$ 大小处于同一数量级，因此 $\dot{W}_{tL32\_dc}(t)$ 中状态变量幅值 $A_{\Delta I_{q1}}$ 与 $\dot{W}_{tC32\_dc}(t)$ 中状态变量幅值 $A_{\Delta U_{ckq}}$ 处于同一数量级。

(3) 对于相位差的余弦值，同理由于 $\dot{W}_{tL32\_dc}(t)$ 中相位差 $\theta_{\Delta I_{pll}}-\theta_{\Delta I_{q1}}$ 可始终满足 $\cos(\theta_{\Delta I_{pll}}-\theta_{\Delta I_{q1}})\approx 1$，与 $\dot{W}_{tC32\_dc}(t)$ 中相位差 $\theta_{\Delta I_{pll}}-\theta_{\Delta U_{ckq}}$ 余弦值相比，近似可得 $\cos(\theta_{\Delta I_{pll}}-\theta_{\Delta I_{q1}})\geqslant\cos(\theta_{\Delta I_{pll}}-\theta_{\Delta U_{ckq}})$。

通过 $\dot{W}_{tL32\_dc}(t)$ 与 $\dot{W}_{tC32\_dc}(t)$ 中常数项、幅值、相角差的余弦值对比结果可得 $|\lambda_{L32}|\gg|\lambda_{C32}|$。

对于式 (3-14) 中 $\dot{W}_{tL32\_dc}(t)$ 而言，由于常数项 $\cos\theta_0$、$R_k I_{d10}+U_{d0}$ 为正数且 $\cos(\theta_{\Delta I_{pll}}-\theta_{\Delta I_{q1}})\approx 1$，因此有 $\lambda_{L32}>0$。

综合 $\lambda_{L32}>0$、$|\lambda_{L32}|\gg|\lambda_{L31}|$ 和 $|\lambda_{L32}|\gg|\lambda_{C32}|$，式 (2-45)～式 (2-48) 之和可近似表示为

$$\begin{aligned}&\dot{W}_{tC31\_dc}(t)+\dot{W}_{tL31\_dc}(t)+\dot{W}_{tC32\_dc}(t)+\dot{W}_{tL32\_dc}(t)\\ \approx\ &\dot{W}_{tL32\_dc}(t)=\lambda_{L32}\,e^{2\alpha t}>0\end{aligned}\tag{3-17}$$

由式 (3-17) 可知，交互能量 W_{tC31}、W_{tL31}、W_{tC32} 和 W_{tL32} 导数的非周期分量之和为正，根据交互能量导数的非周期分量为正会导致系统失稳的结论可得，电流环 d 轴、q 轴系统与锁相环系统间交互能量是导致次同步振荡的原因。考虑到 W_{tL32} 相比于 W_{tC31}、W_{tL31} 和 W_{tC32} 对这一结果起主导作用，而 W_{tL32} 由交互环节 $(R_k I_{d10}+U_{d0})\Delta I_{pll}$ 产生，因此锁相环系统和电流环 q 轴间的交互环节 $(R_k I_{d10}+U_{d0})\Delta I_{pll}$ 是导致次同步振荡发生的主要交互环节。

5) 电网 d 轴、q 轴系统与锁相环交互能量分析

图 3-1 中 W_{t33} 为电网 d 轴、q 轴系统与锁相环间交互能量，由式 (2-15) 可得 W_{t33} 导数非周期分量为

$$\begin{cases}\dot{W}_{t33\_dc}(t)=\lambda_{33}e^{2\alpha t}=\begin{bmatrix}A_{\Delta I_\theta}A_{\Delta U_{pll}}\cos(\theta_{\Delta I_\theta}-\theta_{\Delta U_{pll}})\\ +R_{kp\_pll}A_{\Delta I_\theta}A_{\Delta I_{pll}}\cos(\theta_{\Delta I_\theta}-\theta_{\Delta I_{pll}})\end{bmatrix}e^{2\alpha t}\\ \Delta I_\theta=K_{pll7}\Delta U_{ctd}+K_{pll8}\Delta U_{ctq}\end{cases}\tag{3-18}$$

式中，变量 ΔI_θ 为状态变量 ΔU_{ctd} 和 ΔU_{ctq} 线性组合；$A_{\Delta U_{pll}}$、$A_{\Delta I_{pll}}$、$A_{\Delta I_\theta}$ 分别表示 ΔU_{pll}、ΔI_{pll}、ΔI_θ 的幅值；$\theta_{\Delta U_{pll}}$、$\theta_{\Delta I_{pll}}$、$\theta_{\Delta I_\theta}$ 分别表示 ΔU_{pll}、ΔI_{pll}、ΔI_θ 的相角。

由式(2-3)中 K_{pll7} 和 K_{pll8} 表达式可知，K_{pll7} 和 K_{pll8} 为数值很小的常数，所以 $A_{\Delta I_\theta}$ 数值很小。与式(3-14)中 W_{tL32} 相比，有 $|\lambda_{L32}| \gg |\lambda_{t33}|$，因此 V_{t33} 导数的非周期分量可近似忽略。由前述分析可知，交互能量导数非周期分量为零不会导致系统失稳，因此电网 d 轴、q 轴系统与锁相环交互能量不是导致振荡的主要原因。

为验证上述机理的准确性，搭建了硬件在环测试平台对所提方法有效性进行验证，硬件在环实验平台由 RT-LAB 和基于 PXI 协议的 CPU 控制器构成，如图 3-2 所示。其中一次主回路在 RT-LAB 中实时模拟仿真，控制算法运行在基于 PXI 协议的 CPU 控制器中。

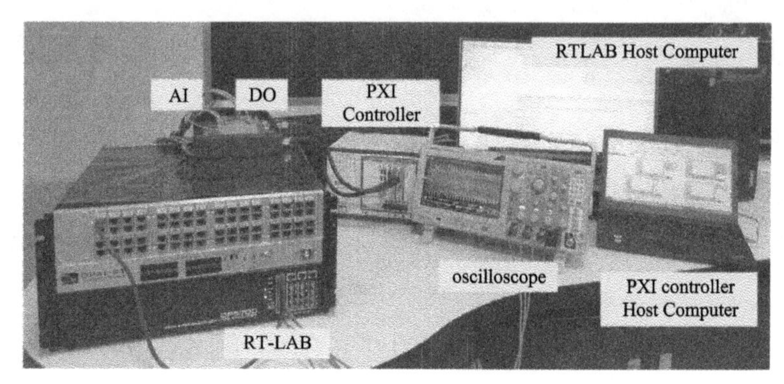

图 3-2　硬件在环测试平台

硬件在环实验采用的直驱机组网侧变流器参数如表 3-2 所示。在图 3-2 中，AI 为模拟量输入，DO 为数字量输入，PXI Controller 为控制器，RTLAB Host Computer 为上位机，oscilloscope 为示波器，PXI controller Host Computer 为控制器上位机。

表 3-2　直驱机组网侧变流器参数

参数	符号	数值	参数	符号	数值
额定线电压	U_n	0.4kV(RMS)	锁相环比例系数	k_{p_pll}	0.67
额定频率	f_n	50Hz	锁相环积分系数	k_{i_pll}	37.2
直流电压	U_{dc}	1.2kV	滤波电感	L_1	2mH
电流环比例系数	k_p	0.002	开关频率	f_c	6kHz
电流环比例系数	k_i	0.335	采样频率	f_s	6kHz

在不同电网强度条件下，图 3-3～图 3-5 分别给出了并网直驱风电机组次同步振荡收敛、等幅振荡和振荡发散三种工况下输出有功功率的时域波形。

2. 各子系统间动态能量交互结果验证

在振荡发散工况下，图 3-1 中直驱风电机组各子系统间交互能量的变化轨迹包括如下 5 部分。

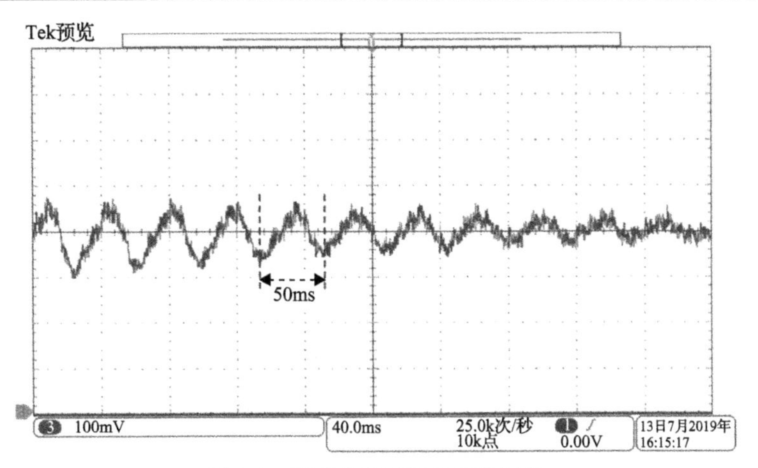

图 3-3　振荡收敛工况的实验结果

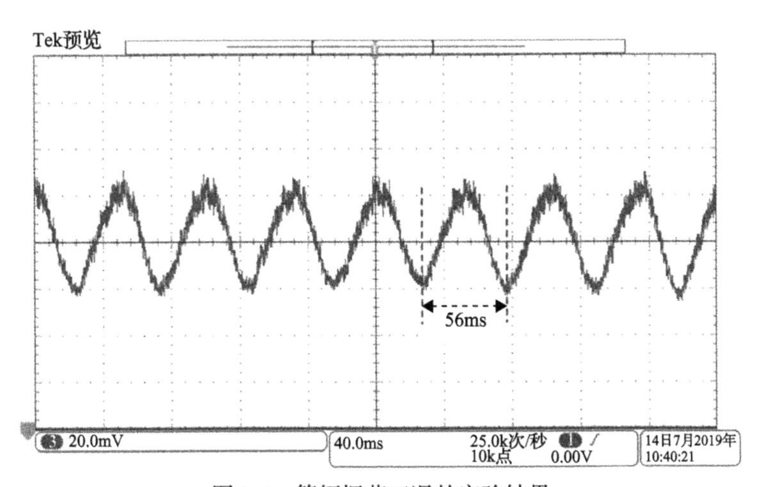

图 3-4　等幅振荡工况的实验结果

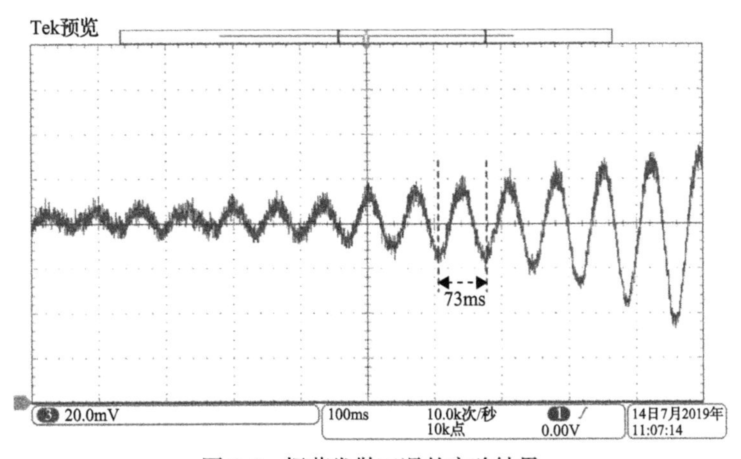

图 3-5　振荡发散工况的实验结果

1) 电流环 d 轴系统与 q 轴系统间交互能量

对于图 3-6 中锁相环 d 轴系统与 q 轴系统间交互能量 W_{t12} 和 W_{t21} 非周期分量 W_{t12_dc} 和 W_{t21_dc} 的变化轨迹(以 A 点为起点，分别以 B_1、B_2 和 B_3 为终点)，可知二者轨迹的变化趋势方向相反，幅度相等，二者之和为零不影响 W_{t_dc} 变化轨迹，因此交互能量 W_{t12} 和 W_{t21} 不是导致振荡产生的原因。上述结果与上述分析结果一致。

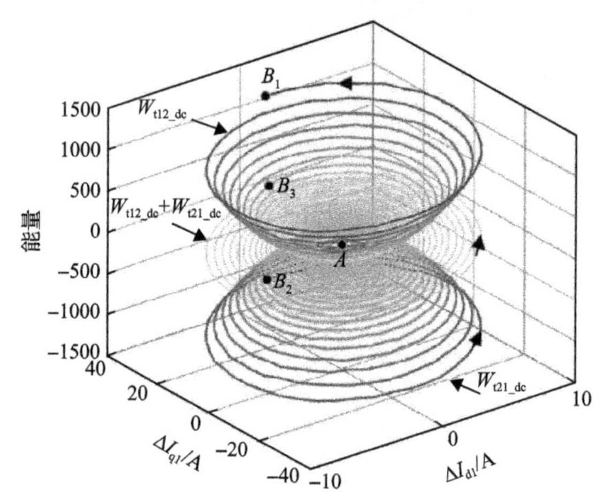

图 3-6　振荡发散工况下 W_{t12_dc} 和 W_{t21_dc} 以及二者之和变化轨迹

2) 电网 d 轴系统与 q 轴系统间交互能量

对于图 3-7 中电网 d 轴系统与 q 轴系统间交互能量 W_{t45} 和 W_{t54} 非周期分量 W_{t45_dc} 和 W_{t54_dc} 的变化轨迹(均以 A 点为起点，分别以 B_1、B_2 和 B_3 为终点)，可知二者轨迹的变化趋势方向相反，幅度相等，二者之和为零不影响 W_{t_dc} 变化轨

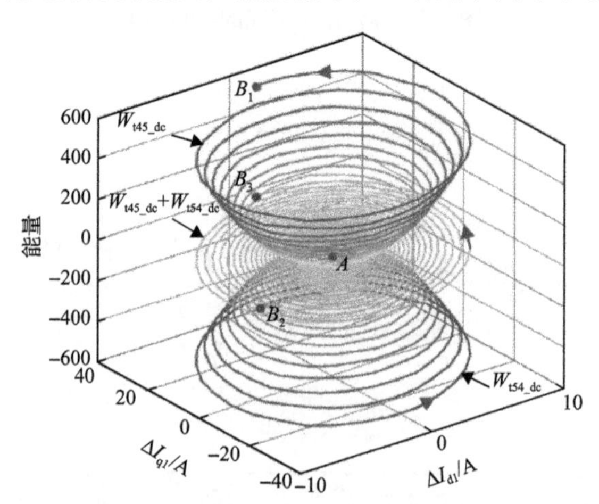

图 3-7　振荡发散工况下 W_{t45_dc} 和 W_{t54_dc} 以及二者之和变化轨迹

迹，因此交互能量 W_{t45} 和 W_{t54} 不是导致振荡产生的原因。上述结果与上述分析结果一致。

3) 电流环 d 轴、q 轴系统与电网 d 轴、q 轴系统间交互能量

对于图 3-8 电流环 d 轴、q 轴系统与电网 d 轴、q 轴系统间交互能量 W_{tC14}、W_{tC25}、W_{tL41} 和 W_{tL52} 非周期分量 W_{tC14_dc}、W_{tC25_dc}、W_{tL41_dc} 和 W_{tL52_dc} 的变化轨迹(均以 A 为起点，B 为终点)，可知其中 W_{tC14_dc} 和 W_{tL41_dc} 变化方向相反幅度近似相等如图 3-8(a)、(c)所示，W_{tC14_dc} 和 W_{tL41_dc} 变化方向相反幅度近似相等如图 3-8(b)、(d)所示，图 3-9 中 4 者之和为零不影响总能量交互 W_{t_dc} 变化轨迹，(以 A 为起点，B 为终点)因此交互能量 W_{tC14}、W_{tC25}、W_{tL41} 和 W_{tL52} 不是导致振荡产生的原因。上述结果与上述分析结果一致。

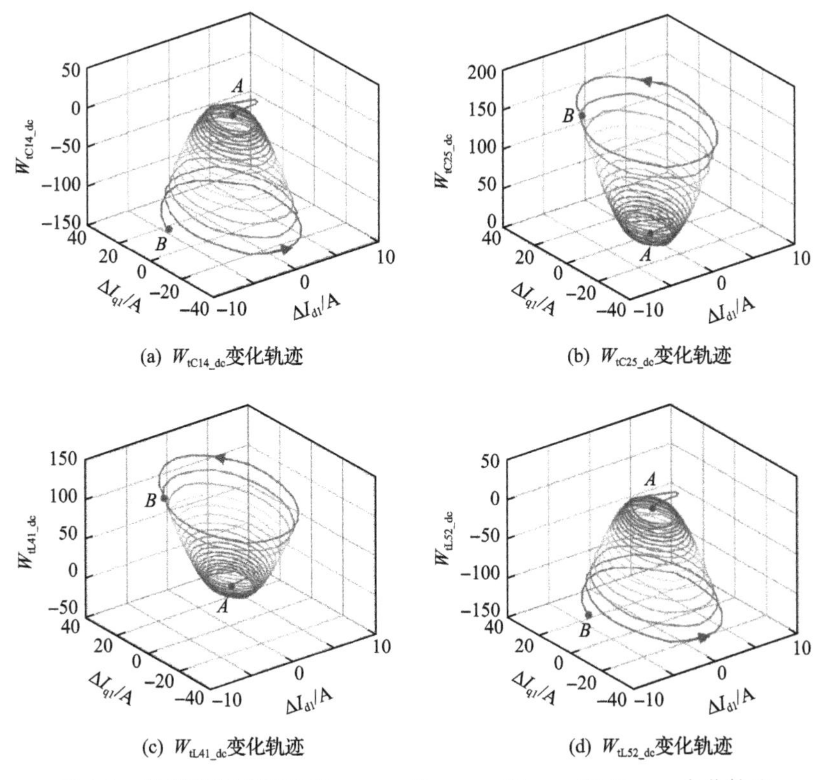

(a) W_{tC14_dc}变化轨迹　　(b) W_{tC25_dc}变化轨迹

(c) W_{tL41_dc}变化轨迹　　(d) W_{tL52_dc}变化轨迹

图 3-8　振荡发散工况下 W_{tC14_dc}、W_{tC25_dc}、W_{tL41_dc} 和 W_{tL52_dc} 变化轨迹

4) 电流环 d 轴、q 轴系统与锁相环间交互能量

图 3-10 给出了电流环 d 轴、q 轴系统与锁相环间交互能量 W_{tC31}、W_{tC32}、W_{tL31} 和 W_{tL32} 非周期分量 W_{tC31_dc}、W_{tC32_dc}、W_{tL31_dc} 和 W_{tL32_dc} 的变化轨迹(均以 A 为起点，B 为终点)，图 3-10(d)中 W_{tL32_dc} 呈现螺旋式递增趋势，且与图 3-10(a)～(c)

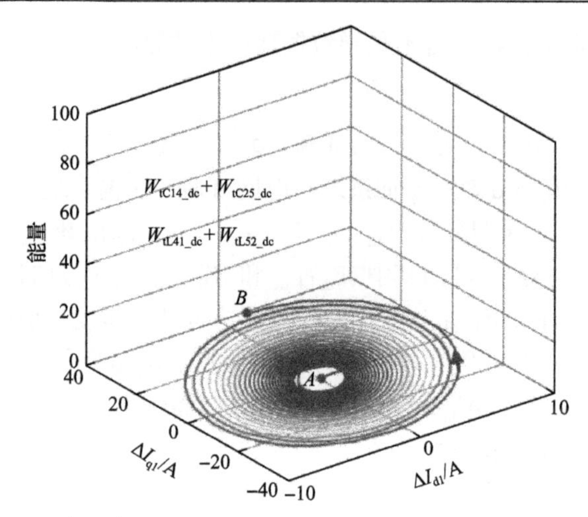

图 3-9　振荡发散工况下 W_{tC14}、W_{tC25}、W_{tL41} 和 W_{tL52} 之和变化轨迹

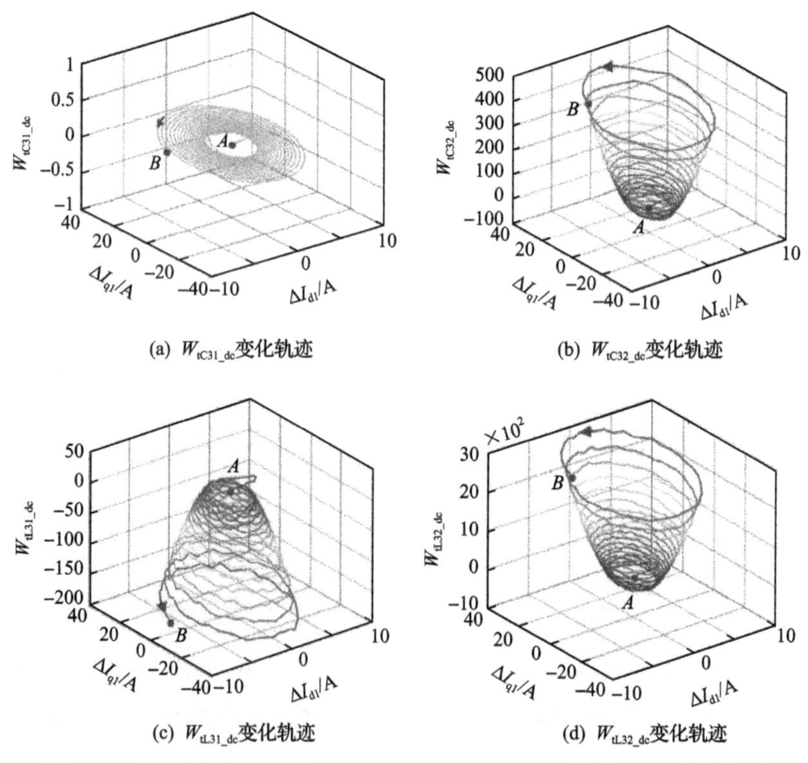

图 3-10　振荡发散工况下 W_{tC31_dc}、W_{tC32_dc}、W_{tL31_dc} 和 W_{tL32_dc} 变化轨迹

对比可知，W_{tL32_dc} 的变化幅度远大于 W_{tC31_dc}、W_{tC32_dc}、W_{tL31_dc}，所以 4 者之和的变化轨迹将由 W_{tL32_dc} 决定并呈现螺旋式递增趋势，将导致 W_{t_dc} 递增，因此电流环 d 轴、q 轴系统与锁相环间交互能量是导致振荡产生的原因。再者，W_{tL32_dc}

由锁相环系统与电流环 q 轴间的交互环节$(R_k I_{d10}+U_{d0})\Delta I_{pll}$产生，因而该交互环节是导致次同步振荡发生的主要交互环节。上述结果与上述分析结果一致。

5) 电网 d 轴、q 轴系统与锁相环交互能量

图 3-11 给出了电网 d 轴、q 轴系统与锁相环中交互能量W_{t33}非周期分量W_{t33_dc}的变化轨迹(以A为起点，B为终点)。与图 3-10(d) 中W_{tL32_dc}相比可知，W_{t33_dc}变化幅度很小几乎不影响W_{t_dc}，因此交互能量W_{t33}不是导致次同步振荡的原因。上述结果与上述分析结果一致。

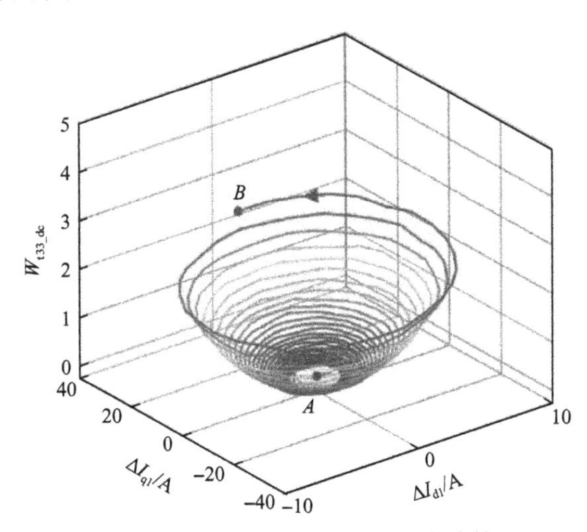

图 3-11　振荡发散工况下W_{t33_dc}变化轨迹

由此可以得到以下结论。

(1) 能量模型中能量存储为能量耗散与能量交互之和，能量耗散有利于存储能量衰减，有助于系统尽快恢复到平衡状态，能量交互不利于存储能量衰减，起破坏系统稳定性的作用。

(2) 锁相环与电流环 q 轴系统间通过交互环节$(R_k I_{d10}+U_{d0})\Delta I_{pll}$产生的能量交互是导致不稳定次同步振荡产生的主要原因，该交互环节是诱发振荡的主要环节。

3.1.2　双馈风电机组控制环节能量耦合机理

本节构建双馈风电机组动态能量模型，以动态能量为稳定性分析指标，分析机组各能量通道(动态能量在控制环节间流通路径)对稳定性水平的贡献程度，筛选影响系统稳定性的关键能量通道，得出诱发双馈风电机组振荡的控制环节耦合作用机理。进一步构建双馈风电机组动态能量模型，以能量灵敏度为指标，筛选

影响次超同步稳定性的关键影响因素。

由式(2-23)和式(2-26)可知，双馈风电机组动态能量可写成如下形式：

$$\Delta W_{\mathrm{DFIG}}=\frac{1}{2}\xi(\omega)\Delta x_{\mathrm{dqs}}^{2}-\int\eta(\omega)\Delta x_{\mathrm{dqs}}^{2}\mathrm{d}t+\int\varsigma(\omega)\Delta x_{\mathrm{ds}}\Delta x_{\mathrm{qs}}\mathrm{d}t \tag{3-19}$$

由式(3-19)可知，在振荡过程中，双馈风电系统动态能量由三部分组成，第一部分为仅与状态变量初始值相关的势能项，表示扰动过程中累积的能量大小，其中定义为势能系数；第二部分为与积分路径相关的耗散项，其中定义为耗散系数，表示系统对振荡的耗散作用；第三部分虽然也为与积分路径相关的非保守项，但其随时间呈现周期变化，不影响系统的阻尼水平，因此双馈风电机组的能量主要由势能和耗散能构成。

当 DFIG 的动态能量变化量 $\Delta W_{\mathrm{DFIG}}(t)$ 逐渐减少，系统总能量也将不断减少到最小值，最终系统达到稳定。选取整数个振荡周期为积分时间间隔，可得双馈风电并网系统稳定条件为

$$\left.\frac{1}{2}\xi(\omega)\Delta x_{\mathrm{dqs}}^{2}\right|_{t_1}^{t_1+nT}<\int_{t_1}^{t_1+nT}\eta(\omega)\Delta x_{\mathrm{dqs}}^{2}\mathrm{d}t \tag{3-20}$$

式中，T 为一个振荡周期的时间间隔。

由式(3-20)可知，当系统振荡过程中耗散的能量大于振荡产生的势能时，系统总能量将随时间逐渐下降，即系统能够完全耗散振荡过程中产生的势能，系统振荡将逐渐趋于稳定。反之，若系统无法完全耗散振荡过程中产生的势能时，系统中总能量将逐渐增大，最终系统振荡发散失稳。因此，机组中的势能项和耗散项是决定系统稳定的重要因素。而由式(3-19)可知，系统的势能和耗散能大小由势能系数和耗散系数决定，且随着振荡频率变化而变化，因此系统在不同频段上的稳定性有所差异。

根据式(3-20)，定义表征系统在不同频段上的稳定水平的稳定系数指标为

$$\mu(\omega)=\frac{\eta(\omega)}{\xi(\omega)} \tag{3-21}$$

由式(3-20)和式(3-21)可知，当耗散系数 $\eta(\omega)$ 越大，势能系数 $\xi(\omega)$ 越小时，系统稳定系数 $\mu(\omega)$ 越高，系统振荡期间累积的势能被消耗的也越快，即在该频段上系统稳定水平越高。因此，提升系统次/超同步振荡稳定水平可以从势能系数和耗散系数两个方面进行[1]。一方面，通过提升系统耗散系数，增大系统对累积势能的耗散能力，从而加速振荡收敛，另一方面，通过降低系统的势能系数，减小

系统所需消耗的能量，使振荡幅值降低并快速趋于稳定。

考虑到耗散系数和势能系数由多条能量支路共同决定，因此需要进一步分析各能量支路对耗散能和势能的贡献程度，揭示振荡能量在各控制环节中累积和消耗的作用机理。

1) 励磁能量通道振荡路径分析

由式(2-23)可得励磁通道能量支路中振荡传递路径及势能和耗散能量的构成如图 3-12 所示。

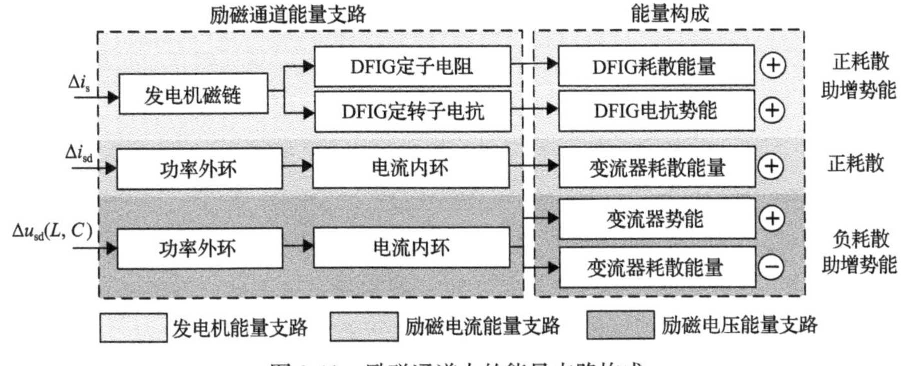

图 3-12　励磁通道中的能量支路构成

由图 3-12 可知，双馈风电机组励磁通道中的势能由发电机能量支路和励磁电压能量支路共同产生，但由于发电机电抗数值远小于线路电抗数值，励磁通道势能主要受励磁电压能量支路影响，其对应的势能系数表达式为

$$\Delta\xi_{ur}(\omega)=\frac{1}{a_1}(K_{p1}K_{p3}+K_{p2}K_{p3})I_{ds0}\left[(\omega_d-\omega_s)L-\frac{1}{\omega_d-\omega_s}\frac{1}{C}\right] \tag{3-22}$$

由式(3-22)可知，励磁电压能量支路中的势能系数为正，即振荡过程中，定子电压振荡分量经过励磁电压能量支路将积累势能，且振荡频率越高，系统势能系数越大，振荡过程中累积势能越多，结合式(3-21)可知，系统稳定系数降低，不利于振荡的快速收敛。为降低振荡过程中累积的势能，增大系统稳定系数，需要在励磁电压能量支路中建立跟随振荡频率变化的反向势能补偿支路，抵消系统累积的正势能，提升系统稳定水平。

励磁能量通道中的耗散能量由三条能量支路共同产生。由于发电机转子电阻数值远小于变流器 PI 参数，发电机耗散能量远小于励磁电压和电流能量支路的耗散能量，本节仅针对励磁电压和励磁电流能量支路进行分析。这两条支路的耗散系数分别为

$$
\begin{aligned}
\Delta\eta_{\mathrm{ir}}(\omega) &= -\frac{1}{a_1}K_{\mathrm{p3}}\omega_{\mathrm{d}} + \frac{1}{a_1}\frac{1}{\omega_{\mathrm{d}}}K_{\mathrm{i2}}K_{\mathrm{i3}}U_{\mathrm{ds0}} + \frac{1}{a_1}\frac{1}{\omega_{\mathrm{d}}}K_{\mathrm{i1}}K_{\mathrm{i3}}U_{\mathrm{ds0}} \\
&\quad - \frac{1}{a_1}K_{\mathrm{p2}}K_{\mathrm{p3}}U_{\mathrm{ds0}} - \frac{1}{a_1}K_{\mathrm{p1}}K_{\mathrm{p3}}U_{\mathrm{ds0}} \\
\Delta\eta_{\mathrm{ur}}(\omega) &= -\frac{1}{a_1}K_{\mathrm{i1}}K_{\mathrm{p3}}I_{\mathrm{ds0}}\left[(\omega_{\mathrm{d}}-\omega_{\mathrm{s}})L - \frac{1}{\omega_{\mathrm{d}}-\omega_{\mathrm{s}}}\frac{1}{C}\right] + \frac{1}{a_1}K_{\mathrm{p1}}K_{\mathrm{p3}}I_{\mathrm{ds0}}\omega_{\mathrm{d}}R \\
&\quad - \frac{1}{a_1}K_{\mathrm{i1}}K_{\mathrm{i3}}I_{\mathrm{ds0}}R\frac{1}{\omega_{\mathrm{d}}} + \frac{1}{a_1}K_{\mathrm{p1}}K_{\mathrm{i3}}I_{\mathrm{ds0}}\left[(\omega_{\mathrm{d}}-\omega_{\mathrm{s}})L - \frac{1}{\omega_{\mathrm{d}}-\omega_{\mathrm{s}}}\frac{1}{C}\right] \\
&\quad - \frac{1}{a_1}K_{\mathrm{i2}}K_{\mathrm{p3}}I_{\mathrm{ds0}}\left[(\omega_{\mathrm{d}}-\omega_{\mathrm{s}})L - \frac{1}{\omega_{\mathrm{d}}-\omega_{\mathrm{s}}}\frac{1}{C}\right] + \frac{1}{a_1}K_{\mathrm{p2}}K_{\mathrm{p3}}I_{\mathrm{ds0}}\omega_{\mathrm{d}}R \\
&\quad - \frac{1}{a_1}K_{\mathrm{i2}}K_{\mathrm{i3}}I_{\mathrm{ds0}}R\frac{1}{\omega_{\mathrm{d}}} + \frac{1}{a_1}K_{\mathrm{p2}}K_{\mathrm{i3}}I_{\mathrm{ds0}}\left[(\omega_{\mathrm{d}}-\omega_{\mathrm{s}})L - \frac{1}{\omega_{\mathrm{d}}-\omega_{\mathrm{s}}}\frac{1}{C}\right]
\end{aligned} \tag{3-23}
$$

由式(3-23)可知，励磁电流能量支路中 K_{i} 所在项均为负值，但由于 ω_{d} 数值远大于 PI 控制参数的数值，ω_{d}^{-1} 所在项均可忽略不计，因此励磁电流能量支路的耗散系数总体为正值，对系统稳定系数呈现正向贡献。

励磁电压能量支路中存在由串补线路和变流器控制耦合产生的负耗散系数项，且由式(3-23)可知，该耗散系数会随着 ω_{d} 以及串补度的增大而降低，结合式(3-21)可知，系统稳定系数也将随之下降，不利于振荡的快速收敛。因此，电压振荡分量经转子变流器产生的励磁电压能量支路是转子侧产生负耗散作用的关键路径。

2) 网侧通道能量支路分析

由式(2-26)可得网侧通道能量支路中的振荡传递路径及势能和耗散能量构成，如图 3-13 所示。

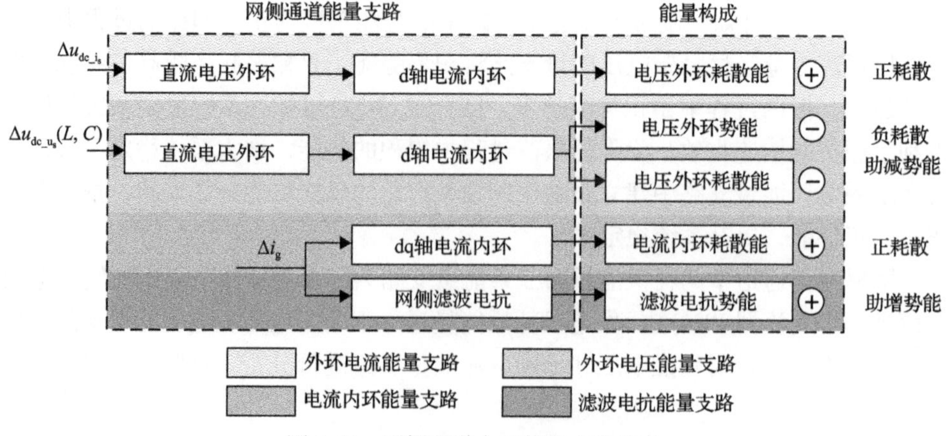

图 3-13　网侧通道中的能量支路构成

由图 3-13 可知，网侧能量通道中的势能主要由滤波电抗能量支路和外环电压能量支路产生，其势能系数表达式分别为

$$\begin{cases}\Delta\xi_{\text{ug}}(\omega)=-\dfrac{K_{\text{p5}}K_{\text{p4}}}{C}I_{\text{dr0}}K_{\text{p1}}K_{\text{p3}}I_{\text{ds0}}a_3\dfrac{1}{2}\left[(\omega_{\text{d}}-\omega_{\text{s}})L-\dfrac{1}{\omega_{\text{d}}-\omega_{\text{s}}}\dfrac{1}{C}\right]\\ \Delta\xi_{\text{LG}}(\omega)=\dfrac{1}{2}\omega_{\text{g}}L_{\text{g}}\end{cases}\tag{3-24}$$

由式(3-24)可知，滤波电抗能量支路提供正势能，将增大系统受扰期间累积的能量。电压外环能量支路的势能项呈现负势能，有助于抵消振荡过程中累积的正势能。

网侧能量通道中的耗散能由外环电压和电流能量支路以及网侧内环能量支路产生，其耗散系数表达式分别为

$$\begin{aligned}&\Delta\eta_{\text{ig\_o}}(\omega)=\frac{K_{\text{p5}}K_{\text{p4}}}{C}(-I_{\text{dr0}}K_{\text{p1}}K_{\text{p3}}I_{\text{ds0}}\omega_{\text{d}}a_3-I_{\text{dr0}}K_{\text{p1}}K_{\text{p3}}U_{\text{ds0}}a_3\omega_{\text{d}})\\&\Delta\eta_{\text{ug\_o}}(\omega)=-\frac{K_{\text{p5}}K_{\text{p4}}}{C}(I_{\text{dr0}}a_3K_{\text{i1}}K_{\text{p3}}+I_{\text{ds0}}a_3K_{\text{p1}}K_{\text{i3}})\left[(\omega_{\text{d}}-\omega_{\text{s}})L-\frac{1}{\omega_{\text{d}}-\omega_{\text{s}}}\frac{1}{C}\right]\\&\qquad+\frac{K_{\text{p5}}K_{\text{i4}}}{C}I_{\text{dr0}}K_{\text{i1}}K_{\text{p3}}I_{\text{ds0}}a_3\left[(\omega_{\text{d}}-\omega_{\text{s}})L-\frac{1}{\omega_{\text{d}}-\omega_{\text{s}}}\frac{1}{C}\right]\\&\qquad+\frac{K_{\text{p5}}K_{\text{p4}}}{C}I_{\text{dg0}}Ra_3\omega_{\text{d}}\\&\Delta\eta_{\text{ug\_i}}(\omega)=\omega_{\text{d}}K_{\text{p5}}\end{aligned}\tag{3-25}$$

由式(3-25)可知，外环电流能量支路和网侧内环能量支路耗散系数均为正值，对系统稳定系数提供正向贡献，但外环电压能量支路存在串补线路和网侧变流器耦合产生的负耗散系数项，且该耗散系数随着 ω_{d} 和串补度的增大而降低，对系统稳定系数呈反向贡献，不利于系统振荡的快速收敛。

综上分析可知，励磁电压能量支路是影响励磁通道势能和耗散能的关键能量支路，网侧外环电压能量支路是影响网侧通道耗散能的关键能量支路。分别对这两条能量支路进行势能和耗散能补偿，增大系统耗散系数，降低系统势能系数，均能提升系统的稳定水平，实现次同步振荡的快速抑制。

3.2　新能源场站交互作用机理

本节结合风电场各相关设备间的网络拓扑，构建直驱/双馈风电场时域能量网络模型，推导振荡分量在风电场内的传播路径及演化规律，研究机组间及机组与

无功补偿装置间的耦合响应特性，描绘宽频振荡频率下风电系统各相关设备间的交互过程，阐明设备间耦合作用机理。

3.2.1 直驱风电场能量网络模型及机理分析

1. 直驱风电场能量模型

直驱风电场由多台永磁直驱风电机和多台无功补偿装置组成，风电场内的各台设备均并联接入到并网母线，其结构图如图 3-14 所示。

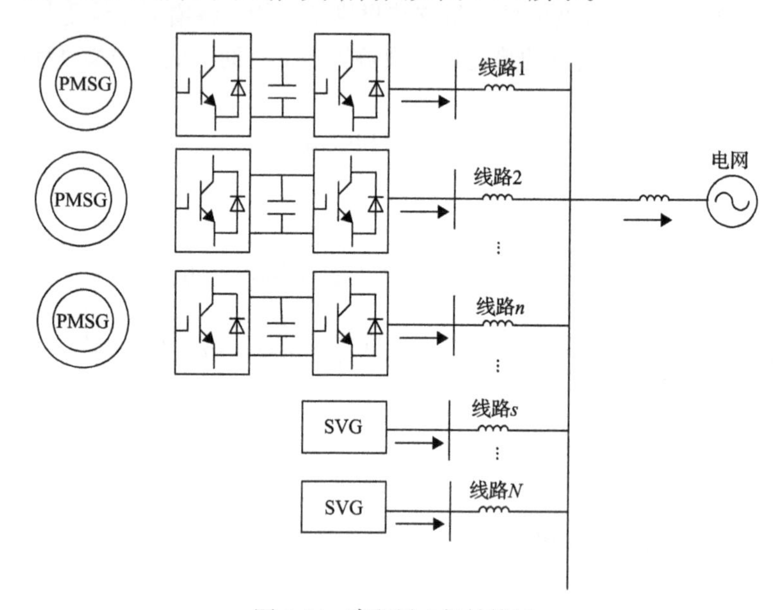

图 3-14　直驱风电场结构图

直驱风电场发生宽频振荡时，首先在风电场内各个支路上产生初值振荡电流，在直驱机组和 SVG 网侧变流器的控制作用下，各线路上设备端口随之感应出振荡电压增量，为了便于测量，将其转换至风电场全局 dqs 坐标系下，第 k 条支路上感应电压增量为

$$\begin{cases}\Delta u_{\mathrm{Rd}k}=\left(k_{\mathrm{p2}}+\dfrac{k_{\mathrm{i2}}}{s}\right)(\Delta i_{\mathrm{dc}k}^{*}-\Delta i_{\mathrm{qcs}k}^{*}\Delta\theta_{\mathrm{pll}k}-\Delta i_{\mathrm{Rd}k})-\omega_2 L_{\mathrm{w}}\Delta i_{\mathrm{Rq}k}+\Delta e_{\mathrm{dc}k}\\ \Delta u_{\mathrm{Rq}k}=\left(k_{\mathrm{p2}}+\dfrac{k_{\mathrm{i2}}}{s}\right)(\Delta i_{\mathrm{qcs}k}^{*}+\Delta i_{\mathrm{dc}k}^{*}\Delta\theta_{\mathrm{pll}k}-\Delta i_{\mathrm{Rq}k})+\omega_2 L_{\mathrm{w}}\Delta i_{\mathrm{Rd}k}+\Delta e_{\mathrm{qc}k}\end{cases}\tag{3-26}$$

式中，$\Delta u_{\mathrm{Rd}k}$ 和 $\Delta u_{\mathrm{Rq}k}$ 分别为第 k 条支路端口 dq 轴振荡电压增量；$\Delta i_{\mathrm{Rd}k}$ 和 $\Delta i_{\mathrm{Rq}k}$ 分别为第 k 条支路初始受扰的 dq 轴振荡电流；$\Delta e_{\mathrm{dc}k}$ 和 $\Delta e_{\mathrm{qc}k}$ 分别为第 k 条支路机组端口并网点 dq 轴振荡电压；$\Delta i_{\mathrm{dc}k}^{*}$ 为第 k 台机组的 d 轴电流参考值变化量；$\Delta i_{\mathrm{qcs}k}^{*}$

为第 k 台 SVG 的 q 轴电流参考值变化量；$\Delta\theta_{\mathrm{pll}k}$ 为第 k 条支路的锁相环动态角；下标 s 表示 SVG 的振荡分量；所有变量均转换至风电场全局 dqs 坐标系下；风电场内共有 N 条支路，其中 n 条机组支路和 $(N-n)$ 条 SVG 支路。

每台设备的感应电压增量会在自身支路上产生感应电流，以第 k 条支路感应电压为例求解其感应电流。以第 k 条支路感应电压为独立电源，将其他支路感应电压置为 0，则第 k 条支路的感应电流为

$$\Delta i_{\mathrm{R}k}=\frac{\Delta u_{\mathrm{R}k}}{[\omega_2+(2k_+-1)\omega_{\mathrm{s}}]L_{\mathrm{R}k}}=m_{\mathrm{R}k}\Delta u_{\mathrm{R}k} \tag{3-27}$$

式中，k_+ 为风电场全局 dqs 坐标系下超同步电流在振荡电流中的比重；$m_{\mathrm{R}k}$ 为第 k 条支路的感应系数；$L_{\mathrm{R}k}$ 为第 k 条支路等效电感，即为第 k 条支路的线路电感与其他线路的并联电感之和，满足 $L_{\mathrm{R}k}=L_k+\dfrac{1}{\sum\limits_{j=1,j\neq k}^{n+1}\dfrac{1}{L_j}}$，$L_k$ 为第 k 条支路的线路电感，L_j 为交流电网侧的线路电感。

同样，感应电压增量也会在其他支路产生交互电流。以第 k 条支路感应电压为例求解其在第 j 条支路上的交互电流。以第 k 条支路感应电压为独立电源，将其他支路感应电压置为 0，则第 j 条支路上的交互电流为

$$\Delta i_{\mathrm{R}kj}=\frac{\Delta i_{\mathrm{R}k}(L_{\mathrm{R}k}-L_k)}{L_j}=m_{\mathrm{R}kj}\Delta i_{\mathrm{R}k} \tag{3-28}$$

式中，$m_{\mathrm{R}kj}$ 为第 k 条支路到第 j 条支路的交互系数。

各支路感应电流和交互电流会反作用于直驱风电机组或 SVG 的变流器控制器上，产生新的感应电压增量，从而产生新的感应电流和交互电流，该过程循环往复，直至风电场内振荡分量分布稳定。

考虑各设备感应电压的过程，得到振荡过程中直驱风电场并网点的动态电流和电压，分别表示为

$$\begin{cases}\Delta i_{\mathrm{G}}=\sum\limits_{k=1}^{N}\Delta i_{\mathrm{R}k}{}^{(0)}+\sum\limits_{k=1}^{n}m_{\mathrm{R}k}m_{\mathrm{R}k(n+1)}\Delta u_{\mathrm{R}k}{}^{(1)}+\cdots+\sum\limits_{k=1}^{n}m_{\mathrm{R}k}m_{\mathrm{R}k(n+1)}\Delta u_{\mathrm{R}k}{}^{(m)}\\ \Delta u_{\mathrm{G}}=\sum\limits_{k=1}^{N}m_{\mathrm{R}k(n+1)}\dfrac{L_{n+1}}{L_{\mathrm{R}k}}\Delta u_{\mathrm{R}k}{}^{(1)}+\cdots+\sum\limits_{k=1}^{n}m_{\mathrm{R}k(n+1)}\dfrac{L_{n+1}}{L_{\mathrm{R}k}}\Delta u_{\mathrm{R}k}{}^{(m)}\end{cases} \tag{3-29}$$

式中，Δi_{G} 为直驱风电场并网母线上的振荡电流；Δu_{G} 为直驱风电场并网母线振荡电压量；上标 (m) 表示为第 m 次感应迭代过程，m 可取 $1,2,3,\cdots$。

联立式(3-28)和式(3-29)得到直驱风电场场网交互总能量为

$$
\begin{aligned}
W_{\mathrm{Farm}} &= \sum_{k=1}^{N}\int\left[\begin{array}{l}
\theta\left(\Delta i_{\mathrm{Rd}k}{}^{(0)} + m_{\mathrm{R}k}m_{\mathrm{R}k(n+1)}\Delta u_{\mathrm{Rq}k}{}^{(1)} + \cdots + m_{\mathrm{R}k}m_{\mathrm{R}k(n+1)}\Delta u_{\mathrm{Rq}k}{}^{(m)}\right) \\
\mathrm{d}\left(\sum_{j=1}^{n} m_{\mathrm{R}j(n+1)}\dfrac{L_{n+1}}{L_{\mathrm{R}j}}\Delta u_{\mathrm{Rq}j}{}^{(1)} + \cdots + \sum_{j=1}^{n} m_{\mathrm{R}j(n+1)}\dfrac{L_{n+1}}{L_{\mathrm{R}j}}\Delta u_{\mathrm{Rq}j}{}^{(m)}\right) \\
-\left(\Delta i_{\mathrm{Rq}k}{}^{(0)} - m_{\mathrm{R}k}m_{\mathrm{R}k(n+1)}\Delta u_{\mathrm{Rd}k}{}^{(1)} - \cdots - m_{\mathrm{R}k}m_{\mathrm{R}k(n+1)}\Delta u_{\mathrm{Rd}k}{}^{(m)}\right) \\
\mathrm{d}\left(\sum_{j=1}^{n} m_{\mathrm{R}j(n+1)}\dfrac{L_{n+1}}{L_{\mathrm{R}j}}\Delta u_{\mathrm{Rd}j}{}^{(1)} + \cdots + \sum_{j=1}^{n} m_{\mathrm{R}j(n+1)}\dfrac{L_{n+1}}{L_{\mathrm{R}k}}\Delta u_{\mathrm{Rd}j}{}^{(m)}\right)
\end{array}\right] \\
&= \sum_{k=1}^{N}\int\left[\begin{array}{l}
\Delta i_{\mathrm{Rd}k}{}^{(0)}\mathrm{d}\left(\sum_{j=1}^{n} m_{\mathrm{R}j(n+1)}\dfrac{L_{n+1}}{L_{\mathrm{R}j}}\Delta u_{\mathrm{Rd}j}{}^{(1)} + \cdots + \sum_{j=1}^{n} m_{\mathrm{R}j(n+1)}\dfrac{L_{n+1}}{L_{\mathrm{R}j}}\Delta u_{\mathrm{Rd}j}{}^{(m)}\right) \\
-\Delta i_{\mathrm{Rq}k}{}^{(0)}\mathrm{d}\left(\sum_{j=1}^{n} m_{\mathrm{R}j(n+1)}\dfrac{L_{n+1}}{L_{\mathrm{R}j}}\Delta u_{\mathrm{Rd}j}{}^{(1)} + \cdots + \sum_{j=1}^{n} m_{\mathrm{R}j(n+1)}\dfrac{L_{n+1}}{L_{\mathrm{R}k}}\Delta u_{\mathrm{Rd}j}{}^{(m)}\right)
\end{array}\right] \\
&\quad + \sum_{k=1}^{N}\int\left[\begin{array}{l}
\left(m_{\mathrm{R}k}m_{\mathrm{R}k(n+1)}\Delta u_{\mathrm{Rq}k}{}^{(1)} + \cdots + m_{\mathrm{R}k}m_{\mathrm{R}k(n+1)}\Delta u_{\mathrm{Rq}k}{}^{(m)}\right) \\
\mathrm{d}\left(m_{\mathrm{R}k(n+1)}\dfrac{L_{n+1}}{L_{\mathrm{R}k}}\Delta u_{\mathrm{Rq}k}{}^{(1)} + \cdots + m_{\mathrm{R}k(n+1)}\dfrac{L_{n+1}}{L_{\mathrm{R}k}}\Delta u_{\mathrm{Rq}k}{}^{(m)}\right) \\
-\left(\Delta i_{\mathrm{Rq}k}{}^{(0)} - m_{\mathrm{R}k}m_{\mathrm{R}k(n+1)}\Delta u_{\mathrm{Rd}k}{}^{(1)} - \cdots - m_{\mathrm{R}k}m_{\mathrm{R}k(n+1)}\Delta u_{\mathrm{Rd}k}{}^{(m)}\right) \\
\mathrm{d}\left(m_{\mathrm{R}k(n+1)}\dfrac{L_{n+1}}{L_{\mathrm{R}k}}\Delta u_{\mathrm{Rd}k}{}^{(1)} + \cdots + m_{\mathrm{R}k(n+1)}\dfrac{L_{n+1}}{L_{\mathrm{R}k}}\Delta u_{\mathrm{Rd}k}{}^{(m)}\right)
\end{array}\right] \\
&\quad + \sum_{k=1}^{N}\int\left[\begin{array}{l}
\left(\Delta i_{\mathrm{Rd}k}{}^{(0)} + m_{\mathrm{R}k}m_{\mathrm{R}k(n+1)}\Delta u_{\mathrm{Rq}k}{}^{(1)} + \cdots + m_{\mathrm{R}k}m_{\mathrm{R}k(n+1)}\Delta u_{\mathrm{Rq}k}{}^{(m)}\right) \\
\mathrm{d}\left(\sum_{j=1,j\neq k}^{n} m_{\mathrm{R}j(n+1)}\dfrac{L_{n+1}}{L_{\mathrm{R}j}}\Delta u_{\mathrm{Rq}j}{}^{(1)} + \cdots + \sum_{j=1}^{n} m_{\mathrm{R}j(n+1)}\dfrac{L_{n+1}}{L_{\mathrm{R}j}}\Delta u_{\mathrm{Rq}j}{}^{(m)}\right) \\
-\left(\Delta i_{\mathrm{Rq}k}{}^{(0)} - m_{\mathrm{R}k}m_{\mathrm{R}k(n+1)}\Delta u_{\mathrm{Rd}k}{}^{(1)} - \cdots - m_{\mathrm{R}k}m_{\mathrm{R}k(n+1)}\Delta u_{\mathrm{Rd}k}{}^{(m)}\right) \\
\mathrm{d}\left(\sum_{j=1,j\neq k}^{n} m_{\mathrm{R}j(n+1)}\dfrac{L_{n+1}}{L_{\mathrm{R}j}}\Delta u_{\mathrm{Rd}j}{}^{(1)} + \cdots + \sum_{j=1}^{n} m_{\mathrm{R}j(n+1)}\dfrac{L_{n+1}}{L_{\mathrm{R}k}}\Delta u_{\mathrm{Rd}j}{}^{(m)}\right)
\end{array}\right]
\end{aligned}
\tag{3-30}
$$

为了全面分析直驱风电场场网交互能量，将其分为三部分：扰动能量、耦合能量和设备间交互能量[2]，分别表征振荡过程中设备的初始扰动作用、自身感应作用和设备间交互作用。扰动能量是指由设备端口感应的电压增量和初始振荡电流作用产生的动态能量；耦合能量是指由设备端口感应的电压增量与其产生感应电流作用产生的动态能量；而交互能量是指由设备端口产生的感应电压增量和其他支路传来交互电流相作用产生的动态能量。下面推导扰动能量、耦合能量以及设备间交互能量的表达式。

第 m 次迭代后第 k 台设备的扰动能量为

$$\Delta W_{\mathrm{O}k}{}^{(m)}=\int\sum_{j=1}^{N}m_{\mathrm{R}k(n+1)}\frac{L_{n+1}}{L_{\mathrm{R}k}}(\Delta i_{\mathrm{Rd}k}{}^{(0)}\mathrm{d}\Delta u_{\mathrm{Rq}k}{}^{(m)}-\Delta i_{\mathrm{Rq}k}{}^{(0)}\mathrm{d}\Delta u_{\mathrm{Rd}k}{}^{(m)}) \tag{3-31}$$

第 m 次迭代后第 k 台设备的耦合能量为

$$\Delta W_{\mathrm{R}k}{}^{(m)}=\int m_{\mathrm{R}k}m_{\mathrm{R}k(n+1)}\frac{L_{n+1}}{L_{\mathrm{R}k}}\begin{bmatrix}\Delta u_{\mathrm{Rq}k}{}^{(m)}\mathrm{d}(\Delta u_{\mathrm{Rq}k}{}^{(1)}+\cdots+\Delta u_{\mathrm{Rq}k}{}^{(m)})\\+\Delta u_{\mathrm{Rd}k}{}^{(m)}\mathrm{d}(\Delta u_{\mathrm{Rd}k}{}^{(1)}+\cdots+\Delta u_{\mathrm{Rd}k}{}^{(m)})\\+(\Delta u_{\mathrm{Rq}k}{}^{(1)}+\cdots+\Delta u_{\mathrm{Rq}k}{}^{(m-1)})\mathrm{d}\Delta u_{\mathrm{Rq}k}{}^{(m)}\\+(\Delta u_{\mathrm{Rd}k}{}^{(1)}+\Delta u_{\mathrm{Rd}k}{}^{(m-1)})\mathrm{d}\Delta u_{\mathrm{Rd}k}{}^{(m)}\end{bmatrix} \tag{3-32}$$

第 m 次迭代后第 k 台设备与其他设备间交互能量为

$$\Delta W_{\mathrm{E}k}{}^{(m)}=\int\sum_{j=1,j\neq k}^{N}m_{\mathrm{R}k}m_{\mathrm{R}j(n+1)}\frac{L_{n+1}}{L_{\mathrm{R}j}}\begin{bmatrix}\Delta u_{\mathrm{Rq}k}{}^{(m)}\mathrm{d}(\Delta u_{\mathrm{Rq}j}{}^{(1)}+\cdots+\Delta u_{\mathrm{Rq}j}{}^{(m)})\\+\Delta u_{\mathrm{Rd}k}{}^{(m)}\mathrm{d}(\Delta u_{\mathrm{Rd}j}{}^{(1)}+\cdots+\Delta u_{\mathrm{Rd}j}{}^{(m)})\\+(\Delta u_{\mathrm{Rq}k}{}^{(1)}+\cdots+\Delta u_{\mathrm{Rq}k}{}^{(m-1)})\mathrm{d}\Delta u_{\mathrm{Rq}j}{}^{(m)}\\+(\Delta u_{\mathrm{Rd}k}{}^{(1)}+\cdots+\Delta u_{\mathrm{Rd}k}{}^{(m-1)})\mathrm{d}\Delta u_{\mathrm{Rd}j}{}^{(m)}\end{bmatrix} \tag{3-33}$$

第 m 次迭代后场网交互能量为

$$\Delta W_{\mathrm{Farm}}{}^{(m)}=\sum_{k=1}^{N}\left(\Delta W_{\mathrm{O}k}{}^{(m)}+m_{\mathrm{R}k(n+1)}\Delta W_{\mathrm{R}k}{}^{(m)}+m_{\mathrm{R}k(n+1)}\Delta W_{\mathrm{E}k}{}^{(m)}\right) \tag{3-34}$$

本章所建立的风电场动态能量模型在现有单机等值模型的基础上，考虑了风电场内部设备间能量交互作用以及动态能量演化过程。当不考虑风电场内交互作用时，风电场中机组的扰动能量和耦合能量相当于前文推导的直驱机组暂态能量。

由式(3-32)、式(3-33)可知，第 m 次迭代的耦合能量和交互能量与第 m–1 次迭代能量存在递推关系，第 m 次迭代过程量可由第 m–1 次迭代中相关量表示，为了分析每次迭代后风电场能量分布变化情况，联立式(3-26)～式(3-28)计算风电场内各端口的感应电压增量通式为

$$\begin{cases}\Delta u_{\mathrm{Rd}k}{}^{(m+1)}=\left(k_{\mathrm{p2}}+\dfrac{k_{\mathrm{i2}}}{s}\right)(\Delta i_{\mathrm{d}ck}^{*}{}^{(m)}-\Delta i_{\mathrm{qcs}k}^{*}{}^{(m)}\Delta\theta_{\mathrm{pll}k}{}^{(m)}-m_{\mathrm{R}k}\Delta u_{\mathrm{Rq}k}{}^{(m)})+\omega_2L_{\mathrm{w}}m_{\mathrm{R}k}\Delta u_{\mathrm{Rd}k}{}^{(m)}\\\qquad+\Delta e_{\mathrm{d}ck}{}^{(m)}\\\Delta u_{\mathrm{Rq}k}{}^{(m+1)}=\left(k_{\mathrm{p2}}+\dfrac{k_{\mathrm{i2}}}{s}\right)(\Delta i_{\mathrm{qcs}k}^{*}{}^{(m)}+\Delta i_{\mathrm{d}ck}^{*}{}^{(m)}\Delta\theta_{\mathrm{pll}k}{}^{(m)}+m_{\mathrm{R}k}\Delta u_{\mathrm{Rd}k}{}^{(m)})+\omega_2L_{\mathrm{w}}m_{\mathrm{R}k}\Delta u_{\mathrm{Rq}k}{}^{(m)}\\\qquad+\Delta e_{\mathrm{q}ck}{}^{(m)}\end{cases} \tag{3-35}$$

式中，$\Delta\theta_{\text{pll}k}{}^{(m)}$ 为第 m 次迭代下第 k 条支路的锁相环动态角；$\Delta i_{\text{dc}k}^{*}{}^{(m)}$ 为第 m 次迭代下第 k 条支路的 d 轴电流参考值动态值；$\Delta i_{\text{qcs}k}^{*}{}^{(m)}$ 为第 m 次迭代下第 k 条支路的 q 轴电流参考值动态值。具体分别表示为

$$\Delta\theta_{\text{pll}k}{}^{(m)}=-k_{\text{p}\theta}\int\Delta u_{\text{Rq}k}{}^{(m-1)}\text{d}t-k_{\text{i}\theta}\int\int\Delta u_{\text{Rq}k}{}^{(m-1)}\text{d}t\text{d}t \tag{3-36}$$

$$\Delta i_{\text{dc}k}^{*}{}^{(m)}=-k_{\text{p1}}\Delta u_{\text{dc}k}{}^{(m)}-k_{\text{i1}}\int\Delta u_{\text{dc}k}{}^{(m)}\text{d}t \tag{3-37}$$

$$\Delta i_{\text{qcs}k}^{*}{}^{(m)}=-k_{\text{p1s}}\Delta u_{\text{Rds}k}{}^{(m-1)}-k_{\text{i1s}}\int\Delta u_{\text{Rds}k}{}^{(m-1)}\text{d}t \tag{3-38}$$

$$\Delta i_{\text{qcs}k}^{*}{}^{(m)}=-k_{\text{p1s}}\Delta Q_{\text{S}k}{}^{(m-1)}-k_{\text{i1s}}\int\Delta Q_{\text{S}k}{}^{(m-1)}\text{d}t \tag{3-39}$$

式中，k_{p1} 和 k_{i1} 分别为直驱机组电压外环的比例和积分系数；$\Delta u_{\text{dc}k}$ 为第 k 台直驱机组直流电压动态量，直流环节动态量由网侧动态量表示为

$$-\Delta P_{\text{G}k}{}^{(m-1)}=Cu_{\text{dc}k0}\frac{\text{d}\Delta u_{\text{dc}k}{}^{(m)}}{\text{d}t} \tag{3-40}$$

$$\Delta P_{\text{G}k}{}^{(m-1)}=m_{\text{R}k}U_{\text{d}0k}\Delta u_{\text{Rq}k}{}^{(m-1)}-m_{\text{R}k}U_{\text{q}0k}\Delta u_{\text{Rd}k}{}^{(m-1)}+I_{\text{d}0k}\Delta u_{\text{Rd}k}{}^{(m-1)}+I_{\text{q}0k}\Delta u_{\text{Rq}k}{}^{(m-1)} \tag{3-41}$$

式中，$\Delta P_{\text{G}k}$ 为第 k 条支路上网侧变流器输出有功功率动态值；$U_{\text{d}0k}$、$U_{\text{q}0k}$、$I_{\text{d}0k}$ 和 $I_{\text{q}0k}$ 分别为第 k 台直驱机组的 dq 轴电压和电流的基频稳态值。

式(3-38)和式(3-39)分别对应 SVG 外环电压控制和无功控制，k_{p1s} 和 k_{i1s} 分别为 SVG 外环控制的比例和积分系数；$\Delta u_{\text{Rds}k}{}^{(m-1)}$ 为第 k 台 SVG 的 d 轴电压动态量；$\Delta Q_{\text{S}k}{}^{(m-1)}$ 为 SVG 的无功动态值，进一步表示为

$$\Delta Q_{\text{S}k}{}^{(m-1)}=(m_{\text{Rs}k}U_{\text{q0s}k}+I_{\text{d0s}k})\Delta U_{\text{Rqs}k}{}^{(m-1)}+(m_{\text{Rs}}U_{\text{d0s}k}-I_{\text{q0s}k})\Delta U_{\text{Rds}k}{}^{(m-1)} \tag{3-42}$$

式中，$U_{\text{d0s}k}$、$U_{\text{q0s}k}$、$I_{\text{d0s}k}$ 和 $I_{\text{q0s}k}$ 分别为 SVG 的 dq 轴电压和电流的基频稳态值。

式(3-35)～式(3-42)为第 m+1 次迭代与第 m 次迭代下感应电压的递推关系。将式(3-35)～式(3-42)代入式(3-32)和式(3-33)中，可得到第 m 次迭代的耦合能量和交互能量与第 m–1 次迭代能量的递推关系，分别表示为

$$
\begin{aligned}
\Delta W_{\mathrm{R}}{}^{(m)} &= \omega_2 L_{\mathrm{w}} m_{\mathrm{R}k} m_{\mathrm{R}k(n+1)} \frac{L_{n+1}}{L_{\mathrm{R}k}} \Delta W_{\mathrm{R}}{}^{(m-1)} \\
&+\int m_{\mathrm{R}k} m_{\mathrm{R}k(n+1)} \frac{L_{n+1}}{L_{\mathrm{R}k}} \left\{ \begin{array}{l}
\left[\left(k_{\mathrm{p2}} + \dfrac{k_{\mathrm{i2}}}{s} \right) (\Delta i_{\mathrm{qcs}k}^{*}{}^{(m-1)} + \Delta i_{\mathrm{dc}k}^{*}{}^{(m-1)} \Delta \theta_{\mathrm{pll}k}{}^{(m-1)} + m_{\mathrm{R}k} \Delta u_{\mathrm{Rd}k}{}^{(m-1)}) \right] \\
\times \mathrm{d}(\Delta u_{\mathrm{Rq}k}{}^{(1)} + \Delta u_{\mathrm{Rq}k}{}^{(2)} + \cdots + \Delta u_{\mathrm{Rq}k}{}^{(m-1)}) \\
+\left[\left(k_{\mathrm{p2}} + \dfrac{k_{\mathrm{i2}}}{s} \right) (\Delta i_{\mathrm{dc}k}^{*}{}^{(m-1)} - \Delta i_{\mathrm{qcs}k}^{*}{}^{(m-1)} \Delta \theta_{\mathrm{pll}k}{}^{(m-1)} - m_{\mathrm{R}k} \Delta u_{\mathrm{Rq}k}{}^{(m-1)}) \right] \\
\times \mathrm{d}(\Delta u_{\mathrm{Rd}k}{}^{(1)} + \Delta u_{\mathrm{Rd}k}{}^{(2)} + \cdots + \Delta u_{\mathrm{Rd}k}{}^{(m-1)}) \\
+\left[\Delta u_{\mathrm{Rq}k}{}^{(m-1)} + \left(k_{\mathrm{p2}} + \dfrac{k_{\mathrm{i2}}}{s} \right) (\Delta i_{\mathrm{qcs}k}^{*}{}^{(m-1)} + \Delta i_{\mathrm{dc}k}^{*}{}^{(m-1)} \Delta \theta_{\mathrm{pll}k}{}^{(m-1)} + m_{\mathrm{R}k} \Delta u_{\mathrm{Rd}k}{}^{(m-1)}) \right] \\
\times \left[\begin{array}{l}
k_{\mathrm{p2}} \mathrm{d}(\Delta i_{\mathrm{qcs}k}^{*}{}^{(m-1)} + \Delta i_{\mathrm{dc}k}^{*}{}^{(m-1)} \Delta \theta_{\mathrm{pll}k}{}^{(m-1)}) \\
+k_{\mathrm{i2}} (\Delta i_{\mathrm{qcs}k}^{*}{}^{(m-1)} + \Delta i_{\mathrm{dc}k}^{*}{}^{(m-1)} \Delta \theta_{\mathrm{pll}k}{}^{(m-1)}) \mathrm{d}t \\
+k_{\mathrm{p2}} m_{\mathrm{R}k} \mathrm{d}\Delta u_{\mathrm{Rd}k}{}^{(m-1)} + k_{\mathrm{i2}} m_{\mathrm{R}k} \Delta u_{\mathrm{Rd}k}{}^{(m-1)} \mathrm{d}t + \omega_2 L_{\mathrm{w}} m_{\mathrm{R}k} \mathrm{d}\Delta u_{\mathrm{Rq}k}{}^{(m-1)}
\end{array} \right] \\
+\left[\Delta u_{\mathrm{Rd}k}{}^{(m-1)} + \left(k_{\mathrm{p2}} + \dfrac{k_{\mathrm{i2}}}{s} \right) (\Delta i_{\mathrm{dc}k}^{*}{}^{(m-1)} - \Delta i_{\mathrm{qcs}k}^{*}{}^{(m-1)} \Delta \theta_{\mathrm{pll}k}{}^{(m-1)} - m_{\mathrm{R}k} \Delta u_{\mathrm{Rq}k}{}^{(m-1)}) \right] \\
\times \left[\begin{array}{l}
k_{\mathrm{p2}} \mathrm{d}(\Delta i_{\mathrm{dc}k}^{*}{}^{(m-1)} - \Delta i_{\mathrm{qcs}k}^{*}{}^{(m-1)} \Delta \theta_{\mathrm{pll}k}{}^{(m-1)}) \\
+k_{\mathrm{i2}} (\Delta i_{\mathrm{dc}k}^{*}{}^{(m-1)} - \Delta i_{\mathrm{qcs}k}^{*}{}^{(m-1)} \Delta \theta_{\mathrm{pll}k}{}^{(m-1)}) \mathrm{d}t \\
-k_{\mathrm{p2}} m_{\mathrm{R}k} \mathrm{d}\Delta u_{\mathrm{Rq}k}{}^{(m-1)} - k_{\mathrm{i2}} m_{\mathrm{R}k} \Delta u_{\mathrm{Rq}k}{}^{(m-1)} \mathrm{d}t + \omega_2 L_{\mathrm{w}} m_{\mathrm{R}k} \mathrm{d}\Delta u_{\mathrm{Rd}k}{}^{(m-1)}
\end{array} \right]
\end{array} \right\}
\end{aligned}
\tag{3-43}
$$

$$
\begin{aligned}
\Delta W_{\mathrm{E}}{}^{(m)} &= \omega_2 L_{\mathrm{w}} m_{\mathrm{R}k} m_{\mathrm{R}j(n+1)} \frac{L_{n+1}}{L_{\mathrm{R}j}} \Delta W_{\mathrm{E}}{}^{(m-1)} \\
&+\int m_{\mathrm{R}k} m_{\mathrm{R}j(n+1)} \frac{L_{n+1}}{L_{j}} \left\{ \begin{array}{l}
\left[\left(k_{\mathrm{p2}} + \dfrac{k_{\mathrm{i2}}}{s} \right) (\Delta i_{\mathrm{qcs}k}^{*}{}^{(m-1)} + \Delta i_{\mathrm{dc}j}^{*}{}^{(m-1)} \Delta \theta_{\mathrm{pll}j}{}^{(m-1)} + m_{\mathrm{R}k} \Delta u_{\mathrm{Rd}k}{}^{(m-1)}) \right] \\
\times \mathrm{d}(\Delta u_{\mathrm{Rq}j}{}^{(1)} + \Delta u_{\mathrm{Rq}j}{}^{(2)} + \cdots + \Delta u_{\mathrm{Rq}j}{}^{(m-1)}) \\
+\left[\left(k_{\mathrm{p2}} + \dfrac{k_{\mathrm{i2}}}{s} \right) (\Delta i_{\mathrm{dc}k}^{*}{}^{(m-1)} - \Delta i_{\mathrm{qcs}k}^{*}{}^{(m-1)} \Delta \theta_{\mathrm{pll}k}{}^{(m-1)} - m_{\mathrm{R}k} \Delta u_{\mathrm{Rd}k}{}^{(m-1)}) \right] \\
\times \mathrm{d}(\Delta u_{\mathrm{Rd}j}{}^{(1)} + \Delta u_{\mathrm{Rd}j}{}^{(2)} + \cdots + \Delta u_{\mathrm{Rd}j}{}^{(m-1)}) \\
+\left[\Delta u_{\mathrm{Rq}k}{}^{(m-1)} + \left(k_{\mathrm{p2}} + \dfrac{k_{\mathrm{i2}}}{s} \right) (\Delta i_{\mathrm{dc}k}^{*}{}^{(m-1)} \Delta \theta_{\mathrm{pll}k}{}^{(m-1)} + m_{\mathrm{R}k} \Delta u_{\mathrm{Rd}k}{}^{(m-1)}) \right] \\
\left[\begin{array}{l}
k_{\mathrm{p2}} \mathrm{d}(\Delta i_{\mathrm{qcs}}^{*}{}^{(m-1)} + \Delta i_{\mathrm{dc}j}^{*}{}^{(m-1)} \Delta \theta_{\mathrm{pll}j}{}^{(m-1)}) \\
+k_{\mathrm{i2}} (\Delta i_{\mathrm{qcs}k}^{*}{}^{(m-1)} + \Delta i_{\mathrm{dc}j}^{*}{}^{(m-1)} \Delta \theta_{\mathrm{pll}j}{}^{(m-1)}) \mathrm{d}t \\
+k_{\mathrm{p2}} m_{\mathrm{R}j} \mathrm{d}\Delta u_{\mathrm{Rd}j}{}^{(m-1)} + k_{\mathrm{i2}} m_{\mathrm{R}j} \Delta u_{\mathrm{Rd}j}{}^{(m-1)} \mathrm{d}t + \omega_2 L_{\mathrm{w}} m_{\mathrm{R}k} \Delta u_{\mathrm{Rq}k}{}^{(m-1)}
\end{array} \right] \\
+\left[\Delta u_{\mathrm{Rd}k}{}^{(m-1)} + \left(k_{\mathrm{p2}} + \dfrac{k_{\mathrm{i2}}}{s} \right) (-\Delta i_{\mathrm{qcs}k}^{*}{}^{(m-1)} \Delta \theta_{\mathrm{pll}k}{}^{(m-1)} - m_{\mathrm{R}k} \Delta u_{\mathrm{Rq}k}{}^{(m-1)}) \right] \\
\left[\begin{array}{l}
k_{\mathrm{p2}} \mathrm{d}(\Delta i_{\mathrm{dc}k}^{*}{}^{(m-1)} - \Delta i_{\mathrm{qcs}k}^{*}{}^{(m-1)} \Delta \theta_{\mathrm{pll}k}{}^{(m-1)}) \\
+k_{\mathrm{i2}} (\Delta i_{\mathrm{dc}k}^{*}{}^{(m-1)} - \Delta i_{\mathrm{qcs}k}^{*}{}^{(m-1)} \Delta \theta_{\mathrm{pll}k}{}^{(m-1)}) \mathrm{d}t \\
-k_{\mathrm{p2}} m_{\mathrm{R}j} \mathrm{d}\Delta u_{\mathrm{Rq}j}{}^{(m-1)} - k_{\mathrm{i2}} m_{\mathrm{R}j} \Delta u_{\mathrm{Rq}j}{}^{(m-1)} \mathrm{d}t + \omega_2 L_{\mathrm{w}} m_{\mathrm{R}j} \mathrm{d}\Delta u_{\mathrm{Rd}j}{}^{(m-1)}
\end{array} \right]
\end{array} \right\}
\end{aligned}
\tag{3-44}
$$

式中，能量迭代过程中的递推系数 $m_{\mathrm{R}k}m_{\mathrm{R}k(n+1)}\dfrac{L_{n+1}}{L_{\mathrm{R}k}}\omega_2 L_{\mathrm{w}}$ 和 $m_{\mathrm{R}k}m_{\mathrm{R}j(n+1)}\dfrac{L_{n+1}}{L_{\mathrm{R}j}}\omega_2 L_{\mathrm{w}}$，可详细表示为

$$
\begin{aligned}
\omega_2 L_{\mathrm{w}} m_{\mathrm{R}k} m_{\mathrm{R}k(n+1)} \frac{L_{n+1}}{L_{\mathrm{R}k}} &= \frac{\omega_2 L_{\mathrm{w}}}{[\omega_2+(2k_+-1)\omega_{\mathrm{s}}]} \frac{\sum\limits_{j=1,j\neq k}^{n+1}\dfrac{1}{L_j}}{L_k{}^2\left(\sum\limits_{j=1,j\neq k}^{n+1}\dfrac{1}{L_j}\right)^2+1+2L_k\left(\sum\limits_{j=1,j\neq k}^{n+1}\dfrac{1}{L_j}\right)} \\
&< \frac{\omega_2 L_{\mathrm{w}}}{[\omega_2+(2k_+-1)\omega_{\mathrm{s}}]} \frac{\sum\limits_{j=1,j\neq k}^{n+1}\dfrac{1}{L_j}}{2L_k\left(\sum\limits_{j=1,j\neq k}^{n+1}\dfrac{1}{L_j}\right)} \\
&= \frac{\omega_2 L_{\mathrm{w}}}{[\omega_2+(2k_+-1)\omega_{\mathrm{s}}]} \frac{1}{2L_k}
\end{aligned}
\tag{3-45}
$$

$$
\begin{aligned}
\omega_2 L_{\mathrm{w}} m_{\mathrm{R}k} m_{\mathrm{R}j(n+1)} \frac{L_{n+1}}{L_{\mathrm{R}j}} &= \frac{\omega_2 L_{\mathrm{w}}}{[\omega_2+(2k_+-1)\omega_{\mathrm{s}}]} \frac{\sum\limits_{j=1,j\neq k}^{n+1}\dfrac{1}{L_j}}{L_j\left(\sum\limits_{k=1,k\neq j}^{n+1}\dfrac{1}{L_k}\right)+L_k\left(\sum\limits_{j=1,j\neq k}^{n+1}\dfrac{1}{L_j}\right)} \\
&< \frac{\omega_2 L_{\mathrm{w}}}{[\omega_2+(2k_+-1)\omega_{\mathrm{s}}]} \frac{\sum\limits_{j=1,j\neq k}^{n+1}\dfrac{1}{L_j}}{L_j\left(\sum\limits_{j=1,j\neq k}^{n+1}\dfrac{1}{L_j}\right)+L_k\left(\sum\limits_{j=1,j\neq k}^{n+1}\dfrac{1}{L_j}\right)} \\
&= \frac{\omega_2 L_{\mathrm{w}}}{[\omega_2+(2k_+-1)\omega_{\mathrm{s}}]} \frac{1}{L_j+L_k}
\end{aligned}
\tag{3-46}
$$

式中，$\dfrac{\omega_2}{[\omega_2+(2k_+-1)\omega_{\mathrm{s}}]}$ 为电网频率与次/超频振荡频率之比，其取值区间为 $\left(\dfrac{\omega_2}{\omega_2+\omega_{\mathrm{s}}},\dfrac{\omega_2}{\omega_2-\omega_{\mathrm{s}}}\right)$，考虑到风电场次超同步振荡频段多在20～30Hz和70～80Hz，

其取值最大值为 2.5；直驱风电机组的出线电感 L_{w} 远小于机组到风电场并网点的线路电感 L_k 或 L_j，即 $L_{\mathrm{w}} \ll L_k$，$L_{\mathrm{w}} \ll L_j$，假设其满足 $L_{\mathrm{w}} \approx 0.1L_k$，$L_{\mathrm{w}} \approx 0.1L_j$，则递推系数 $m_{\mathrm{R}k} m_{\mathrm{R}k(n+1)} \dfrac{L_{n+1}}{L_{\mathrm{R}k}} \omega_2 L_{\mathrm{w}}$ 和 $m_{\mathrm{R}k} m_{\mathrm{R}j(n+1)} \dfrac{L_{n+1}}{L_{\mathrm{R}j}} \omega_2 L_{\mathrm{w}}$ 均小于 0.125，则第 2 次迭代能量小于第 1 次的 0.125 倍，第 3 次迭代能量小于第 1 次的 0.0156 倍，从第 3 次迭代开始后续迭代能量较小可忽略不计。故本书针对第 1 次和第 2 次迭代过程的能量变化特性展开研究，后续不再说明迭代次数对其影响。

1) 直驱风电场内设备的扰动能量

将式(3-35)～式(3-42)代入式(3-41)中，得到直驱机组或 SVG 的扰动能量为

$$\Delta W_{\mathrm{O}k} = \sum_{j=1}^{N} \int m_{\mathrm{R}j(n+1)} \frac{L_{n+1}}{L_{\mathrm{R}j}} \begin{bmatrix} k_{\mathrm{p2}} \left(\Delta i_{\mathrm{Rq}k}{}^{(0)} \mathrm{d}\Delta i_{\mathrm{Rd}j}{}^{(0)} - \Delta i_{\mathrm{Rd}k}{}^{(0)} \mathrm{d}\Delta i_{\mathrm{Rq}j}{}^{(0)} \right) \\ +\omega_2 L_{\mathrm{w}} \left(\Delta i_{\mathrm{Rd}k}{}^{(0)} \mathrm{d}\Delta i_{\mathrm{Rd}j}{}^{(0)} + \Delta i_{\mathrm{Rq}k}{}^{(0)} \mathrm{d}\Delta i_{\mathrm{Rq}j}{}^{(0)} \right) \\ +\left(\Delta i_{\mathrm{Rd}k}{}^{(0)} \mathrm{d}\Delta e_{\mathrm{qc}j}{}^{(0)} - \Delta i_{\mathrm{Rq}k}{}^{(0)} \mathrm{d}\Delta e_{\mathrm{dc}j}{}^{(0)} \right) \\ +k_{\mathrm{p2}} \left(\Delta i_{\mathrm{Rd}k}{}^{(0)} \mathrm{d}\Delta i_{\mathrm{qcs}k}^{*}{}^{(1)} - \Delta i_{\mathrm{Rq}k}{}^{(0)} \mathrm{d}\Delta i_{\mathrm{dc}k}^{*}{}^{(1)} \right) \\ +k_{\mathrm{p2}} \left[\Delta i_{\mathrm{Rd}k}{}^{(0)} \mathrm{d}\left(\Delta i_{\mathrm{dc}j}^{*}{}^{(1)} \Delta \theta_{\mathrm{pll}j}{}^{(1)} \right) + \Delta i_{\mathrm{Rq}k}{}^{(0)} \mathrm{d}\left(\Delta i_{\mathrm{qcs}j}^{*}{}^{(1)} \Delta \theta_{\mathrm{pll}j}{}^{(1)} \right) \right] \\ +k_{\mathrm{p2}} m_{\mathrm{R}k} \left(\Delta i_{\mathrm{Rd}k}{}^{(0)} \mathrm{d}\Delta u_{\mathrm{Rd}j}{}^{(1)} + \Delta i_{\mathrm{Rq}k}{}^{(0)} \mathrm{d}\Delta u_{\mathrm{Rq}j}{}^{(1)} \right) \\ +k_{\mathrm{i2}} \left(\Delta i_{\mathrm{Rd}k}{}^{(0)} \Delta i_{\mathrm{qcs}k}^{*}{}^{(1)} - \Delta i_{\mathrm{Rq}k}{}^{(0)} \Delta i_{\mathrm{dc}k}^{*}{}^{(1)} \right) \mathrm{d}t \\ +k_{\mathrm{i2}} \left(\Delta i_{\mathrm{Rd}k}{}^{(0)} \Delta i_{\mathrm{dc}j}^{*}{}^{(1)} + \Delta i_{\mathrm{Rq}k}{}^{(0)} \Delta i_{\mathrm{qcs}j}^{*}{}^{(1)} \right) \Delta \theta_{\mathrm{pll}j}{}^{(1)} \mathrm{d}t \\ +k_{\mathrm{i2}} m_{\mathrm{R}k} \left(\Delta i_{\mathrm{Rd}k}{}^{(0)} \Delta u_{\mathrm{Rd}j}{}^{(1)} + \Delta i_{\mathrm{Rq}k}{}^{(0)} \Delta u_{\mathrm{Rq}j}{}^{(1)} \right) \mathrm{d}t \\ +\omega_2 L_{\mathrm{w}} m_{\mathrm{R}k} \left(\Delta i_{\mathrm{Rd}k}{}^{(0)} \mathrm{d}\Delta u_{\mathrm{Rq}j}{}^{(1)} - \Delta i_{\mathrm{Rq}k}{}^{(0)} \mathrm{d}\Delta u_{\mathrm{Rd}j}{}^{(1)} \right) \end{bmatrix} \tag{3-47}$$

2) 直驱风电场内设备的耦合能量

将式(3-35)～式(3-42)代入式(3-32)中，得到直驱机组或 SVG 的耦合能量为

$$
\begin{aligned}
\Delta W_{\mathrm{R}k} &= \int m_{\mathrm{R}k} m_{\mathrm{R}k(n+1)} \frac{L_{n+1}}{L_{\mathrm{R}k}} \\
&\times\left\{\begin{aligned}
&\left(k_{\mathrm{p2}}+\frac{k_{\mathrm{i2}}}{s}\right)\left[\begin{aligned}
&k_{\mathrm{p2}}(\Delta i_{\mathrm{Rq}k}{}^{(0)}\mathrm{d}\Delta i_{\mathrm{Rq}k}{}^{(0)}+\Delta i_{\mathrm{Rd}k}{}^{(0)}\mathrm{d}\Delta i_{\mathrm{Rd}k}{}^{(0)})\\
&+k_{\mathrm{i2}}(\Delta i_{\mathrm{Rq}k}{}^{(0)}\Delta i_{\mathrm{Rq}k}{}^{(0)}+\Delta i_{\mathrm{Rd}k}{}^{(0)}\Delta i_{\mathrm{Rd}k}{}^{(0)})\mathrm{d}t\\
&+\omega_2 L_{\mathrm{w}}(\Delta i_{\mathrm{Rd}k}{}^{(0)}\mathrm{d}\Delta i_{\mathrm{Rq}k}{}^{(0)}-\Delta i_{\mathrm{Rq}k}{}^{(0)}\mathrm{d}\Delta i_{\mathrm{Rd}k}{}^{(0)})\\
&-\Delta i_{\mathrm{Rq}k}{}^{(0)}\mathrm{d}\Delta e_{\mathrm{qc}k}{}^{(0)}-\Delta i_{\mathrm{Rd}k}{}^{(0)}\mathrm{d}\Delta e_{\mathrm{dc}k}{}^{(0)}\\
&+\Delta i_{\mathrm{qcs}k}^{*}{}^{(1)}\mathrm{d}\Delta u_{\mathrm{Rq}k}{}^{(1)}+\Delta i_{\mathrm{dc}k}^{*}{}^{(1)}\Delta\theta_{\mathrm{pll}k}{}^{(1)}\mathrm{d}\Delta u_{\mathrm{Rq}k}{}^{(1)}\\
&+\Delta i_{\mathrm{dc}k}^{*}{}^{(1)}\mathrm{d}\Delta u_{\mathrm{Rd}k}{}^{(1)}-\Delta i_{\mathrm{qcs}k}^{*}{}^{(1)}\Delta\theta_{\mathrm{pll}k}{}^{(1)}\mathrm{d}\Delta u_{\mathrm{Rd}k}{}^{(1)}\\
&+m_{\mathrm{R}k}(\Delta u_{\mathrm{Rd}k}{}^{(1)}\mathrm{d}\Delta u_{\mathrm{Rq}k}{}^{(1)}-\Delta u_{\mathrm{Rq}k}{}^{(1)}\mathrm{d}\Delta u_{\mathrm{Rd}k}{}^{(1)})
\end{aligned}\right]\\
&-k_{\mathrm{p2}}\omega_2 L_{\mathrm{w}}(\Delta i_{\mathrm{Rd}k}{}^{(0)}\mathrm{d}\Delta i_{\mathrm{Rq}k}{}^{(0)}-\Delta i_{\mathrm{Rq}k}{}^{(0)}\mathrm{d}\Delta i_{\mathrm{Rd}k}{}^{(0)})-k_{\mathrm{p2}}(\Delta e_{\mathrm{qc}k}{}^{(0)}\mathrm{d}\Delta i_{\mathrm{Rq}k}{}^{(0)}\\
&+\Delta e_{\mathrm{dc}k}{}^{(0)}\mathrm{d}\Delta i_{\mathrm{Rd}k}{}^{(0)})\\
&-k_{\mathrm{i2}}(\Delta e_{\mathrm{qc}k}{}^{(0)}\Delta i_{\mathrm{Rq}k}{}^{(0)}+\Delta e_{\mathrm{dc}k}{}^{(0)}\Delta i_{\mathrm{Rd}k}{}^{(0)})\mathrm{d}t+\omega_2{}^2 L_{\mathrm{w}}{}^2(\Delta i_{\mathrm{Rd}k}{}^{(0)}\mathrm{d}\Delta i_{\mathrm{Rd}k}{}^{(0)}\\
&+\Delta i_{\mathrm{Rq}k}{}^{(0)}\mathrm{d}\Delta i_{\mathrm{Rq}k}{}^{(0)})\\
&+\omega_2 L_{\mathrm{w}}(\Delta e_{\mathrm{qc}k}{}^{(0)}\mathrm{d}\Delta i_{\mathrm{Rd}k}{}^{(0)}-\Delta e_{\mathrm{dc}k}{}^{(0)}\mathrm{d}\Delta i_{\mathrm{Rq}k}{}^{(0)})-\omega_2 L_{\mathrm{w}}(\Delta i_{\mathrm{Rd}k}{}^{(0)}\mathrm{d}\Delta e_{\mathrm{qc}k}{}^{(0)}\\
&+\Delta i_{\mathrm{Rq}k}{}^{(0)}\mathrm{d}\Delta e_{\mathrm{dc}k}{}^{(0)})\\
&+\Delta e_{\mathrm{dc}k}{}^{(0)}\mathrm{d}\Delta e_{\mathrm{dc}k}{}^{(0)}-\Delta e_{\mathrm{qc}k}{}^{(0)}\mathrm{d}\Delta e_{\mathrm{qc}k}{}^{(0)}+\Delta u_{\mathrm{Rq}k}{}^{(2)}\mathrm{d}\Delta u_{\mathrm{Rq}k}{}^{(2)}+\Delta u_{\mathrm{Rd}k}{}^{(2)}\mathrm{d}\Delta u_{\mathrm{Rd}k}{}^{(2)}\\
&+k_{\mathrm{p2}}(\Delta u_{\mathrm{Rq}k}{}^{(1)}\mathrm{d}\Delta i_{\mathrm{qcs}k}^{*}{}^{(1)}+\Delta u_{\mathrm{Rq}k}{}^{(1)}\mathrm{d}(\Delta i_{\mathrm{dc}k}^{*}{}^{(1)}\Delta\theta_{\mathrm{pll}k}{}^{(1)}))\\
&+k_{\mathrm{p2}}m_{\mathrm{R}k}(\Delta u_{\mathrm{Rq}k}{}^{(1)}\mathrm{d}\Delta u_{\mathrm{Rd}k}{}^{(1)}-\Delta u_{\mathrm{Rd}k}{}^{(1)}\mathrm{d}\Delta u_{\mathrm{Rq}k}{}^{(1)})\\
&+k_{\mathrm{i2}}(\Delta i_{\mathrm{qcs}k}^{*}{}^{(1)}\Delta u_{\mathrm{Rq}k}{}^{(1)}+k_{\mathrm{i2}}\Delta i_{\mathrm{dc}k}^{*}{}^{(1)}\Delta u_{\mathrm{Rd}k}{}^{(1)})\mathrm{d}t+k_{\mathrm{i2}}(\Delta i_{\mathrm{dc}k}^{*}{}^{(1)}\Delta u_{\mathrm{Rq}k}{}^{(1)}\\
&-\Delta i_{\mathrm{qcs}k}^{*}{}^{(1)}\Delta u_{\mathrm{Rd}k}{}^{(1)})\Delta\theta_{\mathrm{pll}k}{}^{(1)}\mathrm{d}t\\
&+k_{\mathrm{p2}}[\Delta u_{\mathrm{Rd}k}{}^{(1)}\mathrm{d}\Delta i_{\mathrm{dc}k}^{*}{}^{(1)}-\Delta u_{\mathrm{Rd}k}{}^{(1)}\mathrm{d}(\Delta i_{\mathrm{qcs}k}^{*}{}^{(1)}\Delta\theta_{\mathrm{pll}k}{}^{(1)})]\\
&+2\omega_2 L_{\mathrm{w}} m_{\mathrm{R}k}(\Delta u_{\mathrm{Rq}k}{}^{(1)}\mathrm{d}\Delta u_{\mathrm{Rq}k}{}^{(1)}+\Delta u_{\mathrm{Rd}k}{}^{(1)}\mathrm{d}\Delta u_{\mathrm{Rd}k}{}^{(1)})
\end{aligned}\right\}
\end{aligned}
\tag{3-48}
$$

3）直驱风电场内设备间交互能量

将式(3-35)～式(3-42)代入式(3-34)中，得到第 k、j 条支路设备间的交互能量为

$$
\Delta W_{\mathrm{E}kj}=\int m_{\mathrm{R}k}m_{\mathrm{R}j(n+1)}\frac{L_{n+1}}{L_{\mathrm{R}j}}\left\{\begin{array}{l}
\left(k_{\mathrm{p}2}+\dfrac{k_{\mathrm{i}2}}{s}\right)\left[\begin{array}{l}
k_{\mathrm{p}2}(\Delta i_{\mathrm{Bq}k}{}^{(0)}\mathrm{d}\Delta i_{\mathrm{Bq}j}{}^{(0)}+\Delta i_{\mathrm{Bd}k}{}^{(0)}\mathrm{d}\Delta i_{\mathrm{Bd}j}{}^{(0)})\\
+k_{\mathrm{i}2}(\Delta i_{\mathrm{Bq}k}{}^{(0)}\Delta i_{\mathrm{Bq}j}{}^{(0)}+\Delta i_{\mathrm{Bd}k}{}^{(0)}\Delta i_{\mathrm{Bd}j}{}^{(0)})\mathrm{d}t\\
-\omega_2 L_{\mathrm{w}}(\Delta i_{\mathrm{Bq}k}{}^{(0)}\mathrm{d}\Delta i_{\mathrm{Bd}j}{}^{(0)}-\Delta i_{\mathrm{Bd}k}{}^{(0)}\mathrm{d}\Delta i_{\mathrm{Bq}j}{}^{(0)})\\
-\Delta i_{\mathrm{Bq}k}{}^{(0)}\mathrm{d}\Delta e_{\mathrm{qc}j}{}^{(0)}-\Delta i_{\mathrm{Bd}k}{}^{(0)}\mathrm{d}\Delta e_{\mathrm{dc}j}{}^{(0)}\\
+\Delta i^{*}_{\mathrm{qcs}k}{}^{(1)}\mathrm{d}\Delta u_{\mathrm{Rq}j}{}^{(1)}+\Delta i^{*}_{\mathrm{dc}k}{}^{(1)}\Delta\theta_{\mathrm{pll}k}{}^{(1)}\mathrm{d}\Delta u_{\mathrm{Rq}j}{}^{(1)}\\
+m_{\mathrm{R}k}\Delta u_{\mathrm{Rd}k}{}^{(1)}\mathrm{d}\Delta u_{\mathrm{Rq}j}{}^{(1)}\\
+\Delta i^{*}_{\mathrm{dc}k}{}^{(1)}\mathrm{d}\Delta u_{\mathrm{Rd}j}{}^{(1)}-\Delta i^{*}_{\mathrm{qcs}k}{}^{(1)}\Delta\theta_{\mathrm{pll}k}{}^{(1)}\mathrm{d}\Delta u_{\mathrm{Rd}j}{}^{(1)}\\
-m_{\mathrm{R}k}\Delta u_{\mathrm{Rq}k}{}^{(1)}\mathrm{d}\Delta u_{\mathrm{Rd}j}{}^{(1)}
\end{array}\right]\\
-k_{\mathrm{p}2}\omega_2 L_{\mathrm{w}}(\Delta i_{\mathrm{Rd}k}{}^{(0)}\mathrm{d}\Delta i_{\mathrm{Bq}j}{}^{(0)}-\Delta i_{\mathrm{Rq}k}{}^{(0)}\mathrm{d}\Delta i_{\mathrm{Bd}j}{}^{(0)})\\
-k_{\mathrm{p}2}(\Delta e_{\mathrm{qc}k}{}^{(0)}\mathrm{d}\Delta i_{\mathrm{Bq}j}{}^{(0)}+\Delta e_{\mathrm{dc}k}{}^{(0)}\mathrm{d}\Delta i_{\mathrm{Bd}j}{}^{(0)})\\
-k_{\mathrm{i}2}\omega_2 L_{\mathrm{w}}(\Delta i_{\mathrm{Rd}k}{}^{(0)}\Delta i_{\mathrm{Bq}j}{}^{(0)}-\Delta i_{\mathrm{Rq}k}{}^{(0)}\Delta i_{\mathrm{Bd}j}{}^{(0)})\mathrm{d}t\\
-k_{\mathrm{i}2}(\Delta e_{\mathrm{qc}k}{}^{(0)}\Delta i_{\mathrm{Bq}j}{}^{(0)}+\Delta e_{\mathrm{dc}k}{}^{(0)}\Delta i_{\mathrm{Bd}j}{}^{(0)})\mathrm{d}t\\
+\omega_2 L_{\mathrm{w}}(\Delta e_{\mathrm{qc}k}{}^{(0)}\mathrm{d}\Delta i_{\mathrm{Bd}j}{}^{(0)}-\Delta e_{\mathrm{dc}k}{}^{(0)}\mathrm{d}\Delta i_{\mathrm{Bq}j}{}^{(0)})\\
+\omega_2{}^2 L_{\mathrm{w}}{}^2(\Delta i_{\mathrm{Rd}k}{}^{(0)}\mathrm{d}\Delta i_{\mathrm{Bd}j}{}^{(0)}+\Delta i_{\mathrm{Rq}k}{}^{(0)}\mathrm{d}\Delta i_{\mathrm{Bq}j}{}^{(0)})\\
+\omega_2 L_{\mathrm{w}}(\Delta i_{\mathrm{Rd}k}{}^{(0)}\mathrm{d}\Delta e_{\mathrm{qc}j}{}^{(0)}-\Delta i_{\mathrm{Rq}k}{}^{(0)}\mathrm{d}\Delta e_{\mathrm{dc}j}{}^{(0)})\\
+\Delta e_{\mathrm{qc}k}{}^{(0)}\mathrm{d}\Delta e_{\mathrm{qc}j}{}^{(0)}+\Delta e_{\mathrm{dc}k}{}^{(0)}\mathrm{d}\Delta e_{\mathrm{dc}j}{}^{(0)}+\Delta u_{\mathrm{Rq}k}{}^{(2)}\mathrm{d}\Delta u_{\mathrm{Rq}j}{}^{(2)}\\
+\Delta u_{\mathrm{Rd}k}{}^{(2)}\mathrm{d}\Delta u_{\mathrm{Rd}j}{}^{(2)}\\
+k_{\mathrm{p}2}\left[\begin{array}{l}
\Delta u_{\mathrm{Rq}k}{}^{(1)}\mathrm{d}\Delta i^{*}_{\mathrm{qcs}}{}^{(1)}+\Delta u_{\mathrm{Rq}k}{}^{(1)}\mathrm{d}(\Delta i^{*}_{\mathrm{dc}j}{}^{(1)}\Delta\theta_{\mathrm{pll}j}{}^{(1)})\\
+\Delta u_{\mathrm{Rd}k}{}^{(1)}\mathrm{d}\Delta i^{*}_{\mathrm{dc}j}{}^{(1)}-\Delta u_{\mathrm{Rd}k}{}^{(1)}\mathrm{d}(\Delta i^{*}_{\mathrm{qcs}j}{}^{(1)}\Delta\theta_{\mathrm{pll}j}{}^{(1)})
\end{array}\right]\\
+k_{\mathrm{p}2}m_{\mathrm{R}j}(\Delta u_{\mathrm{Rq}k}{}^{(1)}\mathrm{d}\Delta u_{\mathrm{Rd}k}{}^{(1)}-\Delta u_{\mathrm{Rd}k}{}^{(1)}\mathrm{d}\Delta u_{\mathrm{Rq}j}{}^{(1)})\\
+k_{\mathrm{i}2}(\Delta i^{*}_{\mathrm{qcs}k}{}^{(1)}\Delta u_{\mathrm{Rq}k}{}^{(1)}+\Delta i^{*}_{\mathrm{dc}j}{}^{(1)}\Delta\theta_{\mathrm{pll}j}{}^{(1)}\Delta u_{\mathrm{Rq}k}{}^{(1)})\mathrm{d}t\\
+k_{\mathrm{i}2}(\Delta i^{*}_{\mathrm{dc}j}{}^{(1)}\Delta u_{\mathrm{Rd}k}{}^{(1)}\mathrm{d}t-\Delta i^{*}_{\mathrm{qcs}j}{}^{(1)}\Delta\theta_{\mathrm{pll}j}{}^{(1)}\Delta u_{\mathrm{Rd}k}{}^{(1)})\mathrm{d}t\\
+k_{\mathrm{i}2}m_{\mathrm{R}j}(\Delta u_{\mathrm{Rd}j}{}^{(1)}\Delta u_{\mathrm{Rq}k}{}^{(1)}-\Delta u_{\mathrm{Rq}j}{}^{(1)}\Delta u_{\mathrm{Rd}k}{}^{(1)})\mathrm{d}t\\
+\omega_2 L_{\mathrm{w}}m_{\mathrm{R}k}(\Delta u_{\mathrm{Rq}k}{}^{(1)}\mathrm{d}\Delta u_{\mathrm{Rq}j}{}^{(1)}+\Delta u_{\mathrm{Rd}k}{}^{(1)}\mathrm{d}\Delta u_{\mathrm{Rd}j}{}^{(1)})\\
+\omega_2 L_{\mathrm{w}}m_{\mathrm{R}j}(\Delta u_{\mathrm{Rq}k}{}^{(1)}\mathrm{d}\Delta u_{\mathrm{Rq}j}{}^{(1)}+\Delta u_{\mathrm{Rd}k}{}^{(1)}\mathrm{d}\Delta u_{\mathrm{Rd}j}{}^{(1)})
\end{array}\right\}
\tag{3-49}
$$

2. 直驱风电场各部分能量流特性分析

直驱风电场内第 k 条支路端口初始振荡的电压和电流可分别表示为

$$\begin{cases}\Delta e_{\mathrm{d}ck}=U_{\mathrm{p}k+}\mathrm{e}^{\lambda t}\cos(\omega_{\mathrm{s}}t+\varepsilon_{\mathrm{p}k+})+U_{\mathrm{p}k-}\mathrm{e}^{\lambda t}\cos(\omega_{\mathrm{s}}t+\varepsilon_{\mathrm{p}k-})\\ \Delta e_{\mathrm{q}ck}=U_{\mathrm{p}k+}\mathrm{e}^{\lambda t}\sin(\omega_{\mathrm{s}}t+\varepsilon_{\mathrm{p}k+})-U_{\mathrm{p}k-}\mathrm{e}^{\lambda t}\sin(\omega_{\mathrm{s}}t+\varepsilon_{\mathrm{p}k-})\end{cases}\tag{3-50}$$

$$\begin{cases}\Delta i_{\mathrm{Bd}k}=I_{\mathrm{p}k+}\mathrm{e}^{\lambda t}\cos(\omega_{\mathrm{s}}t+\alpha_{\mathrm{p}k+})+I_{\mathrm{p}k-}\mathrm{e}^{\lambda t}\cos(\omega_{\mathrm{s}}t+\alpha_{\mathrm{p}k-})\\ \Delta i_{\mathrm{Bq}k}=I_{\mathrm{p}k+}\mathrm{e}^{\lambda t}\sin(\omega_{\mathrm{s}}t+\alpha_{\mathrm{p}k+})-I_{\mathrm{p}k-}\mathrm{e}^{\lambda t}\sin(\omega_{\mathrm{s}}t+\alpha_{\mathrm{p}k-})\end{cases}\tag{3-51}$$

式中，$U_{\mathrm{p}k+}$、$U_{\mathrm{p}k-}$、$\varepsilon_{\mathrm{p}k+}$ 和 $\varepsilon_{\mathrm{p}k-}$ 分别为第 k 台直驱机组的 dq 轴初始受扰的振荡电压幅值和初始相角；$I_{\mathrm{p}k+}$、$I_{\mathrm{p}k-}$、$\alpha_{\mathrm{p}k+}$ 和 $\alpha_{\mathrm{p}k-}$ 分别为第 k 台直驱机组的 dq 轴初始受扰的振荡电流幅值和初始相角；下标带 s 表示为 SVG 端口的相关变量。

联立式(3-35)～式(3-42)及式(3-47)～式(3-51)得到直驱风电场内各部分能量变化率。

1)第 k 条支路的设备扰动能量变化率

第 k 台 PMSG 的扰动能量变化率为

$$\begin{aligned}\Delta\dot{W}_{\mathrm{O}k}&=\frac{\mathrm{d}\Delta W_{\mathrm{O}k}}{\mathrm{d}t}\\&=m_{\mathrm{R}k(n+1)}\frac{L_{n+1}}{L_{\mathrm{R}k}}\left\{\begin{array}{l}\omega_{\mathrm{s}}\mathrm{e}^{2\lambda t}\begin{bmatrix}I_{\mathrm{p}k+}U_{\mathrm{p}k+}\cos(\alpha_{\mathrm{p}k+}-\varepsilon_{\mathrm{p}k+})\\-I_{\mathrm{p}k-}U_{\mathrm{p}k-}\cos(\alpha_{\mathrm{p}k-}-\varepsilon_{\mathrm{p}k-})\end{bmatrix}+k_{\mathrm{p}2}\omega_{\mathrm{s}}\mathrm{e}^{2\lambda t}(-I_{\mathrm{p}k+}{}^{2}+I_{\mathrm{p}k-}{}^{2})\\+\omega_{\mathrm{s}}m_{\mathrm{R}k}k_{\mathrm{p}2}\omega_{2}L_{\mathrm{w}}\mathrm{e}^{2\lambda t}(-I_{\mathrm{p}k+}{}^{2}+I_{\mathrm{p}k-}{}^{2})\\+\dfrac{k_{\mathrm{p}1}k_{\mathrm{p}2}(m_{\mathrm{R}k}U_{\mathrm{d}0k}+I_{\mathrm{q}0k})}{2Cu_{\mathrm{dc}k0}}\dfrac{\omega_{\mathrm{s}}{}^{2}}{\omega_{\mathrm{s}}{}^{2}+\lambda^{2}}\mathrm{e}^{2\lambda t}\begin{bmatrix}-I_{\mathrm{p}k+}U_{\mathrm{p}k+}\cos(\alpha_{\mathrm{p}k+}-\varepsilon_{\mathrm{p}k+})\\-I_{\mathrm{p}k-}U_{\mathrm{p}k-}\cos(\alpha_{\mathrm{p}k-}-\varepsilon_{\mathrm{p}k-})\end{bmatrix}\end{array}\right\}\\&\quad+\sum_{j=1,j\neq k}^{N}m_{\mathrm{R}j(n+1)}\frac{L_{n+1}}{L_{\mathrm{R}j}}\left\{\begin{array}{l}\omega_{\mathrm{s}}\mathrm{e}^{2\lambda t}\begin{bmatrix}I_{\mathrm{p}k+}U_{\mathrm{p}j+}\cos(\alpha_{\mathrm{p}k+}-\varepsilon_{\mathrm{p}j+})\\-I_{\mathrm{p}k-}U_{\mathrm{p}j-}\cos(\alpha_{\mathrm{p}k-}-\varepsilon_{\mathrm{p}j-})\end{bmatrix}\\+\omega_{\mathrm{s}}m_{\mathrm{R}j}k_{\mathrm{p}2}\omega_{2}L_{\mathrm{w}}\mathrm{e}^{2\lambda t}\begin{bmatrix}-I_{\mathrm{p}k+}I_{\mathrm{p}j+}\cos(\alpha_{\mathrm{p}j+}-\alpha_{\mathrm{p}k+})\\+I_{\mathrm{p}k-}I_{\mathrm{p}j-}\cos(\alpha_{\mathrm{p}j-}-\alpha_{\mathrm{p}k-})\end{bmatrix}\\+\dfrac{k_{\mathrm{p}1}k_{\mathrm{p}2}(m_{\mathrm{R}j}U_{\mathrm{d}0j}+I_{\mathrm{q}0j})}{2Cu_{\mathrm{dc}j0}}\dfrac{\omega_{\mathrm{s}}{}^{2}}{\omega_{\mathrm{s}}{}^{2}+\lambda^{2}}\mathrm{e}^{2\lambda t}\begin{bmatrix}-I_{\mathrm{p}k+}U_{\mathrm{p}j+}\cos(\alpha_{\mathrm{p}k+}-\varepsilon_{\mathrm{p}j+})\\-I_{\mathrm{p}k-}U_{\mathrm{p}j-}\cos(\alpha_{\mathrm{p}k-}-\varepsilon_{\mathrm{p}j-})\end{bmatrix}\end{array}\right\}\end{aligned}\tag{3-52}$$

第 k 台 SVG 的扰动能量变化率为

$$
\begin{aligned}
\Delta\dot{W}_{\mathrm{O}sk} &= \frac{\mathrm{d}\Delta W_{\mathrm{O}sk}}{\mathrm{d}t} \\
&= m_{\mathrm{R}sk(n+1)}\frac{L_{n+1}}{L_{\mathrm{R}sk}}\left\{\begin{aligned}&k_{\mathrm{p2}}\omega_{\mathrm{s}}\mathrm{e}^{2\lambda t}(-{I_{\mathrm{ps}k+}}^2+{I_{\mathrm{ps}k-}}^2)+\omega_{\mathrm{s}}m_{\mathrm{Rs}}k_{\mathrm{p2}}\mathrm{e}^{2\lambda t}\omega_2L_{\mathrm{w}}(-{I_{\mathrm{ps+}}}^2+{I_{\mathrm{ps-}}}^2)\\&+\frac{1}{2}\omega_{\mathrm{s}}k_{\mathrm{p2}}k_{\mathrm{p1s}}\mathrm{e}^{2\lambda t}\begin{bmatrix}-I_{\mathrm{ps+}}U_{\mathrm{ps+}}\sin(\varepsilon_{\mathrm{ps+}}-\alpha_{\mathrm{ps+}})\\+I_{\mathrm{ps-}}U_{\mathrm{ps-}}\sin(\varepsilon_{\mathrm{ps-}}-\alpha_{\mathrm{ps-}})\end{bmatrix}\end{aligned}\right\} \\
&\quad+\sum_{j=1,j\neq k}^{N}m_{\mathrm{R}j(n+1)}\frac{L_{n+1}}{L_{\mathrm{R}j}}\frac{k_{\mathrm{p1}}k_{\mathrm{p2}}}{2Cu_{\mathrm{dc}j0}}\frac{I_{\mathrm{d0}j}{\omega_{\mathrm{s}}}^2}{{\omega_{\mathrm{s}}}^2+\lambda^2}\mathrm{e}^{2\lambda t}\begin{bmatrix}-I_{\mathrm{ps}k+}U_{\mathrm{p}j+}\sin(\alpha_{\mathrm{ps}k+}-\varepsilon_{\mathrm{p}j+})\\+I_{\mathrm{ps}k-}U_{\mathrm{p}j-}\sin(\alpha_{\mathrm{ps}k-}-\varepsilon_{\mathrm{p}j-})\end{bmatrix}
\end{aligned}
\tag{3-53}
$$

由式(3-52)、式(3-53)可知，设备的扰动能量变化率由各设备端口的振荡电流和电压的大小和初相角决定。式(3-53)中 SVG 采用电压外环控制方式，本节公式中涉及 SVG 模型均采用电压外环控制，后续分析 SVG 控制方式时将详细分析无功外环的影响。

2) 第 k 条支路的设备耦合能量变化率

第 k 台 PMSG 的耦合能量变化率为

$$\Delta\dot{W}_{\mathrm{R}k}=0 \tag{3-54}$$

第 k 台 SVG 的耦合能量变化率为

$$\Delta\dot{W}_{\mathrm{R}sk}=0 \tag{3-55}$$

在设备耦合能量变化率中存在系数互为相反数的能量项，使得最终结果为 0，设备耦合能量不影响系统稳定水平，后续能量特性分析中不再赘述其对风电场稳定性的影响。

3) 第 k、j 条支路设备间的交互能量变化率

第 k、j 台 PMSG 间的交互能量变化率为

$$
\begin{aligned}
\dot{W}_{\mathrm{E}kj} &= \frac{\mathrm{d}\Delta W_{\mathrm{E}kj}}{\mathrm{d}t} \\
&= m_{\mathrm{R}k} m_{\mathrm{R}j(n+1)} \frac{L_{n+1}}{L_{\mathrm{R}j}} \omega_2 \omega_{\mathrm{s}} L_{\mathrm{w}} \mathrm{e}^{2\lambda t}
\begin{bmatrix}
-U_{\mathrm{p}k+} I_{\mathrm{p}j+} \cos(\alpha_{\mathrm{p}j+} - \varepsilon_{\mathrm{p}k+}) + U_{\mathrm{p}k-} I_{\mathrm{p}j-} \cos(\alpha_{\mathrm{p}j-} - \varepsilon_{\mathrm{p}k-}) \\
+U_{\mathrm{p}k+} I_{\mathrm{p}k+} \cos(\alpha_{\mathrm{p}k+} - \varepsilon_{\mathrm{p}k+}) - U_{\mathrm{p}k-} I_{\mathrm{p}k-} \cos(\alpha_{\mathrm{p}k-} - \varepsilon_{\mathrm{p}k-}) \\
-U_{\mathrm{p}j+} I_{\mathrm{p}k+} \cos(\alpha_{\mathrm{p}k+} - \varepsilon_{\mathrm{p}j+}) + U_{\mathrm{p}j-} I_{\mathrm{p}k-} \cos(\alpha_{\mathrm{p}k-} - \varepsilon_{\mathrm{p}j-}) \\
+U_{\mathrm{p}j+} I_{\mathrm{p}j+} \cos(\alpha_{\mathrm{p}j+} - \varepsilon_{\mathrm{p}j+}) - U_{\mathrm{p}j-} I_{\mathrm{p}j-} \cos(\alpha_{\mathrm{p}j-} - \varepsilon_{\mathrm{p}j-})
\end{bmatrix} \\
&\quad + m_{\mathrm{R}k} m_{\mathrm{R}j(n+1)} \frac{L_{n+1}}{L_{\mathrm{R}j}}
\left\{
\begin{aligned}
&\omega_{\mathrm{s}} m_{\mathrm{R}j} m_{\mathrm{R}k} \left({k_{\mathrm{p}2}}^2 + {\omega_2}^2 {L_{\mathrm{w}}}^2 \right) \mathrm{e}^{2\lambda t} \omega_2 L_{\mathrm{w}}
\begin{bmatrix}
I_{\mathrm{p}k+} U_{\mathrm{p}k+} \cos(\alpha_{\mathrm{p}k+} - \varepsilon_{\mathrm{p}k+}) \\
-U_{\mathrm{p}k-} I_{\mathrm{p}k-} \cos(\alpha_{\mathrm{p}k-} - \varepsilon_{\mathrm{p}k-}) \\
+I_{\mathrm{p}j+} U_{\mathrm{p}j+} \cos(\alpha_{\mathrm{p}j+} - \varepsilon_{\mathrm{p}j+}) \\
-U_{\mathrm{p}j-} I_{\mathrm{p}j-} \cos(\alpha_{\mathrm{p}j-} - \varepsilon_{\mathrm{p}j-}) \\
-I_{\mathrm{p}j+} U_{\mathrm{p}k+} \cos(\alpha_{\mathrm{p}j+} - \varepsilon_{\mathrm{p}k+}) \\
+U_{\mathrm{p}k-} I_{\mathrm{p}j-} \cos(\alpha_{\mathrm{p}j-} - \varepsilon_{\mathrm{p}k-}) \\
-I_{\mathrm{p}k+} U_{\mathrm{p}j+} \cos(\alpha_{\mathrm{p}k+} - \varepsilon_{\mathrm{p}j+}) \\
+U_{\mathrm{p}j-} I_{\mathrm{p}k-} \cos(\alpha_{\mathrm{p}k-} - \varepsilon_{\mathrm{p}j-})
\end{bmatrix} \\
&+ \begin{bmatrix}
\dfrac{{k_{\mathrm{p}2}}^2 {k_{\mathrm{p}\theta}}^2 {k_{\mathrm{i}1}}^2 {\omega_{\mathrm{s}}}^7 I_{\mathrm{d}0k} I_{\mathrm{d}0j} \mathrm{e}^{4\lambda t}}{2C^2 U_{\mathrm{dc}k0} U_{\mathrm{dc}j0} ({\omega_{\mathrm{s}}}^2 + \lambda^2)^6} \\
+\dfrac{{k_{\mathrm{p}2}}^2 {k_{\mathrm{i}\theta}}^2 {k_{\mathrm{i}1}}^2 {\omega_{\mathrm{s}}}^9 I_{\mathrm{d}0k} I_{\mathrm{d}0j} \mathrm{e}^{4\lambda t}}{2C^2 U_{\mathrm{dc}k0} U_{\mathrm{dc}j0} ({\omega_{\mathrm{u}}}^2 + \lambda^2)^8}
\end{bmatrix}
\begin{bmatrix}
-\omega_2 L_{\mathrm{w}} {U_{\mathrm{p}k+}}^3 I_{\mathrm{p}j+} \cos(\varepsilon_{\mathrm{p}k+} - \alpha_{\mathrm{p}j+}) \\
+\omega_2 L_{\mathrm{w}} {U_{\mathrm{p}k+}}^3 I_{\mathrm{p}k+} \cos(\varepsilon_{\mathrm{p}k+} - \alpha_{\mathrm{p}k+}) \\
+\omega_2 L_{\mathrm{w}} {U_{\mathrm{p}k-}}^3 I_{\mathrm{p}j-} \cos(\varepsilon_{\mathrm{p}k-} - \alpha_{\mathrm{p}j-}) \\
-\omega_2 L_{\mathrm{w}} {U_{\mathrm{p}k-}}^3 I_{\mathrm{p}k-} \cos(\varepsilon_{\mathrm{p}k-} - \alpha_{\mathrm{p}k-}) \\
-\omega_2 L_{\mathrm{w}} {U_{\mathrm{p}j+}}^3 I_{\mathrm{p}k+} \cos(\varepsilon_{\mathrm{p}j+} - \alpha_{\mathrm{p}k+}) \\
+\omega_2 L_{\mathrm{w}} {U_{\mathrm{p}j+}}^3 I_{\mathrm{p}j+} \cos(\varepsilon_{\mathrm{p}j+} - \alpha_{\mathrm{p}j+}) \\
+\omega_2 L_{\mathrm{w}} {U_{\mathrm{p}j-}}^3 I_{\mathrm{p}k-} \cos(\varepsilon_{\mathrm{p}j-} - \alpha_{\mathrm{p}k-}) \\
-\omega_2 L_{\mathrm{w}} {U_{\mathrm{p}j-}}^3 I_{\mathrm{p}j-} \cos(\varepsilon_{\mathrm{p}j-} - \alpha_{\mathrm{p}j-})
\end{bmatrix}
\end{aligned}
\right\}
\end{aligned}
\tag{3-56}
$$

由式(3-56)可知，机间交互能量受到锁相环和外环间交互作用，其能量变化率取决于并网点初始振荡电压和各支路初始扰动电流大小和相位。当风电场内所有机组扰动电流相同(即所有机组参数相同)时，则机间不存在交互能量，不含无功装置 SVG 的风电场可用单机能量模型等值整个风电场的能量，相反当机组参数不同时，则不可忽略机间交互能量对整个风电场稳定水平的影响。

第 k、j 台 PMSG-SVG 间的交互能量变化率为

$$
\Delta\dot{W}_{\mathrm{E}ksj}=\frac{\mathrm{d}\Delta W_{\mathrm{E}ksj}}{\mathrm{d}t}=m_{\mathrm{R}k}m_{\mathrm{Rs}j(n+1)}\frac{L_{n+1}}{L_{\mathrm{Rs}j}}\omega_2\omega_{\mathrm{s}}L_{\mathrm{w}}\mathrm{e}^{2\lambda t}\begin{bmatrix}U_{\mathrm{p}k+}I_{\mathrm{p}k+}\cos(\alpha_{\mathrm{p}k+}-\varepsilon_{\mathrm{p}k+})\\-U_{\mathrm{p}k-}I_{\mathrm{p}k-}\cos(\alpha_{\mathrm{p}k-}-\varepsilon_{\mathrm{p}k-})\\-U_{\mathrm{ps}j+}I_{\mathrm{p}k+}\cos(\alpha_{\mathrm{p}k+}-\varepsilon_{\mathrm{ps}j+})\\+U_{\mathrm{ps}j-}I_{\mathrm{p}k-}\cos(\alpha_{\mathrm{p}k-}-\varepsilon_{\mathrm{p}j-})\end{bmatrix}
$$

$$
+m_{\mathrm{Rs}j(n+1)}\frac{L_{n+1}}{2L_{\mathrm{Rs}j}}\omega_{\mathrm{s}}k_{\mathrm{p}2}\mathrm{e}^{2\lambda t}\frac{k_{\mathrm{i1s}}\omega_{\mathrm{s}}}{\omega_{\mathrm{s}}^2+\lambda^2}\begin{bmatrix}I_{\mathrm{p}k+}U_{\mathrm{ps}j+}\cos(\varepsilon_{\mathrm{ps}j+}-\alpha_{\mathrm{p}k+})\\-I_{\mathrm{p}k-}U_{\mathrm{ps}j-}\cos(\varepsilon_{\mathrm{ps}j-}-\alpha_{\mathrm{p}k-})\end{bmatrix}
$$

$$
+m_{\mathrm{R}k}{}^2m_{\mathrm{Rs}j}m_{\mathrm{Rs}j(n+1)}\frac{L_{n+1}}{L_{\mathrm{Rs}j}}\omega(k_{\mathrm{p}2}{}^2+\omega_2{}^2L_{\mathrm{w}}{}^2)_{\mathrm{s}}\omega_2L_{\mathrm{w}}\mathrm{e}^{2\lambda t}
$$

$$
\begin{bmatrix}U_{\mathrm{p}k+}I_{\mathrm{p}k+}\cos(\alpha_{\mathrm{p}k+}-\varepsilon_{\mathrm{p}k+})-U_{\mathrm{p}k-}I_{\mathrm{p}k-}\cos(\alpha_{\mathrm{p}k-}-\varepsilon_{\mathrm{p}k-})\\-U_{\mathrm{ps}j+}I_{\mathrm{p}k+}\cos(\alpha_{\mathrm{p}k+}-\varepsilon_{\mathrm{ps}j+})+U_{\mathrm{ps}j-}I_{\mathrm{p}k-}\cos(\alpha_{\mathrm{p}k-}-\varepsilon_{\mathrm{ps}j-})\end{bmatrix}
\tag{3-57}
$$

由式(3-57)可知，PMSG-SVG间交互能量不受外环和锁相环的耦合影响，究其原因是直驱机组的外环控制作用在d轴电压，SVG的外环控制作用在q轴电压，两者外环控制dq轴解耦，导致PMSG和SVG在交互过程中外环和锁相环间没有形成能量。

第k、j台SVG间的交互能量变化率为

$$
\Delta\dot{W}_{\mathrm{Es}ksj}=\frac{\mathrm{d}\Delta W_{\mathrm{Es}ksj}}{\mathrm{d}t}=m_{\mathrm{Rs}k}{}^2m_{\mathrm{Rs}j}m_{\mathrm{Rs}j(n+1)}m_{\mathrm{Rs}k(n+1)}\frac{L_{n+1}}{L_{\mathrm{Rs}j}}\omega_{\mathrm{s}}(k_{\mathrm{p}2}{}^2+\omega_2{}^2L_{\mathrm{w}}{}^2)k_{\mathrm{p}2}\mathrm{e}^{2\lambda t}
$$

$$
\times\begin{bmatrix}I_{\mathrm{ps}k+}U_{\mathrm{ps}j+}\sin(\alpha_{\mathrm{ps}k+}-\varepsilon_{\mathrm{ps}j+})+U_{\mathrm{ps}j-}I_{\mathrm{ps}k-}\sin(\alpha_{\mathrm{ps}k-}-\varepsilon_{\mathrm{ps}j-})\\-I_{\mathrm{ps}j+}U_{\mathrm{ps}j+}\sin(\alpha_{\mathrm{ps}j+}-\varepsilon_{\mathrm{ps}j+})-U_{\mathrm{ps}j-}I_{\mathrm{ps}j-}\sin(\alpha_{\mathrm{ps}j-}-\varepsilon_{\mathrm{ps}j-})\\+I_{\mathrm{ps}j+}U_{\mathrm{ps}k+}\sin(\alpha_{\mathrm{ps}j+}-\varepsilon_{\mathrm{ps}k+})+U_{\mathrm{ps}k-}I_{\mathrm{ps}j-}\sin(\alpha_{\mathrm{ps}j-}-\varepsilon_{\mathrm{ps}k-})\\-I_{\mathrm{ps}k+}U_{\mathrm{ps}k+}\sin(\alpha_{\mathrm{ps}k+}-\varepsilon_{\mathrm{ps}k+})-U_{\mathrm{ps}k-}I_{\mathrm{ps}k-}\sin(\alpha_{\mathrm{ps}k-}-\varepsilon_{\mathrm{ps}k-})\end{bmatrix}
$$

$$
+m_{\mathrm{Rs}k}m_{\mathrm{Rs}j(n+1)}m_{\mathrm{Rs}k(n+1)}\frac{L_{n+1}}{L_{\mathrm{Rs}j}}\left\{\begin{matrix}k_{\mathrm{p}2}{}^2\left[\dfrac{k_{\mathrm{p}\theta}{}^2\omega_{\mathrm{s}}{}^3}{(\omega_{\mathrm{s}}{}^2+\lambda^2)^2}+\dfrac{k_{\mathrm{i}\theta}{}^2\omega_{\mathrm{s}}{}^5}{(\omega_{\mathrm{s}}{}^2+\lambda^2)^4}\right]\mathrm{e}^{4\lambda t}\times\\ \dfrac{k_{\mathrm{p1s}}k_{\mathrm{i1s}}\omega_2L_{\mathrm{w}}\omega_{\mathrm{s}}}{2(\omega_{\mathrm{s}}{}^2+\lambda^2)}\begin{bmatrix}U_{\mathrm{ps}k+}{}^3I_{\mathrm{ps}j+}\sin(\alpha_{\mathrm{ps}j+}-\varepsilon_{\mathrm{ps}k+})\\-U_{\mathrm{ps}k-}{}^3I_{\mathrm{ps}j+}\sin(\alpha_{\mathrm{ps}j-}-\varepsilon_{\mathrm{ps}k-})\\-U_{\mathrm{ps}k+}{}^3I_{\mathrm{ps}k+}\sin(\alpha_{\mathrm{ps}k+}-\varepsilon_{\mathrm{ps}k+})\\+U_{\mathrm{ps}k-}{}^3I_{\mathrm{ps}k-}\sin(\alpha_{\mathrm{ps}k-}-\varepsilon_{\mathrm{ps}k-})\\+U_{\mathrm{ps}j+}{}^3I_{\mathrm{ps}k+}\sin(\alpha_{\mathrm{ps}k+}-\varepsilon_{\mathrm{ps}j+})\\-U_{\mathrm{ps}j-}{}^3I_{\mathrm{ps}k+}\sin(\alpha_{\mathrm{ps}k-}-\varepsilon_{\mathrm{ps}j-})\\-U_{\mathrm{ps}j+}{}^3I_{\mathrm{ps}j+}\sin(\alpha_{\mathrm{ps}j+}-\varepsilon_{\mathrm{ps}j+})\\+U_{\mathrm{ps}j-}{}^3I_{\mathrm{ps}j-}\sin(\alpha_{\mathrm{ps}j-}-\varepsilon_{\mathrm{ps}j-})\end{bmatrix}\end{matrix}\right\}
\tag{3-58}
$$

由式(3-58)可知，SVG 间交互能量受到锁相环和外环间交互作用，其能量变化率取决于并网点初始振荡电压和初始扰动电流大小和相位。当风电场内所有 SVG 扰动电流相同(即所有 SVG 参数相同)时，则 SVG 间不存在交互能量，只需考虑 SVG 的扰动能量即可，相反风电场中各台 SVG 参数不同时，无法忽略 SVG 间交互能量对整个风电场稳定水平的影响。

4) 场网交互能量变化率

将式(3-52)～式(3-58)代入式(3-34)中，得到风电场场网交互能量变化率为

$$\Delta\dot{W}_{\mathrm{Farm}}=\frac{\mathrm{d}}{\mathrm{d}t}\sum_{k=1}^{N}[\Delta W_{\mathrm{O}k}{}^{(1)}+m_{\mathrm{R}k(n+1)}\Delta W_{\mathrm{R}k}{}^{(1)}+m_{\mathrm{R}k(n+1)}\Delta W_{\mathrm{E}k}{}^{(1)}] \tag{3-59}$$

综上可知，在直驱风电场能量模型中，扰动能量主要受电流环影响，设备间交互能量主要受电流环和锁相环和外环的交互作用的影响，场网能量交互作用的强度由初始扰动作用大小和设备间交互强度决定。初始扰动作用的大小由扰动因素决定不可人为调控，而设备间交互作用可通过更改风电场内设备的运行状态调节其大小，因此设备间的交互强度对风电场振荡收敛或发散至关重要。

风电场能量迭代过程中各部分能量变化率由各支路端口的初始扰动振荡电流和振荡电压初相角决定。下面详细分析各初相角对风电场能量分布的影响。

当直驱机组发生振荡时，由于机组外环控制设定无功参考值为 0，有功参考值为额定值，机组端口发出功率以有功为主，扰动电流以流出为正方向，直驱风电机组振荡电流与振荡电压的初相角差近似为 0°，即 $\alpha_{\mathrm{p}k+}-\varepsilon_{\mathrm{p}k+}\approx 0$，$\alpha_{\mathrm{p}k-}-\varepsilon_{\mathrm{p}k-}\approx 0$。假定第 k 台直驱风电机组为远端机组，第 j 台直驱风电机组为近端机组，由于远端机组的线路电感大于近端端机组的线路电感，远端机组的初始振荡电压电流幅值小于近端机组的初始振荡电压电流幅值，其初相角满足 $\alpha_{\mathrm{p}k+/-}>\alpha_{\mathrm{p}j+/-}$，$\alpha_{\mathrm{p}k+/-}-\varepsilon_{\mathrm{p}k+/-}\approx 0$，$\alpha_{\mathrm{p}j+/-}-\varepsilon_{\mathrm{p}j+/-}\approx 0$。

当 SVG 发生振荡时，由于 SVG 外环控制设置有功参考值为 0，无功参考值为额定值，SVG 端口发出功率以无功为主，则 SVG 振荡电流与振荡电压的初相角差近似为 90°，即 $\alpha_{\mathrm{ps}k+}-\varepsilon_{\mathrm{ps}k+}\approx\frac{\pi}{2}$，$\alpha_{\mathrm{ps}k-}-\varepsilon_{\mathrm{ps}k-}\approx\frac{\pi}{2}$。假定 SVG 的接入距离小于直驱风电机组且第 k 台 SVG 的线路电感小于第 j 台 SVG 的线路电感，第 k 台 SVG 的初始振荡电流电压电流幅值大于第 j 台 SVG 的初始振荡电流电压电流幅值，其初相角满足 $\alpha_{\mathrm{ps}k+/-}>\alpha_{\mathrm{ps}j+/-}$，$\alpha_{\mathrm{ps}k+/-}-\varepsilon_{\mathrm{ps}k+/-}\approx\frac{\pi}{2}$，$\alpha_{\mathrm{ps}j+/-}-\varepsilon_{\mathrm{ps}j+/-}\approx\frac{\pi}{2}$。

结合风电场内各支路初始振荡电压和电流初始相位，下面详细分析风电场内各部分能量的动态特性。

1) 直驱风电场内各设备的扰动能量

式(3-52)和式(3-53)由电流环主导其大小，式(3-52)的正负主要由次频振荡电压电流乘积项和超频电压电流乘积项的差决定(即第一项，含 $\omega_s e^{2\lambda t}$ 系数项)，同样，式(3-53)的正负主要由次频振荡电压电流乘积项和超频电压电流乘积项的差决定(即第三项，含 $\frac{1}{2}\omega_s k_{p2} k_{p1s} e^{2\lambda t}$ 系数项)。当系统振荡以次频为主导时，式(3-52)和式(3-53)均小于0，即 $\Delta\dot{W}_{Ok}<0$，$\Delta\dot{W}_{Osk}<0$，风电场内PMSG和SVG的扰动能量呈现正阻尼特性，增强设备的耗散能量，有利于系统稳定运行；但当系统振荡以超频为主导时，即 $\Delta\dot{W}_{Ok}>0$，$\Delta\dot{W}_{Osk}>0$，即风电场内PMSG和SVG的扰动能量呈现负阻尼特性，减弱设备能量的耗散作用，不利于系统稳定运行。

2) 直驱风电场内各设备间的交互能量

式(3-56)～式(3-58)由电流环主导其正负，电压外环和锁相环影响其大小。式(3-56)～式(3-58)的正负同样由次频振荡电压电流乘积项和超频电压电流乘积项的差决定，式(3-56)主要由含 $m_{Rk} m_{Rj(n+1)} \frac{L_{n+1}}{L_{Rj}} \omega_2 \omega_s L_w e^{2\lambda t}$ 项决定，式(3-57)主要由 $m_{Rk} m_{Rsj(n+1)} \frac{L_{n+1}}{L_{Rsj}} \omega_2 \omega_s L_w e^{2\lambda t}$ 项决定，式(3-58)主要由 $m_{Rsk}{}^2 m_{Rsj} m_{Rsj(n+1)} m_{Rsk(n+1)} \frac{L_{n+1}}{L_{Rsj}} \omega_s (k_{p2}{}^2 + \omega_2{}^2 L_w{}^2) k_{p2} e^{2\lambda t}$ 项决定。根据各支路初始振荡电压电流幅值大小和相位关系，发现当系统振荡以次频为主导时，式(3-56)小于0，式(3-57)大于0及式(3-58)小于0，即 $\Delta\dot{W}_{Ekj}<0$，$\Delta\dot{W}_{Eksj}>0$，$\Delta\dot{W}_{Esksj}<0$，风电场内机间交互能量和SVG间交互能量呈现正阻尼特性，PMSG-SVG间交互能量呈现负阻尼特性，同设备间交互作用有利于消耗风电场内部能量，减少对外发出能量。反之，当系统振荡以超频为主导时，即 $\Delta\dot{W}_{Ekj}>0$，$\Delta\dot{W}_{Eksj}<0$，$\Delta\dot{W}_{Esksj}>0$，风电场内机间交互能量和SVG间交互能量呈现负阻尼特性，PMSG-SVG间交互能量呈现正阻尼特性，同设备间交互作用将助增风电场内部负阻尼能量，增加风电场对外发出能量。

3) 直驱风电场场网交互能量

式(3-59)的正负由初始扰动能量和设备间交互能量两部决定。当系统振荡以次频为主导时，各设备扰动能量呈现正阻尼特性，同设备间交互能量呈现正阻尼特性，PMSG～SVG间交互能量呈现负阻尼特性，风电场整体与电网交互能量呈现正阻尼特性，风电场对外吸收能量；当系统以超频为主导时，各设备扰动能量呈现负阻尼特性，同设备间交互能量呈现负阻尼特性，PMSG-SVG 间交互能量呈现正阻尼特性，风电场整体与电网交互能量呈现负阻尼特性，风电场对外发出能量。

综上所述，当系统振荡以次频为主导时，同设备间交互作用越强，越有益于减小风电场对外吸收能量，不利于提高风电场稳定水平；相反地，当系统振荡以超频为主导时，机组与 SVG 间交互能量呈现正阻尼特性，机组与 SVG 间交互作用越强，越有利于风电场稳定性。

4) 仿真验证

为验证前面推导的正确性，基于图 2-28 在 RT-LAB 中搭建仿真测试系统。直驱风电场模型采用 8 机+2SVG 系统，其中，SVG 主要参数见表 3-3，风电场各支路线路参数见表 3-4。

表 3-3　SVG 主要参数

参数	符号	数值	参数	符号	数值
额定线电压	U_n	0.4kV	锁相环比例系数	$k_{p\theta s}$	0.67
额定频率	f_n	50Hz	锁相环积分系数	$k_{i\theta s}$	38.2
直流电压	U_{dc}	1.2kV	出线电感	L_w	0.3mH
电流环比例系数	k_{p2s}	0.0005	开关频率	f_c	6kHz
电流环比例系数	k_{i2s}	0.1238	采样频率	f_s	6kHz
电压外环比例系数	k_{p1s}	300	无功外环比例系数	k_{p1s}	1
电压外环积分系数	k_{i1s}	3000	无功外环积分系数	k_{i1s}	8

表 3-4　直驱风电场线路参数

参数	符号	数值	参数	符号	数值
PMSG1 线路电感	L_1	4mH	PMSG2 线路电感	L_2	3mH
PMSG3 线路电感	L_3	2.5mH	PMSG4 线路电感	L_4	2mH
PMSG5 线路电感	L_5	1.5mH	PMSG6 线路电感	L_6	1mH
PMSG7 线路电感	L_7	0.5mH	PMSG8 线路电感	L_8	0.5mH
SVG1 线路电感	L_s	0.5mH	SVG2 线路电感	L_g	1mH

设置直驱风电场自发振荡、强迫次频振荡以及强迫超频振荡三种仿真场景。场景1：t=4s时在PMSG1和PMSG2的电流环设置扰动引发风电场自发振荡；场景2：t=4s时在交流电网侧投入20Hz的次频振荡源，引发风电场次频强迫振荡；场景3：t=4s在交流电网侧投入80Hz的超频振荡源，引发风电场超频强迫振荡。本节分别在不同场景下计算直驱风电场能量并分析其能量流变化情况。

利用式(3-31)～式(3-34)，分别计算不同场景下的直驱风电场扰动能量、耦合能量、交互能量和风电场场网交互能量，并分别绘制了3种场景下直驱风电场各部分能量的时域波形。

由图3-15～图3-18可知，在风电场自发振荡过程中，直驱风电机组PMSG1～PMSG8以及SVG1和SVG2的扰动能量变化率和耦合能量变化率均为正，风电场内各设备的扰动能量和耦合能量呈现负阻尼特性，但考虑到耦合能量幅值较小，

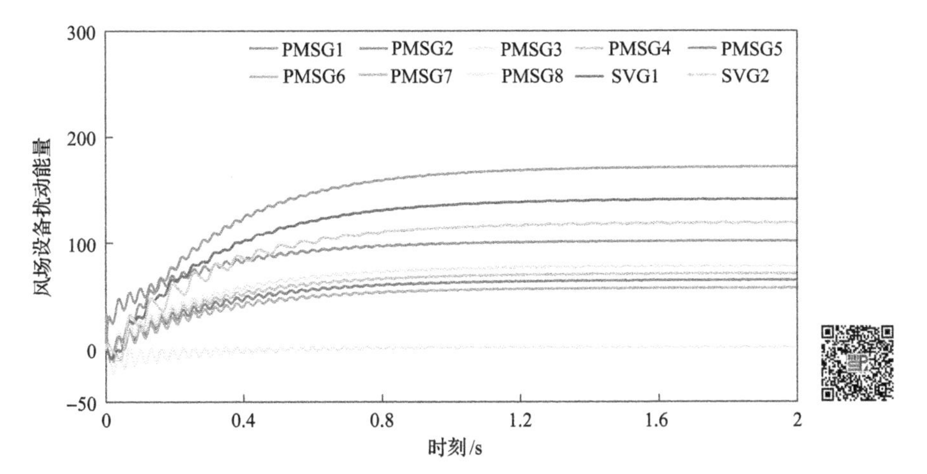

图3-15 场景1下直驱风电场各设备的扰动能量(彩图扫二维码)

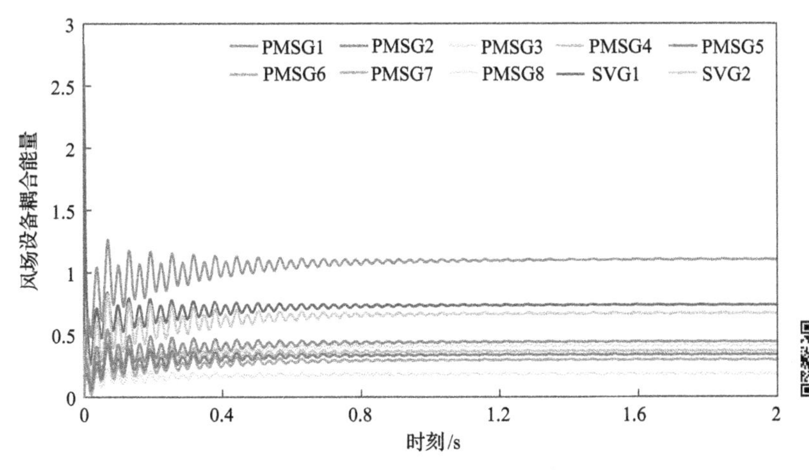

图3-16 场景1下直驱风电场各设备的耦合能量(彩图扫二维码)

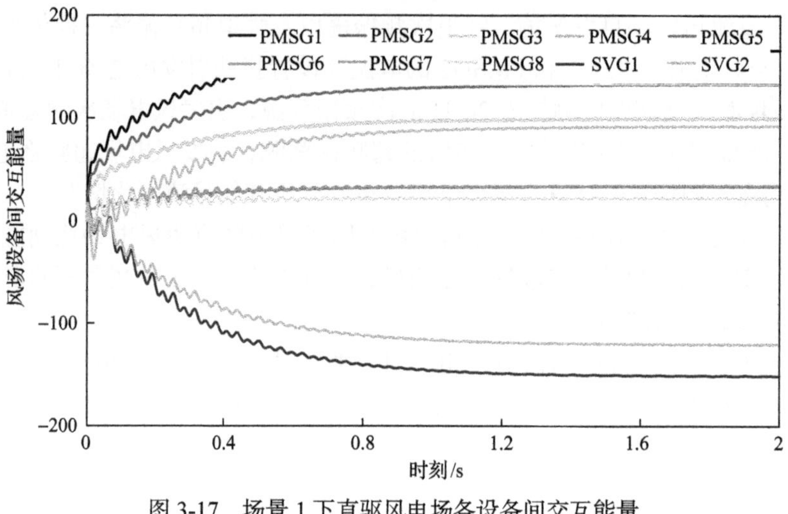

图 3-17 场景 1 下直驱风电场各设备间交互能量

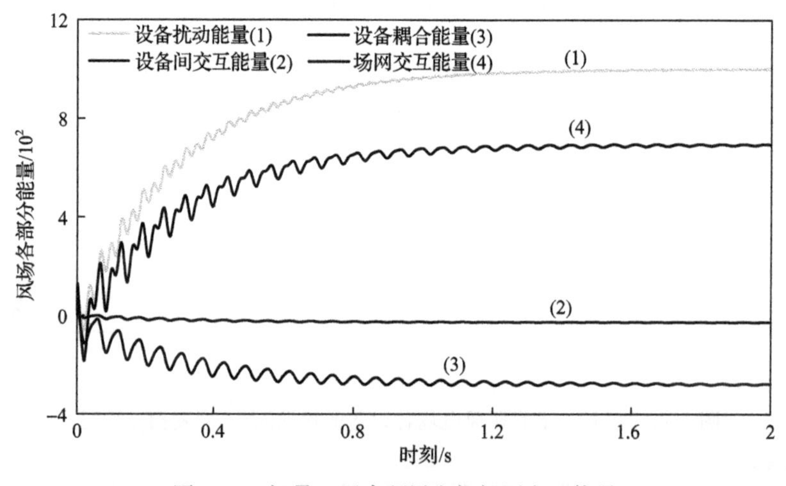

图 3-18 场景 1 下直驱风电场场网交互能量

对风电场整体稳定水平影响较小，可忽略不计。风电场内各设备的交互能量特性并不相同，直驱风电机组 PMSG1～PMSG8 与其他设备间的交互能量变化率为正，呈现负阻尼特性，相反 SVG1 和 SVG2 与其他设备间的交互能量变化率为负，呈现正阻尼特性。直驱风电场场网交互能量呈现负阻尼特性，风电场表现为对外发出能量。在风电场自发振荡过程中，PMSG 与 SVG 间的交互作用有利于风电场的稳定水平。

由图 3-19～图 3-22 可知，在风电场次频振荡过程中，直驱风电机组 PMSG1～PMSG8 以及 SVG1 和 SVG2 的扰动能量变化率均为负，风电场内各设备的扰动能量呈现正阻尼特性，各设备的耦合能量变化率均为正，其呈现负阻尼特性，与扰动能量相比，耦合能量幅值较小，可忽略不计。对于风电场内各设备的交互

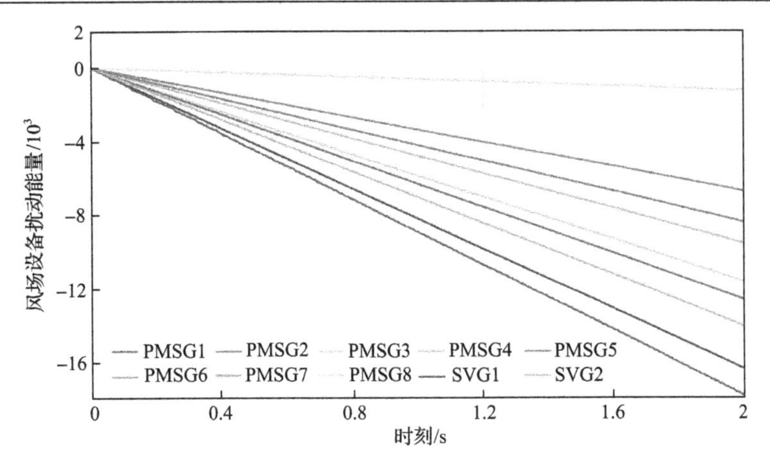

图 3-19　场景 2 下直驱风电场各设备的扰动能量

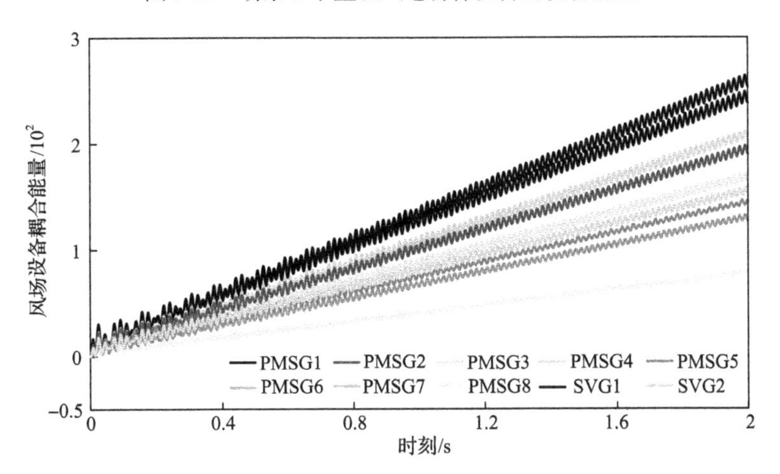

图 3-20　场景 2 下直驱风电场各设备的耦合能量

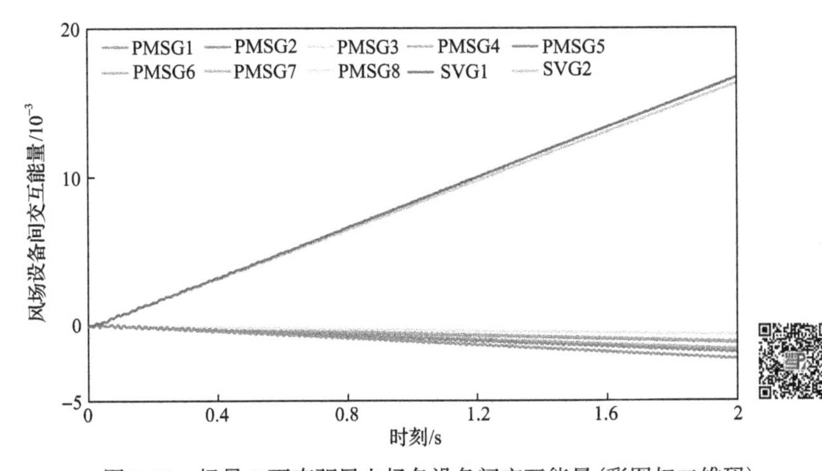

图 3-21　场景 2 下直驱风电场各设备间交互能量(彩图扫二维码)

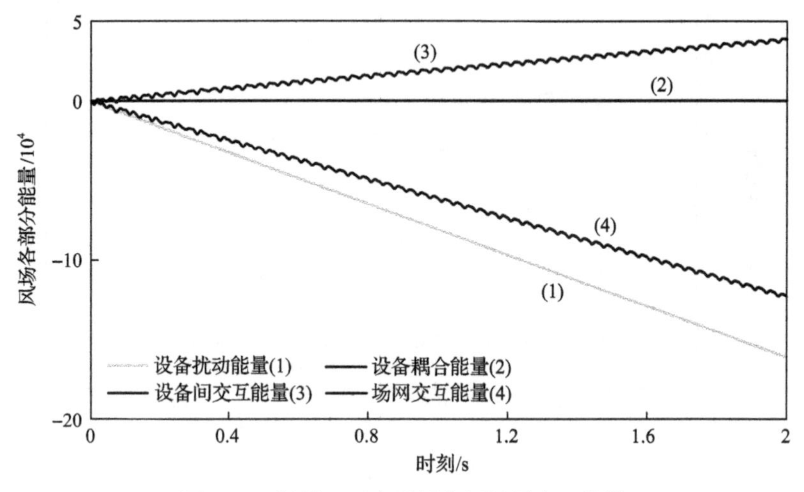

图 3-22　场景 2 下直驱风电场场网交互能量

能量特性，直驱风电机组 PMSG1～PMSG8 与其他设备间的交互能量变化率为负，呈现正阻尼特性，相反 SVG1 和 SVG2 与其他设备间的交互能量变化率为正，呈现负阻尼特性。由于风电场内扰动能量大于设备间的交互能量，使得风电场场网交互能量呈现正阻尼特性，风电场表现为对外吸收能量。在风电场次频振荡过程中，机间的交互作用有利于风电场的稳定水平。

由图 3-23～图 3-26 可知，在风电场超频振荡过程中，各设备能量与次频振荡风电场各部分能量特性相反，风电场场网交互能量呈现负阻尼特性，风电场表现为对外发出能量。在风电场超频振荡过程中，PMSG-SVG 间的交互作用有利于风电场的稳定水平，有效降低风电场对外发出能量。以上仿真结果验证了直驱风电场内各设备扰动能量、耦合能量和交互能量的能量流变化特征。

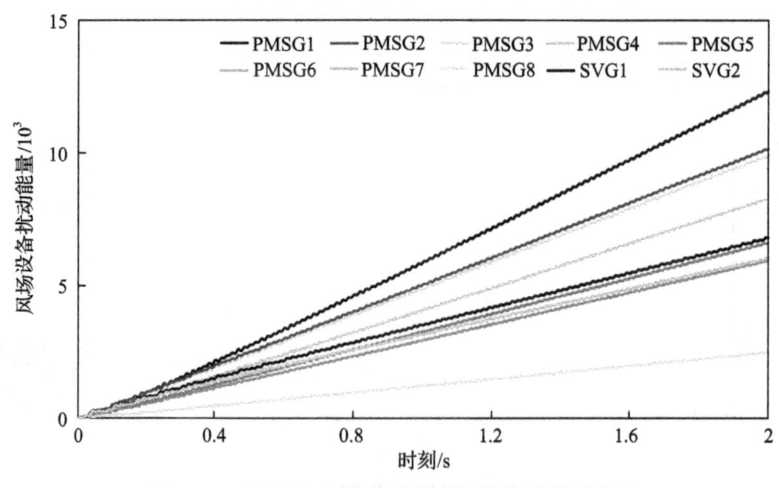

图 3-23　场景 3 下直驱风电场各设备的扰动能量

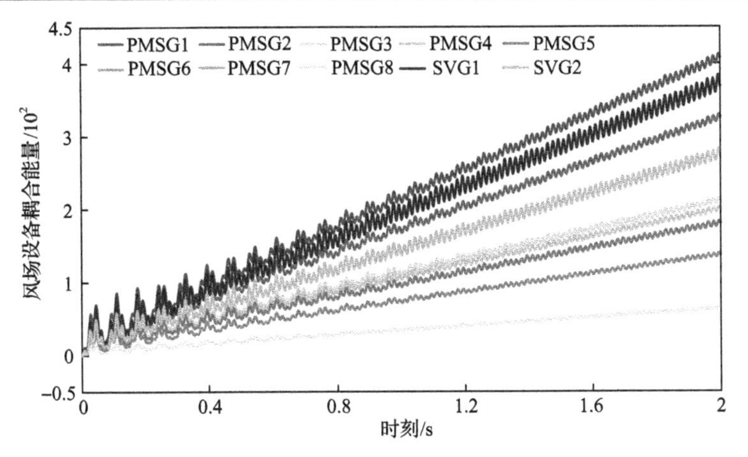

图 3-24　场景 3 下直驱风电场各设备的耦合能量

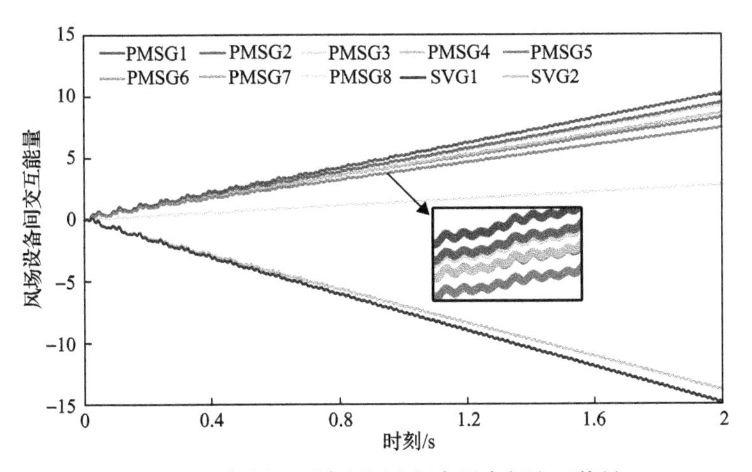

图 3-25　场景 3 下直驱风电场各设备间交互能量

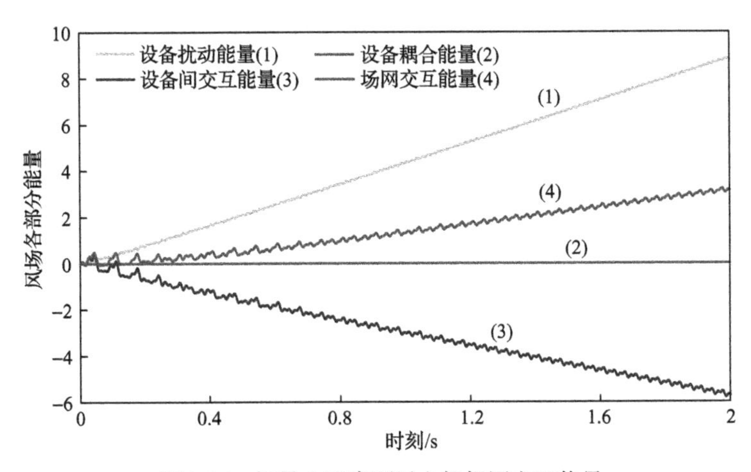

图 3-26　场景 3 下直驱风电场场网交互能量

3.2.2　双馈风电场能量网络模型及机理分析

双馈风电场结构模型如图 3-27 所示。双馈风电场内多台机组接入汇集母线，并通过串补线路接入无穷大电网。其中，Δi_1 和 Δi_2 分别为 DFIG1 和 DFIG2 端口的初始振荡电流分量。$\Delta i_1'$ 和 $\Delta i_2'$ 分别为初始振荡电流经过 DFIG1 和 DFIG2 机组变流器控制环节后，感应产生的新增电流分量。Δu_{s1} 和 Δu_{s2} 分别为 DFIG1 和 DFIG2 机端振荡电压分量，Δu_{pcc} 为风电场 PCC 点处的电压变化量。

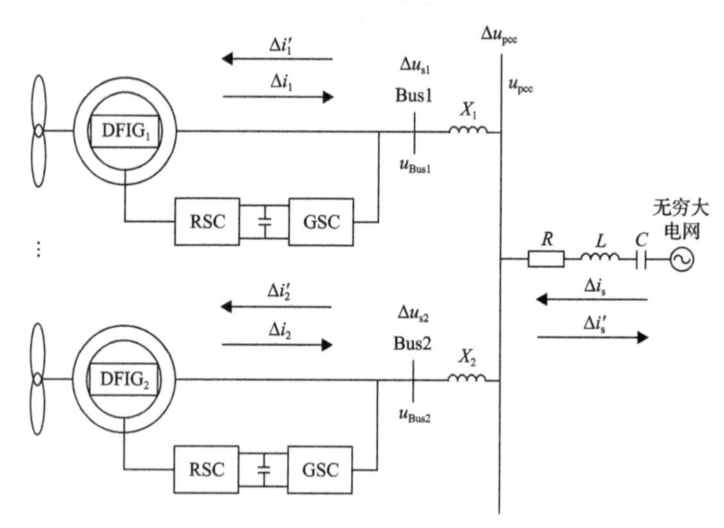

图 3-27　双馈风电场结构模型

风电场发出的总能量可由各台风电机组发出的能量之和表示为

$$\Delta W_{WF} = \sum_{i=1}^{N} \Delta W_i \tag{3-60}$$

由式(3-60)可知，风电场能量模型的求解需要对单台机组的能量进行解析。因此，本书首先推导风电场中单台机组的动态能量函数。

第 i 台机组的动态能量可表示为

$$\Delta W_i = \int \Delta P_{ei} \mathrm{d}\Delta\theta_i + \int \Delta i_{di} \mathrm{d}\Delta u_{qi} - \int \Delta i_{qi} \mathrm{d}\Delta u_{di} \tag{3-61}$$

式中，Δi_{di}、Δi_{qi} 为第 i 台机组振荡电流的 dq 轴分量；Δu_{di}、Δu_{qi} 为第 i 台机组振荡电压的 dq 轴分量；$\Delta\theta_i$ 为第 i 台机组的锁相角；ΔP_{ei} 为第 i 台机组的有功功率，其表达式为

$$\Delta P_{ei} = \frac{1}{a_1}\frac{L_m}{L_s}U_s \Delta i_{di} \tag{3-62}$$

根据三相同步锁相环控制结构，可得第 i 台机组锁相角表达式为

$$\Delta\theta_i = -\int K_{\mathrm{p\_PLL}i}\Delta u_{\mathrm{q}i}\mathrm{d}t - \iint K_{\mathrm{i\_PLL}i}\Delta u_{\mathrm{q}i}\mathrm{d}t\mathrm{d}t \tag{3-63}$$

式中，$K_{\mathrm{p\_PLL}i}$、$K_{\mathrm{i\_PLL}i}$ 分别为第 i 台机组锁相环比例系数和积分系数。

将式(3-62)和式(3-63)代入式(3-61)中，第 i 台机组的端口能量均可用定子电压和电流 dq 轴振荡分量表示为

$$\Delta W_i = \int \frac{1}{a_1}\frac{L_{\mathrm{m}}}{L_{\mathrm{s}}}U_{\mathrm{s}}\Delta i_{\mathrm{d}i}\left(-K_{\mathrm{p\_PLL}i}\Delta u_{\mathrm{q}i}\mathrm{d}t - \int K_{\mathrm{i\_PLL}i}\Delta u_{\mathrm{q}i}\mathrm{d}t\mathrm{d}t\right) + \int \Delta i_{\mathrm{d}i}\mathrm{d}\Delta u_{\mathrm{q}i} - \int \Delta i_{\mathrm{q}i}\mathrm{d}\Delta u_{\mathrm{d}i} \tag{3-64}$$

由式(3-64)可知，第 i 台风电机组动态能量的求解需先对定子电压和电流 dq 轴分量进行分析。区别于单机模型，在风电场中，双馈风电机组 i 的端口电流和电压中除了由自身变流器控制系统产生的自电压电流振荡分量，还包含由风电场其余机组在机组 i 端口产生的互电压电流分量。因此，第 i 台双馈风电机组端口振荡电压和电流可表示为

$$\begin{cases} \Delta i_{\mathrm{dq}i} = \Delta i_{\mathrm{dq}ii} + \sum\limits_{j=1, j\neq i}^{N} \Delta i_{\mathrm{dq}ji} \\ \Delta u_{\mathrm{dq}i} = \Delta u_{\mathrm{dq}ii} + \sum\limits_{j=1, j\neq i}^{N} \Delta u_{\mathrm{dq}ji} \end{cases} \tag{3-65}$$

式中，$\Delta i_{\mathrm{dq}ii}$、$\Delta u_{\mathrm{dq}ii}$ 分别为第 i 台机组与电网交互产生的电压和电流 dq 轴分量，记为自电压电流分量；$\Delta i_{\mathrm{dq}ji}$、$\Delta u_{\mathrm{dq}ji}$ 分别为第 j 台机组在第 i 台机组端口产生的电压和电流 dq 轴分量，记为互电压电流分量；N 为风电场内的机组总台数。

将式(3-65)代入式(3-64)中，第 i 台双馈风电机组端口能量可表示为

$$\begin{aligned} &\Delta W_i = \Delta W_{ii} + \Delta W_{ij} \\ &\begin{cases} \Delta W_{ii} = \int \frac{1}{a_1}\frac{L_{\mathrm{m}}}{L_{\mathrm{s}}}U_{\mathrm{s}}\Delta i_{\mathrm{d}ii}\left(-K_{\mathrm{p\_PLL}i}\Delta u_{\mathrm{q}ii}\mathrm{d}t - \int K_{\mathrm{i\_PLL}i}\Delta u_{\mathrm{q}ii}\mathrm{d}t\mathrm{d}t\right) + \int \Delta i_{\mathrm{d}ii}\mathrm{d}\Delta u_{\mathrm{q}ii} - \int \Delta i_{\mathrm{q}ii}\mathrm{d}\Delta u_{\mathrm{d}ii} \\ \Delta W_{ij} = \sum\limits_{j=1, j\neq i}^{N}\int \frac{1}{a_1}\frac{L_{\mathrm{m}}}{L_{\mathrm{s}}}U_{\mathrm{s}}\Delta i_{\mathrm{d}i}\left(-K_{\mathrm{p\_PLL}i}\Delta u_{\mathrm{q}j}\mathrm{d}t - \int K_{\mathrm{i\_PLL}i}\Delta u_{\mathrm{q}j}\mathrm{d}t\mathrm{d}t\right) + \int \Delta i_{\mathrm{d}i}\mathrm{d}\Delta u_{\mathrm{q}j} - \int \Delta i_{\mathrm{q}i}\mathrm{d}\Delta u_{\mathrm{d}j} \\ + \sum\limits_{j=1, j\neq i}^{N}\int \frac{1}{a_1}\frac{L_{\mathrm{m}}}{L_{\mathrm{s}}}U_{\mathrm{s}}\Delta i_{\mathrm{d}j}\left(-K_{\mathrm{p\_PLL}i}\Delta u_{\mathrm{q}i}\mathrm{d}t - \int K_{\mathrm{i\_PLL}i}\Delta u_{\mathrm{q}i}\mathrm{d}t\mathrm{d}t\right) + \int \Delta i_{\mathrm{d}j}\mathrm{d}\Delta u_{\mathrm{q}i} - \int \Delta i_{\mathrm{q}j}\mathrm{d}\Delta u_{\mathrm{d}i} \\ + \sum\limits_{j=1, j\neq i}^{N}\int \frac{1}{a_1}\frac{L_{\mathrm{m}}}{L_{\mathrm{s}}}U_{\mathrm{s}}\Delta i_{\mathrm{d}j}\left(-K_{\mathrm{p\_PLL}i}\Delta u_{\mathrm{q}j}\mathrm{d}t - \int K_{\mathrm{i\_PLL}i}\Delta u_{\mathrm{q}j}\mathrm{d}t\mathrm{d}t\right) + \int \Delta i_{\mathrm{d}j}\mathrm{d}\Delta u_{\mathrm{q}j} - \int \Delta i_{\mathrm{q}j}\mathrm{d}\Delta u_{\mathrm{d}j} \end{cases} \end{aligned} \tag{3-66}$$

由式(3-66)可知,第 i 台双馈风电机组的端口能量可由两部分能量构成。其中,ΔW_{ii} 为仅与第 i 台机组自电流电压相关的动态能量，本书定义为单机机网交互能量。ΔW_{ij} 为与互电流电压相关的能量，本书定义为机间交互能量，反映风电场内机组间的交互作用。下面分别针对这两部分能量进行推导。

1. 机网交互能量

假设第 i 台机组输送线路上产生的初始振荡电流表达式为

$$\Delta i_i = I_{ni}\cos(\omega_n t + \varphi_i) \tag{3-67}$$

式中，I_{ni} 为第 i 台机组的振荡电流幅值；ω_n 为振荡振荡频率；φ_i 为第 i 台机组振荡电流对于风电场母线电压的相对相位。

将式(3-67)进行 dq 轴变换，可得第 i 台机组初始 dq 轴电流分量表达式为

$$\begin{cases} \Delta i_{sdi} = \Delta i_{sdiv} + \Delta\theta_i \Delta i_{sqiv} \\ \Delta i_{sqi} = \Delta i_{sqiv} - \Delta\theta_i \Delta i_{sdiv} \end{cases}$$
$$\begin{cases} \Delta i_{sdiv} = I_{ni}\cos(\omega_d t + \varphi_i) \\ \Delta i_{sqiv} = -I_{ni}\sin(\omega_d t + \varphi_i) \end{cases} \tag{3-68}$$

式中，ω_d 为 dq 轴的振荡频率；$\Delta\theta_i \Delta i_{sqiv}$ 和 $\Delta\theta_i \Delta i_{sdiv}$ 为锁相环跟踪误差产生的 dq 轴电流增量。

该初始振荡电流分量经过 DFIG 功率测量环节进入转子侧变流器控制，导致转子电压产生的变化量为

$$\begin{cases} \Delta u_{rdi} = \left(K_{p3}^i + \dfrac{K_{i3}^i}{s}\right)\left[-\left(K_{p1}^i + \dfrac{K_{i1}^i}{s}\right)\dfrac{L_m}{L_s}U_s\Delta i_{rdi} - \Delta i_{rdi}\right] - \omega_2 L_r \Delta i_{rqi} \\ \Delta u_{rqi} = \left(K_{p3}^i + \dfrac{K_{i3}^i}{s}\right)\left[-\left(K_{p2}^i + \dfrac{K_{i2}^i}{s}\right)\left(\dfrac{L_m}{L_s}U_s\Delta i_{rqi} + \dfrac{U_s^2}{\omega_s L_s}\right) - \Delta i_{rqi}\right] + \omega_2 L_r \Delta i_{rdi} \end{cases} \tag{3-69}$$

式中，K_{p3}^i 和 K_{i3}^i 分别为第 i 台风电机组电流内环控制的比例和积分增益；K_{p1}^i 和 K_{i1}^i 分别为第 i 台风电机组有功外环控制的比例和积分增益；K_{p2}^i 和 K_{i2}^i 分别为第 i 台风电机组无功外环控制的比例和积分增益；Δu_{rdi} 和 Δu_{rqi} 分别为第 i 台风电机组的转子电压 dq 轴分量；Δi_{rdi} 和 Δi_{rqi} 分别为第 i 台风电机组的转子电流 dq 轴分量。

转子电压中的扰动量将进一步反作用于转子绕组，经过感应发电机在定子侧产生新的振荡电流分量。

感应发电机的转子电压和电流表达式可写为

$$\begin{cases}\Delta u_{\mathrm{rd}i}=R_{\mathrm{r}}\Delta i_{\mathrm{rd}i}-\dfrac{L_{\mathrm{r}}L_{\mathrm{s}}-L_{\mathrm{m}}^2}{L_{\mathrm{s}}}\omega_2\Delta i_{\mathrm{rq}i}+a_2 s\Delta i_{\mathrm{rd}i}\\ \Delta u_{\mathrm{rq}i}=R_{\mathrm{r}}\Delta i_{\mathrm{rq}i}+\dfrac{L_{\mathrm{r}}L_{\mathrm{s}}-L_{\mathrm{m}}^2}{L_{\mathrm{s}}}\omega_2\Delta i_{\mathrm{rd}i}+a_2 s\Delta i_{\mathrm{rq}i}\end{cases} \tag{3-70}$$

联立式(3-68)～式(3-70)可解得定子侧产生的新振荡电流分量为

$$\begin{bmatrix}\Delta i_{\mathrm{sd}}^i\\ \Delta i_{\mathrm{sq}}^i\end{bmatrix}=\begin{bmatrix}G_1^i & G_2^i\\ G_2^i & -G_1^i\end{bmatrix}\begin{bmatrix}1 & \Delta\theta\\ -\Delta\theta & 1\end{bmatrix}\begin{bmatrix}\Delta i_{\mathrm{sdv}}^i\\ \Delta i_{\mathrm{sqv}}^i\end{bmatrix} \tag{3-71}$$

式中，$\begin{cases}G_1^i=\dfrac{a_2(\omega_2^2+\omega_2\omega_{\mathrm{d}})L_{\mathrm{r}}}{A^2+B^2}\\ G_2^i=\dfrac{(K_{\mathrm{p3}}^i-a_1U_{\mathrm{s}}K_{\mathrm{p3}}^iK_{\mathrm{p1}}^i)a_2}{A^2+B^2}(\omega_{\mathrm{d}}+\omega_2)\end{cases}$；$\begin{cases}A=\sqrt{R_{\mathrm{r}}^2+(a_2\omega_{\mathrm{d}})^2}\\ B=\dfrac{L_{\mathrm{r}}L_{\mathrm{s}}-L_{\mathrm{m}}^2}{L_{\mathrm{s}}}\omega_2\end{cases}$。

进一步，求解机组初始锁相角变化量。初始电流经过串补线路将在第 i 台机组定子侧产生定子电压变化量，其表达式为

$$\begin{cases}\Delta u_{\mathrm{sd}}^i=R\Delta i_{\mathrm{d}}^i+\left[(\omega_{\mathrm{d}}-\omega_{\mathrm{s}})(L+L_{\mathrm{t}})-\dfrac{1}{(\omega_{\mathrm{d}}-\omega_{\mathrm{s}})C}\right]\Delta i_{\mathrm{q}}^i\\ \Delta u_{\mathrm{sq}}^i=R\Delta i_{\mathrm{q}}^i-\left[(\omega_{\mathrm{d}}-\omega_{\mathrm{s}})(L+L_{\mathrm{t}})-\dfrac{1}{(\omega_{\mathrm{d}}-\omega_{\mathrm{s}})C}\right]\Delta i_{\mathrm{d}}^i\end{cases} \tag{3-72}$$

将式(3-72)代入式(3-63)中，可得初始锁相角变化量 $\Delta\theta$ 表达式为

$$\Delta\theta=A_{\mathrm{pll1}}^i\Delta i_{\mathrm{sdv}}^i+A_{\mathrm{pll2}}^i\Delta i_{\mathrm{sqv}}^i \tag{3-73}$$

式中，$\begin{cases}A_{\mathrm{pll1}}^i=-K_{\mathrm{p\_PLL}}^iR\dfrac{I_{\mathrm{ng}}}{\omega_{\mathrm{d}}}-K_{\mathrm{i\_PLL}}^i\dfrac{1}{\omega_{\mathrm{d}}^2}\left[(\omega_{\mathrm{d}}-\omega_{\mathrm{s}})(I_{\mathrm{ng}}L+I_{\mathrm{n}}^iL_{\mathrm{t}}^i)-\dfrac{1}{\omega_{\mathrm{d}}-\omega_{\mathrm{s}}}\dfrac{1}{C}\right]\\ A_{\mathrm{pll2}}^i=K_{\mathrm{p\_PLL}}^i\dfrac{1}{\omega_{\mathrm{d}}}\left[(\omega_{\mathrm{d}}-\omega_{\mathrm{s}})(I_{\mathrm{ng}}L+I_{\mathrm{n}}^iL_{\mathrm{t}}^i)-\dfrac{1}{\omega_{\mathrm{d}}-\omega_{\mathrm{s}}}\dfrac{1}{C}\right]-K_{\mathrm{i\_PLL}}^i\dfrac{I_{\mathrm{ng}}}{\omega_{\mathrm{d}}^2}R\end{cases}$。

将式(3-62)、式(3-63)代入式(3-61)中，可得第 i 台机组端口产生的自电流为

$$\begin{cases}\Delta i_{\mathrm{sd}}^{i}=I_{\mathrm{n}}^{i}G_{1}^{i}\cos(\omega_{\mathrm{d}}t+\varphi_{i})+I_{\mathrm{n}}^{i}G_{2}^{i}\sin(\omega_{\mathrm{d}}t+\varphi_{i})\\ \qquad -I_{\mathrm{n}}^{i}G_{1}^{i}A_{\mathrm{pll1}}^{i}\dfrac{\sin(2\omega_{\mathrm{d}}t+2\varphi_{i})}{2}+I_{\mathrm{n}}^{i}G_{1}^{i}A_{\mathrm{pll2}}^{i}\dfrac{\cos(2\omega_{\mathrm{d}}t+2\varphi_{i})}{2}\\ \qquad +I_{\mathrm{n}}^{i}G_{2}^{i}A_{\mathrm{pll1}}^{i}\dfrac{\cos(2\omega_{\mathrm{d}}t+2\varphi_{i})}{2}+I_{\mathrm{n}}^{i}G_{2}^{i}A_{\mathrm{pll2}}^{i}\dfrac{\sin(2\omega_{\mathrm{d}}t+2\varphi_{i})}{2}\\ \Delta i_{\mathrm{sq}}^{i}=I_{\mathrm{n}}^{i}G_{2}^{i}\cos(\omega_{\mathrm{d}}t+\varphi_{i})-I_{\mathrm{n}}^{i}G_{1}^{i}\sin(\omega_{\mathrm{d}}t+\varphi_{i})\\ \qquad -I_{\mathrm{n}}^{i}G_{2}^{i}A_{\mathrm{pll1}}^{i}\dfrac{\sin(2\omega_{\mathrm{d}}t+2\varphi_{i})}{2}+I_{\mathrm{n}}^{i}G_{2}^{i}A_{\mathrm{pll2}}^{i}\dfrac{\cos(2\omega_{\mathrm{d}}t+2\varphi_{i})}{2}\\ \qquad -I_{\mathrm{n}}^{i}G_{1}^{i}A_{\mathrm{pll1}}^{i}\dfrac{\cos(2\omega_{\mathrm{d}}t+2\varphi_{i})}{2}-I_{\mathrm{n}}^{i}G_{1}^{i}A_{\mathrm{pll2}}^{i}\dfrac{\sin(2\omega_{\mathrm{d}}t+2\varphi_{i})}{2}\end{cases}\tag{3-74}$$

第 i 台机组产生的自电流流入电网，经过风电场输送线路上的串补线路以及机组到风电场汇集母线的输送线路，在第 i 台机组端口产生新增自电压分量，其表达式为

$$\begin{cases}\Delta u_{\mathrm{sd}}^{i}=R\Delta i_{\mathrm{d}}^{i}+\left[L+L_{\mathrm{t}}+\dfrac{1}{(\omega_{\mathrm{d}}^{2}-\omega_{\mathrm{s}}^{2})C}\right]\dfrac{\mathrm{d}\Delta i_{\mathrm{d}}^{i}}{\mathrm{d}t}+\left[\dfrac{\omega_{\mathrm{s}}}{(\omega_{\mathrm{d}}^{2}-\omega_{\mathrm{s}}^{2})C}-\omega_{\mathrm{s}}(L+L_{\mathrm{t}})\right]\Delta i_{\mathrm{q}}^{i}\\ \Delta u_{\mathrm{sq}}^{i}=R\Delta i_{\mathrm{q}}^{i}+\left[L+L_{\mathrm{t}}+\dfrac{1}{(\omega_{\mathrm{d}}^{2}-\omega_{\mathrm{s}}^{2})C}\right]\dfrac{\mathrm{d}\Delta i_{\mathrm{q}}^{i}}{\mathrm{d}t}+\left[-\dfrac{\omega_{\mathrm{s}}}{(\omega_{\mathrm{d}}^{2}-\omega_{\mathrm{s}}^{2})C}+\omega_{\mathrm{s}}(L+L_{\mathrm{t}})\right]\Delta i_{\mathrm{d}}^{i}\end{cases}\tag{3-75}$$

将式(3-74)、式(3-75)代入式(3-68)中 ΔW_{ii}，可得单机机网交互能量表达式为

$$\begin{aligned}\Delta W_{ii}=&\int\frac{1}{a_{1}}\frac{L_{\mathrm{m}}}{L_{\mathrm{s}}}U_{\mathrm{s}}(-K_{\mathrm{p\_PLL}}^{i})\left[(\omega_{\mathrm{s}}-\omega_{\mathrm{d}})(L+L_{\mathrm{t}})-\frac{1}{(\omega_{\mathrm{d}}-\omega_{\mathrm{s}})C}\right]\frac{I_{\mathrm{n}}^{i2}(G_{1}^{2}+G_{2}^{2})}{2}\mathrm{d}t\\ &+\int\frac{1}{a_{1}}\frac{L_{\mathrm{m}}}{L_{\mathrm{s}}}U_{\mathrm{s}}(-K_{\mathrm{p\_PLL}}^{i})\left[(\omega_{\mathrm{s}}-\omega_{\mathrm{d}})(L+L_{\mathrm{t}})-\frac{1}{(\omega_{\mathrm{d}}-\omega_{\mathrm{s}})C}\right]\frac{I_{\mathrm{n}}^{i2}(G_{1}^{2}+G_{2}^{2})(A_{\mathrm{pll1}}^{2}+A_{\mathrm{pll2}}^{2})}{4}\mathrm{d}t\\ &-\int R\left[\omega_{\mathrm{d}}I_{\mathrm{n}}^{i2}(G_{1}^{2}+G_{2}^{2})+\frac{I_{\mathrm{n}}^{i2}\omega_{\mathrm{d}}(G_{1}^{2}+G_{2}^{2})(A_{\mathrm{pll1}}^{2}+A_{\mathrm{pll2}}^{2})}{2}\right]\mathrm{d}t\end{aligned}\tag{3-76}$$

由式(3-76)可知，第 i 台机组的单机机网交互能量仅与机组自身控制参数和串补线路参数相关。

2. 机间交互能量

第 i 台机组端口的互电压为风电场其余机组在风电场汇集母线处产生的新增

电压变化量，该电压变化量传导到第 i 台机组端口导致其锁相角变化，并与第 i 台机组新增电流耦合产生机间交互能量。因此，第 i 台机组端口互电压可表示为

$$\begin{cases}\Delta u_{\mathrm{d}ij}=\displaystyle\sum_{j=1,j\neq i}^{N}R\Delta i_{\mathrm{d}}^{j}+\left[L+\frac{1}{(\omega_{\mathrm{d}}^{2}-\omega_{\mathrm{s}}^{2})C}\right]\frac{\mathrm{d}\Delta i_{\mathrm{d}}^{j}}{\mathrm{d}t}+\left[\frac{\omega_{\mathrm{s}}}{(\omega_{\mathrm{d}}^{2}-\omega_{\mathrm{s}}^{2})C}-\omega_{\mathrm{s}}L\right]\Delta i_{\mathrm{q}}^{j}\\ \Delta u_{\mathrm{q}ij}=\displaystyle\sum_{j=1,j\neq i}^{N}R\Delta i_{\mathrm{q}}^{j}+\left[L+\frac{1}{(\omega_{\mathrm{d}}^{2}-\omega_{\mathrm{s}}^{2})C}\right]\frac{\mathrm{d}\Delta i_{\mathrm{q}}^{j}}{\mathrm{d}t}+\left[-\frac{\omega_{\mathrm{s}}}{(\omega_{\mathrm{d}}^{2}-\omega_{\mathrm{s}}^{2})C}+\omega_{\mathrm{s}}L\right]\Delta i_{\mathrm{d}}^{j}\end{cases}\tag{3-77}$$

将式(3-75)、式(3-76)代入式(3-68)中，可得第 i 台机组端口产生的机间交互能量为

$$\begin{aligned}\Delta W_{ij}=&\sum_{j=1,j\neq i}^{N}\int\frac{1}{a_1}\frac{L_{\mathrm{m}}}{L_{\mathrm{s}}}U_{\mathrm{s}}(-K_{\mathrm{p\_PLL}}^{i})RI_{\mathrm{n}}^{i}I_{\mathrm{n}}^{j}\left[\frac{(G_1^iG_2^j-G_1^jG_2^i)}{2}\cos(\varphi_i-\varphi_j)+\frac{(G_1^iG_1^j+G_2^jG_2^i)}{2}\sin(\varphi_i-\varphi_j)\right]\mathrm{d}t\\&+\sum_{j=1,j\neq i}^{N}\int\frac{1}{a_1}\frac{L_{\mathrm{m}}}{L_{\mathrm{s}}}U_{\mathrm{s}}(-K_{\mathrm{p\_PLL}}^{i})RI_{\mathrm{n}}^{i}I_{\mathrm{n}}^{j}\begin{bmatrix}\dfrac{(G_1^iG_1^j+G_2^jG_2^i)(A_{\mathrm{pll1}}^iA_{\mathrm{pll2}}^j-A_{\mathrm{pll2}}^iA_{\mathrm{pll1}}^j)}{8}\\+\dfrac{(G_1^iG_2^j-G_1^jG_2^i)(A_{\mathrm{pll1}}^iA_{\mathrm{pll1}}^j+A_{\mathrm{pll2}}^iA_{\mathrm{pll2}}^j)}{8}\end{bmatrix}\cos(2\varphi_i-2\varphi_j)\mathrm{d}t\\&+\sum_{j=1,j\neq i}^{N}\int\frac{1}{a_1}\frac{L_{\mathrm{m}}}{L_{\mathrm{s}}}U_{\mathrm{s}}(-K_{\mathrm{p\_PLL}}^{i})RI_{\mathrm{n}}^{i}I_{\mathrm{n}}^{j}\begin{bmatrix}\dfrac{(G_1^iG_1^j+G_2^jG_2^i)(A_{\mathrm{pll1}}^iA_{\mathrm{pll1}}^j+A_{\mathrm{pll2}}^iA_{\mathrm{pll2}}^j)}{8}\\-\dfrac{(G_1^iG_2^j-G_1^jG_2^i)(A_{\mathrm{pll1}}^iA_{\mathrm{pll2}}^j-A_{\mathrm{pll2}}^iA_{\mathrm{pll1}}^j)}{8}\end{bmatrix}\sin(2\varphi_i-2\varphi_j)\mathrm{d}t\\&+\sum_{j=1,j\neq i}^{N}\int\frac{1}{a_1}\frac{L_{\mathrm{m}}}{L_{\mathrm{s}}}U_{\mathrm{s}}(-K_{\mathrm{p\_PLL}}^{i})\begin{bmatrix}(\omega_{\mathrm{d}}-\omega_{\mathrm{s}})L\\+\dfrac{1}{\omega_{\mathrm{d}}-\omega_{\mathrm{s}}}\dfrac{1}{C}\end{bmatrix}I_{\mathrm{n}}^{i}I_{\mathrm{n}}^{j}\left[\frac{(G_1^iG_2^j-G_1^jG_2^i)}{2}\sin(\varphi_i-\varphi_j)+\frac{(G_1^iG_1^j+G_2^jG_2^i)}{2}\cos(\varphi_i-\varphi_j)\right]\mathrm{d}t\\&+\sum_{j=1,j\neq i}^{N}\int\frac{1}{a_1}\frac{L_{\mathrm{m}}}{L_{\mathrm{s}}}U_{\mathrm{s}}(-K_{\mathrm{p\_PLL}}^{i})\begin{bmatrix}(\omega_{\mathrm{d}}-\omega_{\mathrm{s}})L\\+\dfrac{1}{\omega_{\mathrm{d}}-\omega_{\mathrm{s}}}\dfrac{1}{C}\end{bmatrix}I_{\mathrm{n}}^{i}I_{\mathrm{n}}^{j}\begin{bmatrix}\dfrac{(G_1^iG_2^j-G_1^jG_2^i)(A_{\mathrm{pll1}}^iA_{\mathrm{pll2}}^j-A_{\mathrm{pll2}}^iA_{\mathrm{pll1}}^j)}{4}\\-\dfrac{(G_1^iG_1^j+G_2^jG_2^i)(A_{\mathrm{pll1}}^iA_{\mathrm{pll1}}^j+A_{\mathrm{pll2}}^iA_{\mathrm{pll2}}^j)}{4}\end{bmatrix}\cos(2\varphi_i-2\varphi_j)\mathrm{d}t\\&+\sum_{j=1,j\neq i}^{N}\int\frac{1}{a_1}\frac{L_{\mathrm{m}}}{L_{\mathrm{s}}}U_{\mathrm{s}}(-K_{\mathrm{p\_PLL}}^{i})\begin{bmatrix}(\omega_{\mathrm{d}}-\omega_{\mathrm{s}})L\\+\dfrac{1}{\omega_{\mathrm{d}}-\omega_{\mathrm{s}}}\dfrac{1}{C}\end{bmatrix}I_{\mathrm{n}}^{i}I_{\mathrm{n}}^{j}\begin{bmatrix}\dfrac{(G_1^iG_2^j-G_1^jG_2^i)(A_{\mathrm{pll1}}^iA_{\mathrm{pll1}}^j+A_{\mathrm{pll2}}^iA_{\mathrm{pll2}}^j)}{4}\\+\dfrac{(G_1^iG_1^j+G_2^jG_2^i)(A_{\mathrm{pll1}}^iA_{\mathrm{pll2}}^j-A_{\mathrm{pll2}}^iA_{\mathrm{pll1}}^j)}{4}\end{bmatrix}\sin(2\varphi_i-2\varphi_j)\mathrm{d}t\\&+\sum_{j=1,j\neq i}^{N}\int I_{\mathrm{n}}^{i}I_{\mathrm{n}}^{j}R\omega_{\mathrm{d}}\left[\frac{(G_1^iG_2^j-G_1^jG_2^i)}{2}\sin(\varphi_i-\varphi_j)+\frac{(G_1^iG_1^j+G_2^jG_2^i)}{2}\cos(\varphi_i-\varphi_j)\right]\mathrm{d}t\\&+\sum_{j=1,j\neq i}^{N}\int I_{\mathrm{n}}^{i}I_{\mathrm{n}}^{j}R\omega_{\mathrm{d}}\begin{bmatrix}\dfrac{(G_1^iG_2^j-G_1^jG_2^i)(A_{\mathrm{pll1}}^iA_{\mathrm{pll2}}^j-A_{\mathrm{pll2}}^iA_{\mathrm{pll1}}^j)}{4}\\-\dfrac{(G_1^iG_1^j+G_2^jG_2^i)(A_{\mathrm{pll1}}^iA_{\mathrm{pll1}}^j+A_{\mathrm{pll2}}^iA_{\mathrm{pll2}}^j)}{4}\end{bmatrix}\cos(2\varphi_i-2\varphi_j)\mathrm{d}t\end{aligned}$$

$$
\begin{aligned}
&+\sum_{j=1,j\neq i}^{N}\int I_{\mathrm{n}}^{i}I_{\mathrm{n}}^{j}R\omega_{\mathrm{d}}\left[\begin{aligned}&\frac{(G_1^iG_2^j-G_1^jG_2^i)(A_{\mathrm{pll1}}^{i}A_{\mathrm{pll1}}^{j}+A_{\mathrm{pll2}}^{i}A_{\mathrm{pll2}}^{j})}{4}\\&+\frac{(G_1^iG_1^j+G_2^jG_2^i)(A_{\mathrm{pll1}}^{i}A_{\mathrm{pll2}}^{j}-A_{\mathrm{pll2}}^{i}A_{\mathrm{pll1}}^{j})}{4}\end{aligned}\right]\sin(2\varphi_i-2\varphi_j)\mathrm{d}t\\
&+\sum_{j=1,j\neq i}^{N}\int\left[(\omega_{\mathrm{s}}-\omega_{\mathrm{d}})L-\frac{1}{\omega_{\mathrm{d}}-\omega_{\mathrm{s}}}\frac{1}{C}\right]\omega_{\mathrm{d}}I_{\mathrm{n}}^{i}I_{\mathrm{n}}^{j}\\
&\cdot[(G_1^iG_1^j+G_2^jG_2^i)\sin(\varphi_i-\varphi_j)+(G_1^iG_2^j-G_1^jG_2^i)\cos(\varphi_i-\varphi_j)]\mathrm{d}t\\
&+\sum_{j=1,j\neq i}^{N}\int\left[(\omega_{\mathrm{s}}-\omega_{\mathrm{d}})L-\frac{1}{\omega_{\mathrm{d}}-\omega_{\mathrm{s}}}\frac{1}{C}\right]\omega_{\mathrm{d}}I_{\mathrm{n}}^{i}I_{\mathrm{n}}^{j}\\
&\left[\begin{aligned}&-(G_1^iG_2^j-G_1^jG_2^i)(A_{\mathrm{pll1}}^{i}A_{\mathrm{pll2}}^{j}-A_{\mathrm{pll2}}^{i}A_{\mathrm{pll1}}^{j})\\&+(G_1^iG_1^j+G_2^jG_2^i)(A_{\mathrm{pll1}}^{i}A_{\mathrm{pll1}}^{j}+A_{\mathrm{pll2}}^{i}A_{\mathrm{pll2}}^{j})\end{aligned}\right]\sin(2\varphi_i-2\varphi_j)\mathrm{d}t\\
&+\sum_{j=1,j\neq i}^{N}\int\left[(\omega_{\mathrm{s}}-\omega_{\mathrm{d}})L-\frac{1}{\omega_{\mathrm{d}}-\omega_{\mathrm{s}}}\frac{1}{C}\right]\omega_{\mathrm{d}}I_{\mathrm{n}}^{i}I_{\mathrm{n}}^{j}\\
&\cdot\left[\begin{aligned}&(G_1^iG_2^j-G_1^jG_2^i)(A_{\mathrm{pll1}}^{i}A_{\mathrm{pll1}}^{j}+A_{\mathrm{pll2}}^{i}A_{\mathrm{pll2}}^{j})\\&+(G_1^iG_1^j+G_2^jG_2^i)(A_{\mathrm{pll1}}^{i}A_{\mathrm{pll2}}^{j}-A_{\mathrm{pll2}}^{i}A_{\mathrm{pll1}}^{j})\end{aligned}\right]\cos(2\varphi_i-2\varphi_j)\mathrm{d}t
\end{aligned}
\tag{3-78}
$$

根据式(3-78)可得第 i 台机组和其余机组之间的总机间交互能量,由各机组产生的机间交互能量之和表示为式(3-79)。

由式(3-79)可知，风电场中各机组产生的机间交互能量中存在一部分机间环流能量 ΔW_{x}，该部分能量仅在机组间流动，即第 i 台机组发出的 ΔW_{x} 与第 j 台机组发出的 ΔW_{x} 方向相反，大小相等，在风电场端口这部分能量相互抵消，不影响风电场对电网发出的能量，不改变系统稳定性，但这部分能量可能影响单机在振荡期间发出的总能量。

各机组中还存在一部分方向相同大小相等的机间交互能量，这部分能量之和构成风电场总机间交互能量，如式(3-79)中 $\Delta W_{\mathrm{in\_WF}}$ 所示。这部分能量由风电场中各台机组共同参与，本书也将其定义为感应能量。当风电场中某一台机组参数发生变化时，根据式(3-79)可知，受感应效应的影响，风电场内其余机组端口也将产生能量的变化量，从而导致风电场总能量发生改变。

$$
\begin{aligned}
&\Delta W_{\text{in\_WF}} = \Delta W_{ij} + \Delta W_{ji} \\
&= \Delta W_{\text{x}} + \Delta W_{\text{in\_}ij} - \Delta W_{\text{x}} + \Delta W_{\text{in\_}ji} \\
&= 2\sum_{j=1, j\neq i}^{N} \int \frac{1}{a_1}\frac{L_{\text{m}}}{L_{\text{s}}} U_{\text{s}} (-K_{\text{p\_PLL}}^{i}) \left[(\omega_{\text{d}} - \omega_{\text{s}}) L + \frac{1}{\omega_{\text{d}} - \omega_{\text{s}}} \frac{1}{C} \right] \\
&\quad \cdot I_{\text{n}}^{i} I_{\text{n}}^{j} \left[\begin{aligned} &\frac{(G_1^i G_2^j - G_1^j G_2^i)}{2} \sin(\varphi_i - \varphi_j) \\ &+ \frac{(G_1^i G_1^j + G_2^j G_2^i)}{2} \cos(\varphi_i - \varphi_j) \end{aligned} \right] \mathrm{d}t \\
&\quad + 2\sum_{j=1, j\neq i}^{N} \int \frac{1}{a_1}\frac{L_{\text{m}}}{L_{\text{s}}} U_{\text{s}} (-K_{\text{p\_PLL}}^{i}) \left[(\omega_{\text{d}} - \omega_{\text{s}}) L + \frac{1}{\omega_{\text{d}} - \omega_{\text{s}}} \frac{1}{C} \right] \\
&\quad \cdot I_{\text{n}}^{i} I_{\text{n}}^{j} \left[\begin{aligned} &\frac{(G_1^i G_2^j - G_1^j G_2^i)(A_{\text{pll1}}^{i} A_{\text{pll2}}^{j} - A_{\text{pll2}}^{i} A_{\text{pll1}}^{j})}{4} \\ &- \frac{(G_1^i G_1^j + G_2^j G_2^i)(A_{\text{pll1}}^{i} A_{\text{pll1}}^{j} + A_{\text{pll2}}^{i} A_{\text{pll2}}^{j})}{4} \end{aligned} \right] \cos(2\varphi_i - 2\varphi_j) \mathrm{d}t \\
&\quad + 2\sum_{j=1, j\neq i}^{N} \int \frac{1}{a_1}\frac{L_{\text{m}}}{L_{\text{s}}} U_{\text{s}} (-K_{\text{p\_PLL}}^{i}) \left[(\omega_{\text{d}} - \omega_{\text{s}}) L + \frac{1}{\omega_{\text{d}} - \omega_{\text{s}}} \frac{1}{C} \right] \\
&\quad \cdot I_{\text{n}}^{i} I_{\text{n}}^{j} \left[\begin{aligned} &\frac{(G_1^i G_2^j - G_1^j G_2^i)(A_{\text{pll1}}^{i} A_{\text{pll1}}^{j} + A_{\text{pll2}}^{i} A_{\text{pll2}}^{j})}{4} \\ &+ \frac{(G_1^i G_1^j + G_2^j G_2^i)(A_{\text{pll1}}^{i} A_{\text{pll2}}^{j} - A_{\text{pll2}}^{i} A_{\text{pll1}}^{j})}{4} \end{aligned} \right] \sin(2\varphi_i - 2\varphi_j) \mathrm{d}t \\
&\quad + 2\sum_{j=1, j\neq i}^{N} \int I_{\text{n}}^{i} I_{\text{n}}^{j} R \omega_{\text{d}} \left[\begin{aligned} &\frac{(G_1^i G_2^j - G_1^j G_2^i)}{2} \sin(\varphi_i - \varphi_j) \\ &+ \frac{(G_1^i G_1^j + G_2^j G_2^i)}{2} \cos(\varphi_i - \varphi_j) \end{aligned} \right] \mathrm{d}t \\
&\quad + 2\sum_{j=1, j\neq i}^{N} \int I_{\text{n}}^{i} I_{\text{n}}^{j} R \omega_{\text{d}} \left[\begin{aligned} &\frac{(G_1^i G_2^j - G_1^j G_2^i)(A_{\text{pll1}}^{i} A_{\text{pll2}}^{j} - A_{\text{pll2}}^{i} A_{\text{pll1}}^{j})}{4} \\ &- \frac{(G_1^i G_1^j + G_2^j G_2^i)(A_{\text{pll1}}^{i} A_{\text{pll1}}^{j} + A_{\text{pll2}}^{i} A_{\text{pll2}}^{j})}{4} \end{aligned} \right] \cos(2\varphi_i - 2\varphi_j) \mathrm{d}t
\end{aligned}
$$

$$+2\sum_{j=1,j\neq i}^{N}\int I_{\mathrm{n}}^{i}I_{\mathrm{n}}^{j}R\omega_{\mathrm{d}}\begin{bmatrix}\dfrac{(G_1^iG_2^j-G_1^jG_2^i)(A_{\mathrm{pll1}}^iA_{\mathrm{pll1}}^j+A_{\mathrm{pll2}}^iA_{\mathrm{pll2}}^j)}{4}\\+\dfrac{(G_1^iG_1^j+G_2^jG_2^i)(A_{\mathrm{pll1}}^iA_{\mathrm{pll2}}^j-A_{\mathrm{pll2}}^iA_{\mathrm{pll1}}^j)}{4}\end{bmatrix}\sin(2\varphi_i-2\varphi_j)\mathrm{d}t \tag{3-79}$$

式中

$$\begin{aligned}\Delta W_{\mathrm{x}}=&\sum_{j=1,j\neq i}^{N}\int\frac{1}{a_1}\frac{L_{\mathrm{m}}}{L_{\mathrm{s}}}U_{\mathrm{s}}(-K_{\mathrm{p\_PLL}}^{i})RI_{\mathrm{n}}^{i}I_{\mathrm{n}}^{j}\left[\frac{(G_1^iG_2^j-G_1^jG_2^i)}{2}\cos(\varphi_i-\varphi_j)\right.\\&\left.+\frac{(G_1^iG_1^j+G_2^jG_2^i)}{2}\sin(\varphi_i-\varphi_j)\right]\mathrm{d}t\\&+\sum_{j=1,j\neq i}^{N}\int\begin{bmatrix}(\omega_{\mathrm{d}}-\omega_{\mathrm{s}})L\\+\dfrac{1}{\omega_{\mathrm{d}}-\omega_{\mathrm{s}}}\dfrac{1}{C}\end{bmatrix}\omega_{\mathrm{d}}I_{\mathrm{n}}^{i}I_{\mathrm{n}}^{j}\begin{bmatrix}(G_1^iG_1^j+G_2^jG_2^i)\sin(\varphi_i-\varphi_j)\\+(G_1^iG_2^j-G_1^jG_2^i)\cos(\varphi_i-\varphi_j)\end{bmatrix}\mathrm{d}t\\&+\sum_{j=1,j\neq i}^{N}\int\frac{1}{a_1}\frac{L_{\mathrm{m}}}{L_{\mathrm{s}}}U_{\mathrm{s}}(-K_{\mathrm{p\_PLL}}^{i})RI_{\mathrm{n}}^{i}I_{\mathrm{n}}^{j}\\&\cdot\begin{bmatrix}\dfrac{(G_1^iG_1^j+G_2^jG_2^i)(A_{\mathrm{pll1}}^iA_{\mathrm{pll2}}^j-A_{\mathrm{pll2}}^iA_{\mathrm{pll1}}^j)}{8}\\+\dfrac{(G_1^iG_2^j-G_1^jG_2^i)(A_{\mathrm{pll1}}^iA_{\mathrm{pll1}}^j+A_{\mathrm{pll2}}^iA_{\mathrm{pll2}}^j)}{8}\end{bmatrix}\cos(2\varphi_i-2\varphi_j)\mathrm{d}t\\&+\sum_{j=1,j\neq i}^{N}\int\frac{1}{a_1}\frac{L_{\mathrm{m}}}{L_{\mathrm{s}}}U_{\mathrm{s}}(-K_{\mathrm{p\_PLL}}^{i})RI_{\mathrm{n}}^{i}I_{\mathrm{n}}^{j}\\&\cdot\begin{bmatrix}\dfrac{(G_1^iG_1^j+G_2^jG_2^i)(A_{\mathrm{pll1}}^iA_{\mathrm{pll1}}^j+A_{\mathrm{pll2}}^iA_{\mathrm{pll2}}^j)}{8}\\-\dfrac{(G_1^iG_2^j-G_1^jG_2^i)(A_{\mathrm{pll1}}^iA_{\mathrm{pll2}}^j-A_{\mathrm{pll2}}^iA_{\mathrm{pll1}}^j)}{8}\end{bmatrix}\sin(2\varphi_i-2\varphi_j)\mathrm{d}t\\&+\sum_{j=1,j\neq i}^{N}\int\left[(\omega_{\mathrm{s}}-\omega_{\mathrm{d}})L-\frac{1}{\omega_{\mathrm{d}}-\omega_{\mathrm{s}}}\frac{1}{C}\right]\omega_{\mathrm{d}}I_{\mathrm{n}}^{i}I_{\mathrm{n}}^{j}\\&\cdot\begin{bmatrix}-(G_1^iG_2^j-G_1^jG_2^i)(A_{\mathrm{pll1}}^iA_{\mathrm{pll2}}^j-A_{\mathrm{pll2}}^iA_{\mathrm{pll1}}^j)\\+(G_1^iG_1^j+G_2^jG_2^i)(A_{\mathrm{pll1}}^iA_{\mathrm{pll1}}^j+A_{\mathrm{pll2}}^iA_{\mathrm{pll2}}^j)\end{bmatrix}\sin(2\varphi_i-2\varphi_j)\mathrm{d}t\end{aligned}$$

$$+\sum_{j=1,j\neq i}^{N}\int\left[(\omega_{\mathrm{s}}-\omega_{\mathrm{d}})L-\frac{1}{\omega_{\mathrm{d}}-\omega_{\mathrm{s}}}\frac{1}{C}\right]\omega_{\mathrm{d}}I_{\mathrm{n}}^{i}I_{\mathrm{n}}^{j}$$

$$\cdot\begin{bmatrix}(G_1^iG_2^j-G_1^jG_2^i)(A_{\mathrm{pll1}}^iA_{\mathrm{pll1}}^j+A_{\mathrm{pll2}}^iA_{\mathrm{pll2}}^j)\\+(G_1^iG_1^j+G_2^jG_2^i)(A_{\mathrm{pll1}}^iA_{\mathrm{pll2}}^j-A_{\mathrm{pll2}}^iA_{\mathrm{pll1}}^j)\end{bmatrix}\cos(2\varphi_i-2\varphi_j)\mathrm{d}t$$

因此，由式(3-76)和式(3-79)可知，区别于传统的单机并网模型，风电场模型中除了机网交互能量以外，还存在机间环流和机间感应构成的机间交互能量，该部分能量由风电场内所有机组共同参与，对风电场能量影响占主导作用。

进一步，在模型基础上，分析不同场景下场内能量交互过程，揭示机组间及机网间耦合机理。

3. 不同电流环参数的机间交互能量分析

由式(3-79)可知，当风电场内各机组仅电流环参数不同，锁相环参数均相同且不发生变化时，风电场机间交互能量可表示为

$$\begin{aligned}\Delta W_{\mathrm{in}}&=\Delta W_{ij}+\Delta W_{ji}\\&=2\sum_{j=1,j\neq i}^{N}\int\frac{1}{a_1}\frac{L_{\mathrm{m}}}{L_{\mathrm{s}}}U_{\mathrm{s}}(-K_{\mathrm{p\_PLL}}^{i})\left[(\omega_{\mathrm{d}}-\omega_{\mathrm{s}})L+\frac{1}{\omega_{\mathrm{d}}-\omega_{\mathrm{s}}}\frac{1}{C}\right]\\&\quad\cdot I_{\mathrm{n}}^{i}I_{\mathrm{n}}^{j}\left[\frac{(G_1^iG_2^j-G_1^jG_2^i)}{2}\sin(\varphi_i-\varphi_j)+\frac{(G_1^iG_1^j+G_2^jG_2^i)}{2}\cos(\varphi_i-\varphi_j)\right]\mathrm{d}t\\&\quad+2\sum_{j=1,j\neq i}^{N}\int I_{\mathrm{n}}^{i}I_{\mathrm{n}}^{j}R\omega_{\mathrm{d}}\begin{bmatrix}\dfrac{(G_1^iG_2^j-G_1^jG_2^i)}{2}\sin(\varphi_i-\varphi_j)\\+\dfrac{(G_1^iG_1^j+G_2^jG_2^i)}{2}\cos(\varphi_i-\varphi_j)\end{bmatrix}\mathrm{d}t\\&\quad+2\sum_{j=1,j\neq i}^{N}\int\frac{1}{a_1}\frac{L_{\mathrm{m}}}{L_{\mathrm{s}}}U_{\mathrm{s}}(-K_{\mathrm{p\_PLL}}^{i})\left[(\omega_{\mathrm{d}}-\omega_{\mathrm{s}})L+\frac{1}{\omega_{\mathrm{d}}-\omega_{\mathrm{s}}}\frac{1}{C}\right]\\&\quad\cdot I_{\mathrm{n}}^{i}I_{\mathrm{n}}^{j}\left[-\frac{(G_1^iG_1^j+G_2^jG_2^i)(A_{\mathrm{pll1}}^{i2}+A_{\mathrm{pll2}}^{i2})}{4}\right]\cos(2\varphi_i-2\varphi_j)\mathrm{d}t\\&\quad+2\sum_{j=1,j\neq i}^{N}\int\frac{1}{a_1}\frac{L_{\mathrm{m}}}{L_{\mathrm{s}}}U_{\mathrm{s}}(-K_{\mathrm{p\_PLL}}^{i})\left[(\omega_{\mathrm{d}}-\omega_{\mathrm{s}})L+\frac{1}{\omega_{\mathrm{d}}-\omega_{\mathrm{s}}}\frac{1}{C}\right]\end{aligned}$$

$$\cdot I_{\mathrm{n}}^{i} I_{\mathrm{n}}^{j}\left[\frac{(G_1^i G_2^j - G_1^j G_2^i)(A_{\mathrm{pll1}}^{i2} + A_{\mathrm{pll2}}^{i2})}{4}\right]\sin(2\varphi_i - 2\varphi_j)\mathrm{d}t$$

$$+2\sum_{j=1,j\neq i}^{N}\int I_{\mathrm{n}}^{i} I_{\mathrm{n}}^{j} R\omega_{\mathrm{d}}\left[-\frac{(G_1^i G_1^j + G_2^j G_2^i)(A_{\mathrm{pll1}}^{i2} + A_{\mathrm{pll2}}^{i2})}{4}\right]\cos(2\varphi_i - 2\varphi_j)\mathrm{d}t \quad (3\text{-}80)$$

$$+2\sum_{j=1,j\neq i}^{N}\int I_{\mathrm{n}}^{i} I_{\mathrm{n}}^{j} R\omega_{\mathrm{d}}\left[\frac{(G_1^i G_2^j - G_1^j G_2^i)(A_{\mathrm{pll1}}^{i2} + A_{\mathrm{pll2}}^{i2})}{4}\right]\sin(2\varphi_i - 2\varphi_j)\mathrm{d}t$$

由式(3-80)可知，机间交互能量由 $\varphi_i-\varphi_j$、G_1^i、G_2^i、G_1^j 和 G_2^j 系数决定。

首先针对 $\varphi_i-\varphi_j$ 进行分析。φ_i 和 φ_j 分别为第 i 台机组和第 j 台机组初始电流相对并网母线电压相角的变化量。第 i 台机组端口初始电压和初始电流的关联关系可写为

$$\begin{bmatrix}\Delta u_{\mathrm{d0}}\\ \Delta u_{\mathrm{q0}}\end{bmatrix}=\left(\begin{bmatrix}sL_{\mathrm{m}} & -\omega_{\mathrm{s}}L_{\mathrm{m}}\\ \omega_{\mathrm{s}}L_{\mathrm{m}} & sL_{\mathrm{m}}\end{bmatrix}\begin{bmatrix}G_1 & G_2\\ -G_2 & G_1\end{bmatrix}+\begin{bmatrix}sL_{\mathrm{t}} & -\omega_{\mathrm{s}}L_{\mathrm{t}}\\ \omega_{\mathrm{s}}L_{\mathrm{t}} & sL_{\mathrm{t}}\end{bmatrix}\right)\begin{bmatrix}\Delta i_{\mathrm{d0}}\\ \Delta i_{\mathrm{q0}}\end{bmatrix} \quad (3\text{-}81)$$

由式(3-81)可得，第 i 台机组初始电流相角和风电场并网母线电压初始相角的关联关系式为

$$\varphi_i=\varphi_u+\arctan\frac{G_2^i}{G_1^i} \quad (3\text{-}82)$$

假设风电场并网母线电压初始相角 φ_u 为 0，则第 i 台机组和第 i 台机组的初始相角之差可表示为

$$\varphi_i-\varphi_j=\arctan\frac{G_2^i}{G_1^i}-\arctan\frac{G_2^j}{G_1^j} \quad (3\text{-}83)$$

由于 ω_{d} 的数值远大于电流内环 K_{p} 参数，第 i 台机组和第 j 台机组电流内环参数变化对 $\varphi_i-\varphi_j$ 数值的影响较小。因此，式(3-80)中，$\sin(\varphi_i-\varphi_j)\approx\varphi_i-\varphi_j$，$\cos(\varphi_i-\varphi_j)\approx 1$。而又根据无穷小等价定理可得 $\arctan\frac{G_2^i}{G_1^i}\approx\frac{G_2^i}{G_1^i}$，因此，式(3-80)中的系数可均转化为与 G_1 和 G_2 相关的表达式，如下所示：

$$\Delta W_{\mathrm{in}}=2\sum_{j=1,j\neq i}^{N}\int\frac{1}{a_1}\frac{L_{\mathrm{m}}}{L_{\mathrm{s}}}U_{\mathrm{s}}(-K_{\mathrm{p\_PLL}}^{i})\begin{bmatrix}(\omega_{\mathrm{d}}-\omega_{\mathrm{s}})L\\ +\dfrac{1}{\omega_{\mathrm{d}}-\omega_{\mathrm{s}}}\dfrac{1}{C}\end{bmatrix}I_{\mathrm{n}}^{i}I_{\mathrm{n}}^{j}\left[-\frac{(G_2^j-G_2^i)^2}{2}+\frac{(G_1^iG_1^j+G_2^jG_2^i)}{2}\right]\mathrm{d}t$$

$$+2\sum_{j=1,j\neq i}^{N}\int I_{\mathrm{n}}^{i}I_{\mathrm{n}}^{j}R\omega_{\mathrm{d}}\left[-\frac{(G_2^j-G_2^i)^2}{2}+\frac{G_1^iG_1^j+G_2^jG_2^i}{2}\right]\mathrm{d}t$$

$$+2\sum_{j=1,j\neq i}^{N}\int\frac{1}{a_1}\frac{L_{\mathrm{m}}}{L_{\mathrm{s}}}U_{\mathrm{s}}(-K_{\mathrm{p\_PLL}}^{i})\begin{pmatrix}(\omega_{\mathrm{d}}-\omega_{\mathrm{s}})L\\+\dfrac{1}{\omega_{\mathrm{d}}-\omega_{\mathrm{s}}}\dfrac{1}{C}\end{pmatrix}I_{\mathrm{n}}^{i}I_{\mathrm{n}}^{j}\left[-\frac{(G_1^iG_1^j+G_2^jG_2^i)(A_{\mathrm{pll1}}^{i2}+A_{\mathrm{pll2}}^{i2})}{4}\right]\mathrm{d}t$$

$$+2\sum_{j=1,j\neq i}^{N}\int\frac{1}{a_1}\frac{L_{\mathrm{m}}}{L_{\mathrm{s}}}U_{\mathrm{s}}(-K_{\mathrm{p\_PLL}}^{i})\begin{pmatrix}(\omega_{\mathrm{d}}-\omega_{\mathrm{s}})L\\+\dfrac{1}{\omega_{\mathrm{d}}-\omega_{\mathrm{s}}}\dfrac{1}{C}\end{pmatrix}I_{\mathrm{n}}^{i}I_{\mathrm{n}}^{j}\left[-\frac{(G_2^j-G_2^i)^2(A_{\mathrm{pll1}}^{i2}+A_{\mathrm{pll2}}^{i2})}{2}\right]\mathrm{d}t$$

$$+2\sum_{j=1,j\neq i}^{N}\int I_{\mathrm{n}}^{i}I_{\mathrm{n}}^{j}R\omega_{\mathrm{d}}\left[-\frac{(G_1^iG_1^j+G_2^jG_2^i)(A_{\mathrm{pll1}}^{i2}+A_{\mathrm{pll2}}^{i2})}{4}\right]\mathrm{d}t$$

$$+2\sum_{j=1,j\neq i}^{N}\int I_{\mathrm{n}}^{i}I_{\mathrm{n}}^{j}R\omega_{\mathrm{d}}\left[-\frac{(G_2^j-G_2^i)^2(A_{\mathrm{pll1}}^{i2}+A_{\mathrm{pll2}}^{i2})}{2}\right]\mathrm{d}t$$

(3-84)

根据式(3-73)可知，式(3-84)中的系数项$(G_2^j-G_2^i)^2$与第 i 台机 i 和第 j 台机组的电流环参数差异有关，且两台机组的电流参数相差越大，该项数值也越大。

式(3-84)中的系数项$G_1^iG_1^j+G_2^jG_2^i$可表示为

$$G_1^iG_1^j+G_2^jG_2^i=\frac{a_2(\omega_2^2+\omega_2\omega_{\mathrm{d}})L_{\mathrm{r}}}{A^2+B^2}\frac{(K_{\mathrm{p3}}^j+K_{\mathrm{p3}}^j)(1-a_1U_{\mathrm{s}}K_{\mathrm{p1}}^i)a_2}{A^2+B^2}(\omega_{\mathrm{d}}+\omega_2)\tag{3-85}$$

由式(3-85)可知，$G_1^iG_1^j+G_2^jG_2^i$为正值，且随着机组 i 或机组 j 的电流内环参数 K_{p3} 的增大而增大。又由于 ω_{d} 的数值远大于电流内环 K_{p} 参数，$\mathrm{G_1}$ 远大于 $\mathrm{G_2}$ 的数值，因此，$G_1^iG_1^j+G_2^jG_2^i\gg(G_2^j-G_2^i)^2$。结合式(3-84)可得，风电场中的交互能量总体为正值，此时机组间交互作用会增大系统能量，加速风电场振荡发散。同时，该机间交互能量随着任一风电机组的电流内环参数增大而增大，即风电场内某一台机组电流内环参数增大时，其余风电机组受能量感应效应发出的动态能量也将随之增大，加剧系统振荡。反之，若降低某一台机组电流内环参数，其余风电机组发出的机间交互能量受感应效应影响也会下降。

4. 不同锁相环参数的机间交互能量分析

由式(3-79)可知，当风电场内各机组仅锁相环参数不同，电流环参数均相同且不发生变化时，机间交互能量可表示为

$$\Delta W_{\text{in}}=2\sum_{j=1,j\neq i}^{N}\int\frac{1}{a_1}\frac{L_{\text{m}}}{L_{\text{s}}}U_{\text{s}}(-K_{\text{p\_PLL}}^{i})\left[\begin{array}{l}(\omega_{\text{d}}-\omega_{\text{s}})L\\+\dfrac{1}{\omega_{\text{d}}-\omega_{\text{s}}}\dfrac{1}{C}\end{array}\right]I_{\text{n}}^{i}I_{\text{n}}^{j}\left(\frac{G_1^iG_1^j+G_2^jG_2^i}{2}\right)\text{d}t$$
$$+2\sum_{j=1,j\neq i}^{N}\int\frac{1}{a_1}\frac{L_{\text{m}}}{L_{\text{s}}}U_{\text{s}}(-K_{\text{p\_PLL}}^{i})\left[\begin{array}{l}(\omega_{\text{d}}-\omega_{\text{s}})L\\+\dfrac{1}{\omega_{\text{d}}-\omega_{\text{s}}}\dfrac{1}{C}\end{array}\right]I_{\text{n}}^{i}I_{\text{n}}^{j}\left[\frac{(G_1^iG_1^j+G_2^jG_2^i)(A_{\text{pll1}}^{i}A_{\text{pll1}}^{j}+A_{\text{pll2}}^{i}A_{\text{pll2}}^{j})}{4}\right]\text{d}t$$
$$+2\sum_{j=1,j\neq i}^{N}\int I_{\text{n}}^{i}I_{\text{n}}^{j}R\omega_{\text{d}}\left(\frac{G_1^iG_1^j+G_2^jG_2^i}{2}\right)\text{d}t$$
$$+2\sum_{j=1,j\neq i}^{N}\int I_{\text{n}}^{i}I_{\text{n}}^{j}R\omega_{\text{d}}\left[\frac{(G_1^iG_1^j+G_2^jG_2^i)(A_{\text{pll1}}^{i}A_{\text{pll1}}^{j}+A_{\text{pll2}}^{i}A_{\text{pll2}}^{j})}{4}\right]\text{d}t \tag{3-86}$$

由式(3-86)可知，锁相环主要通过 $A_{\text{pll1}}^{i}A_{\text{pll1}}^{j}+A_{\text{pll2}}^{i}A_{\text{pll2}}^{j}$ 改变机间交互能量。由于输送线路电阻 R 远小于输送线路电抗 $\omega_{\text{s}}L$，根据式(3-75)可得 $A_{\text{pll1}}^{i}A_{\text{pll1}}^{j}+A_{\text{pll2}}^{i}A_{\text{pll2}}^{j}$ 中输送电抗所在项远大于输送电阻所在项，因此 $A_{\text{pll1}}^{i}A_{\text{pll1}}^{j}+A_{\text{pll2}}^{i}A_{\text{pll2}}^{j}$ 的表达式可化简为

$$A_{\text{pll1}}^{i}A_{\text{pll1}}^{j}+A_{\text{pll2}}^{i}A_{\text{pll2}}^{j}$$
$$=K_{\text{i\_PLL}}^{i}K_{\text{i\_PLL}}^{j}\frac{1}{\omega_{\text{d}}^{4}}\left[(\omega_{\text{d}}-\omega_{\text{s}})(I_{\text{ng}}L+I_{\text{n}}^{i}L_{\text{t}}^{i})-\frac{1}{\omega_{\text{d}}-\omega_{\text{s}}}\frac{1}{C}\right]\left[(\omega_{\text{d}}-\omega_{\text{s}})(I_{\text{ng}}L+I_{\text{n}}^{i}L_{\text{t}}^{j})-\frac{1}{\omega_{\text{d}}-\omega_{\text{s}}}\frac{1}{C}\right]$$
$$+K_{\text{p\_PLL}}^{i}K_{\text{p\_PLL}}^{j}\frac{1}{\omega_{\text{d}}^{2}}\left[(\omega_{\text{d}}-\omega_{\text{s}})(I_{\text{ng}}L+I_{\text{n}}^{i}L_{\text{t}}^{i})-\frac{1}{\omega_{\text{d}}-\omega_{\text{s}}}\frac{1}{C}\right]\left[(\omega_{\text{d}}-\omega_{\text{s}})(I_{\text{ng}}L+I_{\text{n}}^{i}L_{\text{t}}^{j})-\frac{1}{\omega_{\text{d}}-\omega_{\text{s}}}\frac{1}{C}\right] \tag{3-87}$$

由式(3-87)可知，$A_{\text{pll1}}^{i}A_{\text{pll1}}^{j}+A_{\text{pll2}}^{i}A_{\text{pll2}}^{j}$ 恒为正值，且均随着第 i 台机组或第 j 台机组的锁相环参数增大而增大。因此，当风电场内某一台机组锁相环参数增大时，风电场中的机间交互能量均随之增大，此时系统稳定性也将随之下降。

5. 不同空间接入距离的机组交互能量分析

由式(3-75)和式(3-79)可知，不同空间接入距离的机组在振荡场景下产生的并网点电压不同，锁相环采集到的锁相角也不相同，从而导致机间交互能量的改变。因此，机组接入距离 L_{t} 主要通过改变锁相角系数 $A_{\text{pll1}}^{i}A_{\text{pll1}}^{j}+A_{\text{pll2}}^{i}A_{\text{pll2}}^{j}$ 的数值影响机间交互能量。

当风电场内机组变流器控制参数均相同时，风电场机间交互能量仍可由式(3-86)表示，$A_{\text{pll1}}^{i}A_{\text{pll1}}^{j}+A_{\text{pll2}}^{i}A_{\text{pll2}}^{j}$ 可由式(3-87)表示。由式(3-87)可知，由于 $\omega_{\text{d}}-$

$\omega_s < 0$，$A_{\text{pll1}}^i A_{\text{pll1}}^j + A_{\text{pll2}}^i A_{\text{pll2}}^j$ 数值随着第 i 台机组或第 j 台机组接入距离的增大而降低，即离风电场并网母线越近的机组产生的机间交互能量越大，机组间感应效应越强，其对振荡的参与程度也越高。

3.3　基于动态能量的新能源电力系统在线稳定分析架构

基于 3.1 节和 3.2 节对直驱/双馈风电机组、风电场动态能量交互的耦合特性分析，本节创建了高渗透率新能源电力系统能量稳定域分析理论，将受扰后系统运行点动态阻尼水平进行能量化表征，提出了基于运行点-动态能量超平面空间的系统阻尼稳定边界刻画方法，发明了基于能量树的振荡传导路径追踪技术，攻克了动态稳定风险在线预警难题，实现了振荡源的精准定位。

首先，在动态能量-功率空间中，基于超平面拟合方法构建了反映新能源并网系统阻尼边界的动态能量稳定域，界定了系统运行安全、危险、临界区域，提出了追踪系统运行方式的动态能量稳定域时序滚动更新方法，通过计算动态能量实时值与稳定域边界值的超平面距离，构建了能量稳定裕度评估指标，实现了系统运行风险动态预警。其中，能量稳定边界刻画如图 3-28 所示，能量稳定域滚动更新如图 3-29 所示。

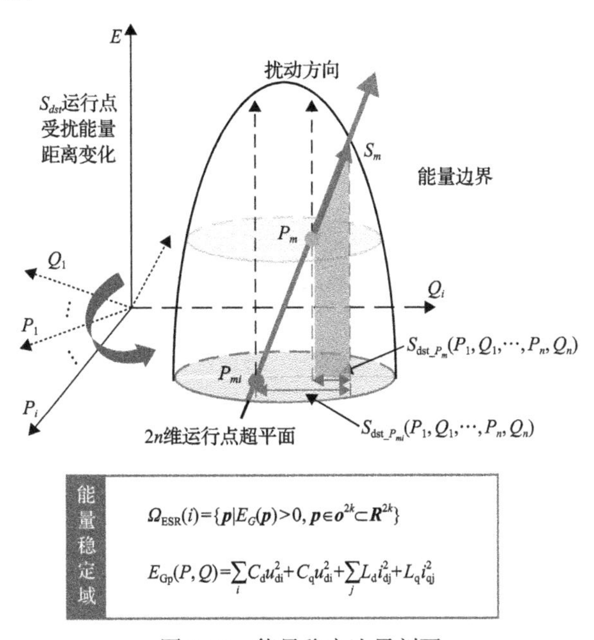

图 3-28　能量稳定边界刻画

其次，利用 WAMS 测量的毫秒级电气量轨迹信息，实时计算新能源场站、关键节点及线路之间传递的动态能量大小及方向，建立了新能源电力系统的能量树状网络；根据关键线路与关键节点能量频谱相似度，提出了基于能量树的振荡传导路径辨识方案，通过在线追溯能量链路中负动态能量的来源，准确识别振荡源。其中，能量频谱相似度如图 3-30 所示，基于能量树的振荡传导路径如图 3-31 所示。

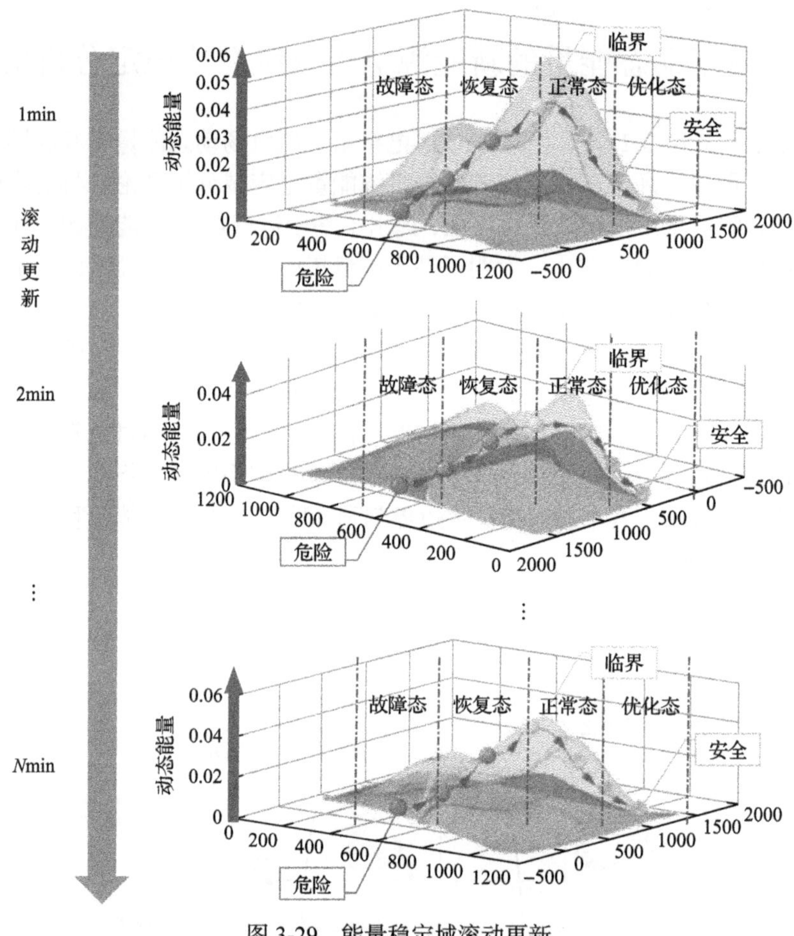

图 3-29　能量稳定域滚动更新

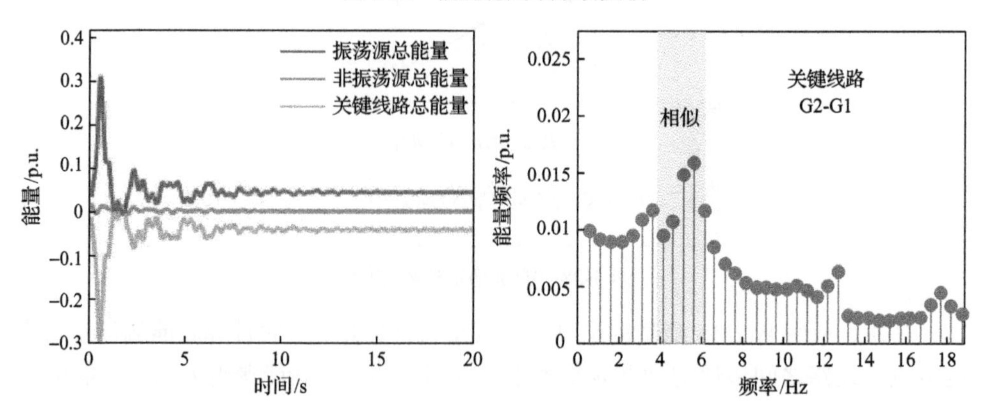

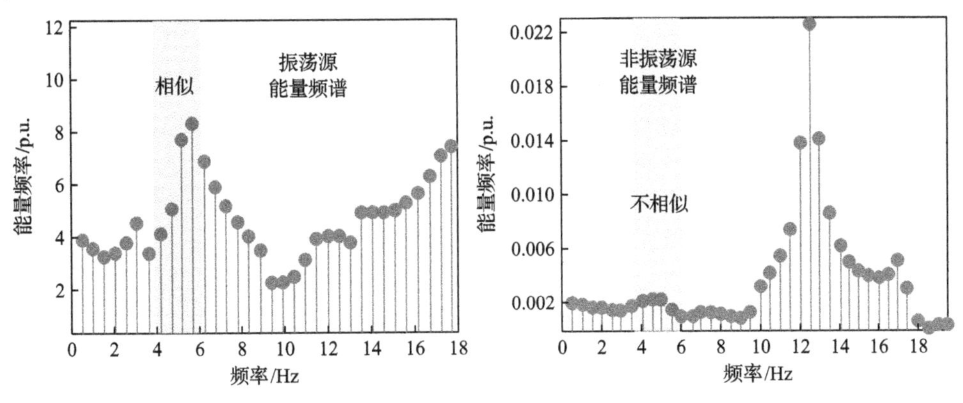

图 3-30 能量频谱相似度

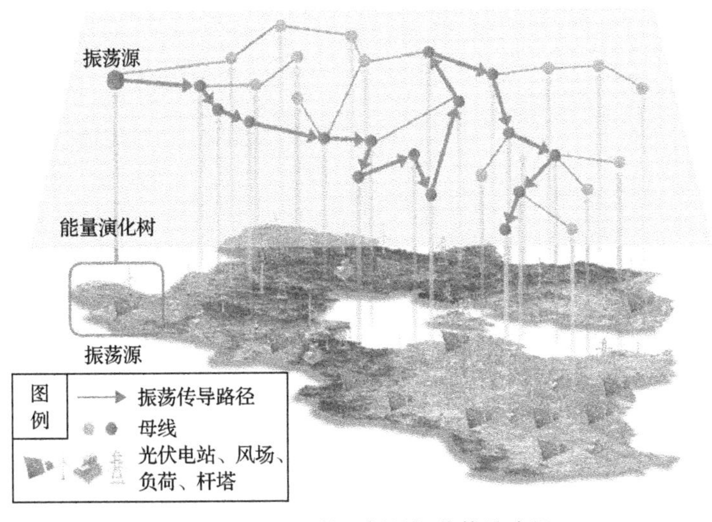

图 3-31 基于能量树的振荡传导路径

3.4 总 结

本章基于直驱/双馈机组的能量模型，构建了风电场动态能量网络模型，描绘了风电场的能量流通路径，揭示了风电机组间耦合交互作用。研究结果表明，风电场中存在机间环流、机间感应以及机网交互三部分能量，分别对应机组间能量环流、机组感应作用与电网交互能量流，以及单机机网交互能量流。在直驱风电场中，无功补偿装置参数和直驱风电机组的电流内环参数是影响系统稳定的关键控制参数。在双馈风电场中，减小风电机组的转子侧变流器电流环比例参数可增加系统阻尼，近端风电机组参数对风电场稳定性影响更大。

参 考 文 献

[1] Ma J, Shen Y. DFIG active damping control strategy based on remodeling of multiple energy branches[J]. IEEE Transactions on Power Electronics, 2021, 36(4): 4169-4186.

[2] Ma J, Xu H, Zhang M, et al. Stability analysis of sub/super synchronous oscillation in direct-drive wind farm considering the energy interaction between PMSGs[J]. IET Renew. Power Gener, 2022, 16(3): 478-496.

第4章　新能源机组主动阻尼控制技术

4.1　基于多支路能量重塑的风电机组主动阻尼控制

本节基于第3章风电机组控制环节耦合作用机理的分析结果，在关键交互控制环节中构建能量补偿支路，提出基于能量重塑的主动阻尼控制，提升直驱/双馈风电机组在不同振荡频率的稳定性水平，实现宽频振荡抑制[1]。

4.1.1　直驱风电机组多支路能量重塑技术

针对直驱风电机组接入弱电网振荡频发的问题，本书提出一种基于能量补偿的直驱机组多支路能量重塑方法[2]。首先，建立含网侧变流器控制环节的直驱机组暂态能量模型，并从中提取出主导直驱机组振荡的负阻尼能量项；在此基础上，利用反推设计法构建附加能量支路，并分析其补偿能量特性和对基频特性的影响；然后，以附加支路补偿能量最大和基频电压增量最小为目标，以满足控制环节频域特性和基频电压特性为约束条件，构建多支路补偿系数优化方案，实现直驱机组负阻尼能量累积最小化。

1. 筛选直驱机组负阻尼能量

联立能量函数与直驱机组网侧变流器的控制方程，得到风电场全局 dqs 坐标系下直驱机组含网侧变流器各控制环节的暂态能量为

$$\begin{aligned} W_{\mathrm{P}} &= k_{\mathrm{p2}}\int[i_{\mathrm{qs}}\mathrm{d}i_{\mathrm{ds}} - i_{\mathrm{ds}}\mathrm{d}i_{\mathrm{qs}}] + k_{\mathrm{p2}}\int(i_{\mathrm{ds}} + i_{\mathrm{qs}}\Delta\theta_{\mathrm{pll}})i_{\mathrm{dc}}^{*}\mathrm{d}\Delta\theta_{\mathrm{pll}} - k_{\mathrm{p2}}\int(i_{\mathrm{ds}}^{2} + i_{\mathrm{qs}}^{2})\Delta\theta_{\mathrm{pll}}^{2}\mathrm{d}\Delta\theta_{\mathrm{pll}} \\ &= W_{\mathrm{P1}} + W_{\mathrm{P2}} + W_{\mathrm{P3}} \end{aligned} \tag{4-1}$$

$$\begin{aligned} W_{\mathrm{I}} &= k_{\mathrm{i2}}\int i_{\mathrm{dc}}^{*}t(i_{\mathrm{ds}} + \Delta\theta_{\mathrm{pll}}i_{\mathrm{qs}})\mathrm{d}\Delta\theta_{\mathrm{pll}} - k_{\mathrm{i2}}\int(i_{\mathrm{ds}} + \Delta\theta_{\mathrm{pll}}i_{\mathrm{qs}})\int(i_{\mathrm{ds}} + \Delta\theta_{\mathrm{pll}}i_{\mathrm{qs}})\mathrm{d}t\mathrm{d}\Delta\theta_{\mathrm{pll}} \\ &\quad - k_{\mathrm{i2}}\int(i_{\mathrm{qs}} - \Delta\theta_{\mathrm{pll}}i_{\mathrm{ds}})\int(i_{\mathrm{qs}} - \Delta\theta_{\mathrm{pll}}i_{\mathrm{ds}})\mathrm{d}t\mathrm{d}\Delta\theta_{\mathrm{pll}} - k_{\mathrm{i2}}\int(i_{\mathrm{qs}} - \Delta\theta_{\mathrm{pll}}i_{\mathrm{ds}})i_{\mathrm{dc}}^{*}\mathrm{d}t \\ &= W_{\mathrm{I1}} + W_{\mathrm{I2}} + W_{\mathrm{I3}} + W_{\mathrm{I4}} \end{aligned} \tag{4-2}$$

$$\begin{aligned} W_{\mathrm{L}} &= \omega_2 L_{\mathrm{w}}\int(i_{\mathrm{qs}}^{2} + i_{\mathrm{ds}}^{2})\Delta\theta_{\mathrm{pll}}\mathrm{d}\Delta\theta_{\mathrm{pll}} + \omega_2 L_2\int(i_{\mathrm{ds}}\mathrm{d}i_{\mathrm{ds}} + i_{\mathrm{qs}}\mathrm{d}i_{\mathrm{qs}}) \\ &= W_{\mathrm{L1}} + W_{\mathrm{L2}} \end{aligned} \tag{4-3}$$

式中，W_{P} 为电流环比例环节主导的暂态能量；W_{I} 为电流环积分环节主导的暂态能量；W_{L} 为 dq 轴交叉耦合的暂态能量；k_{p2} 和 k_{i2} 分别为电流环的比例和积分系数；i_{dc}^{*} 为 d/q 轴的电流参考值，且 i_{qc}^{*} 通常设为 0；ω_2 为电网频率；L_{w} 为出线电抗；i_{ds}、i_{qs} 分别为风电场 dqs 坐标下直驱机组端口的 dq 轴电流和电压。

在直驱机组暂态能量模型中，各控制环节暂态能量的能量变化特性，是决定直驱机组能否振荡收敛的重要因素。筛选出产生负阻尼能量的控制环节，对于抑制振荡扩散，保障系统的稳定运行至关重要，下面推导网侧变流器各控制环节的暂态能量变化率并分析其能量变化特性。

对于振荡过程中任一组次/超频 ω_{-}/ω_{+} 分量，其次/超频电流可以表示为

$$\begin{cases}\Delta i_{\mathrm{ds}}=I_{\mathrm{d}}\mathrm{e}^{\lambda t}\cos(\omega_{\mathrm{s}}t+\varphi_{\mathrm{d}})\\ \Delta i_{\mathrm{qs}}=I_{\mathrm{q}}\mathrm{e}^{\lambda t}\sin(\omega_{\mathrm{s}}t+\varphi_{\mathrm{q}})\end{cases}\tag{4-4}$$

式中，I_{d}、I_{q}、φ_{d} 和 φ_{q} 分别为 dq 轴振荡电流幅值和初始相角；λ 为振荡衰减系数；ω_{s} 为 dq 轴电流的振荡频率，满足 $\omega_{\mathrm{s}}=\omega_{+}-\omega_2=\omega_2-\omega_{-}$。

由于存在次/超频电压分量的影响，使锁相环产生锁相环动态角，表示为

$$\begin{aligned}\Delta\theta_{\mathrm{pll}}&=-k_{\mathrm{p\theta}}\int\Delta u_{\mathrm{qs}}\mathrm{d}t-k_{\mathrm{i\theta}}\iint\Delta u_{\mathrm{qs}}\mathrm{d}t\mathrm{d}t\\&=\theta_0+\Delta\theta_1\sin(\omega_{\mathrm{s}}t+\beta)\end{aligned}\tag{4-5}$$

式中，θ_0 为出线电抗引来的相角；$\Delta\theta_1$ 和 β 分别为锁相环动态角振荡幅值及初始相角。

进一步分别将式(4-4)和式(4-5)代入式(4-1)～式(4-3)中，对时间求导并提取其非周期分量，得到网侧变换器各控制环节暂态能量变化率 $\Delta\dot{W}_{\mathrm{PMSG}}$ 的解析表达式为

$$\begin{aligned}\Delta\dot{W}_{\mathrm{P1}}&=\frac{\mathrm{d}}{\mathrm{d}t}\left(k_{\mathrm{p2}}\int i_{\mathrm{qs}}\mathrm{d}i_{\mathrm{ds}}-i_{\mathrm{ds}}\mathrm{d}i_{\mathrm{qs}}\right)\\&=\frac{\mathrm{d}}{\mathrm{d}t}\left(k_{\mathrm{p2}}\int\begin{Bmatrix}-[i_{\mathrm{qs0}}+I_{\mathrm{q}}\mathrm{e}^{\lambda t}\sin(\omega_{\mathrm{s}}t+\varphi_{\mathrm{q}})]\omega_{\mathrm{s}}I_{\mathrm{d}}\mathrm{e}^{\lambda t}\sin(\omega_{\mathrm{s}}t+\varphi_{\mathrm{d}})\mathrm{d}t\\-[i_{\mathrm{ds0}}+I_{\mathrm{d}}\mathrm{e}^{\lambda t}\cos(\omega_{\mathrm{s}}t+\varphi_{\mathrm{d}})]\omega_{\mathrm{s}}I_{\mathrm{q}}\mathrm{e}^{\lambda t}\cos(\omega_{\mathrm{s}}t+\varphi_{\mathrm{q}})\mathrm{d}t\end{Bmatrix}\right)\\&=-\omega_{\mathrm{s}}k_{\mathrm{p2}}I_{\mathrm{d}}I_{\mathrm{q}}\mathrm{e}^{2\lambda t}\cos(\varphi_{\mathrm{d}}-\varphi_{\mathrm{q}})\end{aligned}\tag{4-6}$$

式中，等式右侧取非周期分量，默认推导以下公式均取非周期分量，不再赘述。

$$
\begin{aligned}
\Delta\dot{W}_{\mathrm{P2}} &= \frac{\mathrm{d}}{\mathrm{d}t}\left[k_{\mathrm{p2}}\int i_{\mathrm{dc}}^{*}(i_{\mathrm{ds}}+\Delta\theta_{\mathrm{pll}}i_{\mathrm{qs}})\mathrm{d}\Delta\theta_{\mathrm{pll}}\right] \\
&= \frac{\mathrm{d}}{\mathrm{d}t}k_{\mathrm{p2}}\int i_{\mathrm{dc}}^{*}\left\{\begin{array}{l} i_{\mathrm{ds0}}+I_{\mathrm{d}}\mathrm{e}^{\lambda t}\cos(\omega_{\mathrm{s}}t+\varphi_{\mathrm{d}})+[\theta_0+\Delta\theta_1\mathrm{e}^{\lambda t}\sin(\omega_{\mathrm{s}}t+\beta)]i_{\mathrm{qs0}} \\ +[\theta_0+\Delta\theta_1\mathrm{e}^{\lambda t}\sin(\omega_{\mathrm{s}}t+\beta)](I_{\mathrm{q}}\mathrm{e}^{\lambda t}\sin(\omega_{\mathrm{s}}t+\varphi_{\mathrm{q}})) \end{array}\right\} \\
&\quad \cdot\omega_{\mathrm{s}}\Delta\theta_1\mathrm{e}^{\lambda t}\cos(\omega_{\mathrm{s}}t+\beta)\mathrm{d}t \\
&= \frac{\mathrm{d}}{\mathrm{d}t}\left[k_{\mathrm{p2}}\int i_{\mathrm{dc}}^{*}\left[\frac{1}{2}\omega_{\mathrm{s}}\Delta\theta_1 I_{\mathrm{d}}\mathrm{e}^{2\lambda t}\cos(\varphi_{\mathrm{d}}-\beta)+\frac{1}{2}\omega_{\mathrm{s}}\theta_0\Delta\theta_1 I_{\mathrm{q}}\mathrm{e}^{2\lambda t}\sin(\varphi_{\mathrm{q}}-\beta)\right]\mathrm{d}t\right] \\
&\approx \frac{1}{2}k_{\mathrm{p2}}i_{\mathrm{dc}}^{*}\omega_{\mathrm{s}}\Delta\theta_1 I_{\mathrm{d}}\mathrm{e}^{2\lambda t}\cos(\varphi_{\mathrm{d}}-\beta)
\end{aligned}
\tag{4-7}
$$

式中，振荡分量乘积项数越多，其整体值越小，故式(4-7)可取其主要影响项：

$$
\begin{aligned}
\Delta\dot{W}_{\mathrm{P3}} &= \frac{\mathrm{d}}{\mathrm{d}t}\left[-k_{\mathrm{p2}}\int({i_{\mathrm{ds}}}^2+{i_{\mathrm{qs}}}^2)\Delta{\theta_{\mathrm{pll}}}^2\mathrm{d}\Delta\theta_{\mathrm{pll}}\right] \\
&= \frac{\mathrm{d}}{\mathrm{d}t}\left\{\begin{array}{l} -k_{\mathrm{p2}}\int\left[\begin{array}{l} {i_{\mathrm{ds0}}}^2+2i_{\mathrm{ds0}}I_{\mathrm{d}}\mathrm{e}^{\lambda t}\cos(\omega_{\mathrm{s}}t+\varphi_{\mathrm{d}}) \\ +{i_{\mathrm{qs0}}}^2+2i_{\mathrm{qs0}}I_{\mathrm{q}}\mathrm{e}^{\lambda t}\sin(\omega_{\mathrm{s}}t+\varphi_{\mathrm{q}}) \end{array}\right]\times \\ \qquad [{\theta_0}^2+2\theta_0\Delta\theta_1\mathrm{e}^{\lambda t}\sin(\omega_{\mathrm{s}}t+\beta)]\omega_{\mathrm{s}}\Delta\theta_1\mathrm{e}^{\lambda t}\cos(\omega_{\mathrm{s}}t+\beta)\mathrm{d}t \end{array}\right\} \\
&= \frac{\mathrm{d}}{\mathrm{d}t}\left\{-k_{\mathrm{p2}}\int[\omega_{\mathrm{s}}i_{\mathrm{ds0}}{\theta_0}^2\Delta\theta_1 I_{\mathrm{d}}\mathrm{e}^{2\lambda t}\cos(\varphi_{\mathrm{d}}-\beta)+2\omega_{\mathrm{s}}i_{\mathrm{qs0}}{\theta_0}^2\Delta\theta_1 I_{\mathrm{q}}\mathrm{e}^{2\lambda t}\sin(\varphi_{\mathrm{q}}-\beta)]\mathrm{d}t\right\} \\
&\approx -k_{\mathrm{p2}}\omega_{\mathrm{s}}i_{\mathrm{ds0}}{\theta_0}^2\Delta\theta_1 I_{\mathrm{d}}\mathrm{e}^{2\lambda t}\cos(\varphi_{\mathrm{d}}-\beta)
\end{aligned}
\tag{4-8}
$$

式中，i_{ds0} 和 i_{qs0} 分别表示为正常情况下 dqs 坐标系下直驱机组端口 dq 轴稳态电流。考虑到直驱机组正常运行时稳态电流满足 $i_{\mathrm{ds0}} \gg i_{\mathrm{qs0}}$，式(4-8)可取其主要影响项：

$$
\begin{aligned}
\Delta\dot{W}_{\mathrm{I1}} &= \frac{\mathrm{d}}{\mathrm{d}t}\left[k_{\mathrm{i2}}\int i_{\mathrm{dc}}^{*}t(i_{\mathrm{ds}}+\Delta\theta_{\mathrm{pll}}i_{\mathrm{qs}})\mathrm{d}\Delta\theta_{\mathrm{pll}}\right] \\
&= \frac{\mathrm{d}}{\mathrm{d}t}\Big(k_{\mathrm{i2}}\int i_{\mathrm{dc}}^{*}t\big\{i_{\mathrm{ds0}}+I_{\mathrm{d}}\mathrm{e}^{\lambda t}\cos(\omega_{\mathrm{s}}t+\varphi_{\mathrm{d}})+[\theta_0+\Delta\theta_1\mathrm{e}^{\lambda t}\sin(\omega_{\mathrm{s}}t+\beta)]i_{\mathrm{qs0}} \\
&\quad +[\theta_0+\Delta\theta_1\mathrm{e}^{\lambda t}\sin(\omega_{\mathrm{s}}t+\beta)][I_{\mathrm{q}}\mathrm{e}^{\lambda t}\sin(\omega_{\mathrm{s}}t+\varphi_{\mathrm{q}})]\big\}\,\omega_{\mathrm{s}}\Delta\theta_1\mathrm{e}^{\lambda t}\cos(\omega_{\mathrm{s}}t+\beta)\mathrm{d}t\Big) \\
&= \frac{\mathrm{d}}{\mathrm{d}t}\left\{k_{\mathrm{i2}}\int i_{\mathrm{dc}}^{*}t\left[\frac{1}{2}\omega_{\mathrm{s}}\Delta\theta_1 I_{\mathrm{d}}\mathrm{e}^{2\lambda t}\cos(\varphi_{\mathrm{d}}-\beta)+\frac{1}{2}\omega_{\mathrm{s}}\theta_0\Delta\theta_1 I_{\mathrm{q}}\mathrm{e}^{2\lambda t}\sin(\varphi_{\mathrm{q}}-\beta)\right]\mathrm{d}t\right\} \\
&\approx \frac{1}{2}k_{\mathrm{i2}}\omega_{\mathrm{s}}\Delta\theta_1 I_{\mathrm{d}}\mathrm{e}^{2\lambda t}\cos(\varphi_{\mathrm{d}}-\beta)\int i_{\mathrm{dc}}^{*}\mathrm{d}t
\end{aligned}
\tag{4-9}
$$

$$
\begin{aligned}
\Delta\dot{W}_{\mathrm{I2}} &= \frac{\mathrm{d}}{\mathrm{d}t}\left[-k_{\mathrm{i2}}\int(i_{\mathrm{ds}}+\Delta\theta_{\mathrm{pll}}i_{\mathrm{qs}})\int(i_{\mathrm{ds}}+\Delta\theta_{\mathrm{pll}}i_{\mathrm{qs}})\mathrm{d}t\mathrm{d}\Delta\theta_{\mathrm{pll}}\right]\\
&= \frac{\mathrm{d}}{\mathrm{d}t}\left(\begin{array}{l}
-k_{\mathrm{i2}}\int\left\{\begin{array}{l}i_{\mathrm{ds0}}+I_{\mathrm{d}}\mathrm{e}^{\lambda t}\cos(\omega_{\mathrm{s}}t+\varphi_{\mathrm{d}})+[\theta_0+\Delta\theta_1\mathrm{e}^{\lambda t}\sin(\omega_{\mathrm{s}}t+\beta)]i_{\mathrm{qs0}}\\
+[\theta_0+\Delta\theta_1\mathrm{e}^{\lambda t}\sin(\omega_{\mathrm{s}}t+\beta)][I_{\mathrm{q}}\mathrm{e}^{\lambda t}\sin(\omega_{\mathrm{s}}t+\varphi_{\mathrm{q}})]\end{array}\right\}\\
\int\left\{\begin{array}{l}i_{\mathrm{ds0}}+I_{\mathrm{d}}\mathrm{e}^{\lambda t}\cos(\omega_{\mathrm{s}}t+\varphi_{\mathrm{d}})+[\theta_0+\Delta\theta_1\mathrm{e}^{\lambda t}\sin(\omega_{\mathrm{s}}t+\beta)]i_{\mathrm{qs0}}\\
+[\theta_0+\Delta\theta_1\mathrm{e}^{\lambda t}\sin(\omega_{\mathrm{s}}t+\beta)][I_{\mathrm{q}}\mathrm{e}^{\lambda t}\sin(\omega_{\mathrm{s}}t+\varphi_{\mathrm{q}})]\end{array}\right\}\mathrm{d}t\omega_{\mathrm{s}}\Delta\theta_1\mathrm{e}^{\lambda t}\cos(\omega_{\mathrm{s}}t+\beta)\mathrm{d}t
\end{array}\right)\\
&= \frac{\mathrm{d}}{\mathrm{d}t}\left\{-k_{\mathrm{i2}}\int\left[\frac{1}{2}\omega_{\mathrm{s}}i_{\mathrm{dc0}}tI_{\mathrm{d}}\Delta\theta_1\mathrm{e}^{2\lambda t}\cos(\varphi_{\mathrm{d}}-\beta)+\frac{1}{2}\omega_{\mathrm{s}}\theta_0 i_{\mathrm{qs0}}tI_{\mathrm{d}}\Delta\theta_1\mathrm{e}^{2\lambda t}\cos(\varphi_{\mathrm{d}}-\beta)\right]\mathrm{d}t\right\}\\
&\approx -\frac{1}{2}k_{\mathrm{i2}}\omega_{\mathrm{s}}i_{\mathrm{ds0}}t\Delta\theta_1 I_{\mathrm{d}}\mathrm{e}^{2\lambda t}\cos(\varphi_{\mathrm{d}}-\beta)
\end{aligned}
\tag{4-10}
$$

$$
\begin{aligned}
\Delta\dot{W}_{\mathrm{I3}} &= \frac{\mathrm{d}}{\mathrm{d}t}\left[-k_{\mathrm{i2}}\int(i_{\mathrm{qs}}-\Delta\theta_{\mathrm{pll}}i_{\mathrm{ds}})\int(i_{\mathrm{qs}}-\Delta\theta_{\mathrm{pll}}i_{\mathrm{ds}})\mathrm{d}t\mathrm{d}\Delta\theta_{\mathrm{pll}}\right]\\
&= \frac{\mathrm{d}}{\mathrm{d}t}\left(\begin{array}{l}
-k_{\mathrm{i2}}\int\left\{\begin{array}{l}i_{\mathrm{qs0}}+I_{\mathrm{q}}\mathrm{e}^{\lambda t}\sin(\omega_{\mathrm{s}}t+\varphi_{\mathrm{q}})-[\theta_0+\Delta\theta_1\mathrm{e}^{\lambda t}\sin(\omega_{\mathrm{s}}t+\beta)]i_{\mathrm{ds0}}\\
-[\theta_0+\Delta\theta_1\mathrm{e}^{\lambda t}\sin(\omega_{\mathrm{s}}t+\beta)]I_{\mathrm{d}}\mathrm{e}^{\lambda t}\cos(\omega_{\mathrm{s}}t+\varphi_{\mathrm{d}})\end{array}\right\}\\
\int\left\{\begin{array}{l}i_{\mathrm{qs0}}+I_{\mathrm{q}}\mathrm{e}^{\lambda t}\sin(\omega_{\mathrm{s}}t+\varphi_{\mathrm{q}})-[\theta_0+\Delta\theta_1\mathrm{e}^{\lambda t}\sin(\omega_{\mathrm{s}}t+\beta)]i_{\mathrm{ds0}}\\
-[\theta_0+\Delta\theta_1\mathrm{e}^{\lambda t}\sin(\omega_{\mathrm{s}}t+\beta)]I_{\mathrm{d}}\mathrm{e}^{\lambda t}\cos(\omega_{\mathrm{s}}t+\varphi_{\mathrm{d}})\end{array}\right\}\mathrm{d}t\omega_{\mathrm{s}}\Delta\theta_1\mathrm{e}^{\lambda t}\cos(\omega_{\mathrm{s}}t+\beta)\mathrm{d}t
\end{array}\right)\\
&= \frac{\mathrm{d}}{\mathrm{d}t}\left\{-k_{\mathrm{i2}}\int\left[-\frac{1}{2}\omega_{\mathrm{s}}\theta_0 i_{\mathrm{qs0}}tI_{\mathrm{d}}\Delta\theta_1\mathrm{e}^{2\lambda t}\cos(\varphi_{\mathrm{d}}-\beta)+\frac{1}{2}\omega_{\mathrm{s}}\theta_0 i_{\mathrm{ds0}}t\theta_0 I_{\mathrm{d}}\Delta\theta_1\mathrm{e}^{2\lambda t}\cos(\varphi_{\mathrm{d}}-\beta)\right]\mathrm{d}t\right\}\\
&\approx \frac{1}{2}k_{\mathrm{i2}}\omega_{\mathrm{s}}\theta_0 i_{\mathrm{qs0}}tI_{\mathrm{d}}\Delta\theta_1\mathrm{e}^{2\lambda t}\cos(\varphi_{\mathrm{d}}-\beta)
\end{aligned}
\tag{4-11}
$$

$$
\begin{aligned}
\Delta\dot{W}_{\mathrm{I4}} &= \frac{\mathrm{d}}{\mathrm{d}t}\left[-k_{\mathrm{i2}}\int(i_{\mathrm{qs}}-\Delta\theta_{\mathrm{pll}}i_{\mathrm{ds}})i_{\mathrm{dc}}^{*}\mathrm{d}t\right]\\
&= \frac{\mathrm{d}}{\mathrm{d}t}\left(-k_{\mathrm{i2}}\int\left\{\begin{array}{l}i_{\mathrm{qs0}}+I_{\mathrm{q}}\mathrm{e}^{\lambda t}\sin(\omega_{\mathrm{s}}t+\varphi_{\mathrm{q}})-[\theta_0+\Delta\theta_1\mathrm{e}^{\lambda t}\sin(\omega_{\mathrm{s}}t+\beta)]i_{\mathrm{ds0}}\\
-[\theta_0+\Delta\theta_1\mathrm{e}^{\lambda t}\sin(\omega_{\mathrm{s}}t+\beta)]I_{\mathrm{d}}\mathrm{e}^{\lambda t}\cos(\omega_{\mathrm{s}}t+\varphi_{\mathrm{d}})\end{array}\right\}i_{\mathrm{dc}}^{*}\mathrm{d}t\right)\\
&= \frac{\mathrm{d}}{\mathrm{d}t}\left\{-k_{\mathrm{i2}}\int\left[i_{\mathrm{qs0}}i_{\mathrm{dc}}^{*}+\frac{1}{2}\Delta\theta_1 I_{\mathrm{d}}\mathrm{e}^{2\lambda t}\sin(\varphi_{\mathrm{d}}-\beta)i_{\mathrm{dc}}^{*}\right]\mathrm{d}t\right\}\\
&\approx -\frac{1}{2}k_{\mathrm{i2}}i_{\mathrm{qs0}}i_{\mathrm{dc}}^{*}
\end{aligned}
\tag{4-12}
$$

$$
\begin{aligned}
\Delta\dot{W}_{\mathrm{L1}} &= \frac{\mathrm{d}}{\mathrm{d}t}\left[\omega_2 L_{\mathrm{w}}\int (i_{\mathrm{qs}}{}^2 + i_{\mathrm{ds}}{}^2)\Delta\theta_{\mathrm{pll}}\mathrm{d}\Delta\theta_{\mathrm{pll}}\right] \\
&= \frac{\mathrm{d}}{\mathrm{d}t}\Big\{\omega_2 L_{\mathrm{w}}\int [i_{\mathrm{ds0}}{}^2 + 2i_{\mathrm{ds0}}I_{\mathrm{d}}\mathrm{e}^{\lambda t}\cos(\omega_{\mathrm{s}}t+\varphi_{\mathrm{d}}) + i_{\mathrm{qs0}}{}^2 + 2i_{\mathrm{qs0}}I_{\mathrm{q}}\mathrm{e}^{\lambda t}\sin(\omega_{\mathrm{s}}t \\
&\quad +\varphi_{\mathrm{q}})][\theta_0 + \Delta\theta_1\mathrm{e}^{\lambda t}\sin(\omega_{\mathrm{s}}t+\beta)]\omega_{\mathrm{s}}\Delta\theta_1\mathrm{e}^{\lambda t}\cos(\omega_{\mathrm{s}}t+\beta)\mathrm{d}t\Big\} \\
&= \frac{\mathrm{d}}{\mathrm{d}t}\Big\{\omega_2 L_{\mathrm{w}}\int [\omega_{\mathrm{s}}i_{\mathrm{ds0}}\theta_0\Delta\theta_1 I_{\mathrm{d}}\mathrm{e}^{2\lambda t}\cos(\varphi_{\mathrm{d}}-\beta) + \omega_{\mathrm{s}}i_{\mathrm{qs0}}\theta_0\Delta\theta_1 I_{\mathrm{q}}\mathrm{e}^{\lambda t}\sin(\varphi_{\mathrm{q}}-\beta)]\mathrm{d}t\Big\} \\
&\approx \omega_2 L_{\mathrm{w}}\omega_{\mathrm{s}}i_{\mathrm{ds0}}\theta_0\Delta\theta_1 I_{\mathrm{d}}\mathrm{e}^{2\lambda t}\cos(\varphi_{\mathrm{d}}-\beta)
\end{aligned}
\tag{4-13}
$$

考虑到直驱机组正常运行时其稳态电流满足 $i_{\mathrm{ds0}} \gg i_{\mathrm{qs0}}$，式(4-13)可取其主要影响项。

$$
\begin{aligned}
\Delta\dot{W}_{\mathrm{L2}} &= \frac{\mathrm{d}}{\mathrm{d}t}\left[\omega_2 L_{\mathrm{w}}\int (i_{\mathrm{ds}}\mathrm{d}i_{\mathrm{ds}} + i_{\mathrm{qs}}\mathrm{d}i_{\mathrm{qs}})\right] \\
&= \frac{\mathrm{d}}{\mathrm{d}t}\left\{\omega_2 L_{\mathrm{w}}\int \begin{matrix}[i_{\mathrm{ds0}} + I_{\mathrm{d}}\mathrm{e}^{\lambda t}\cos(\omega_{\mathrm{s}}t+\varphi_{\mathrm{d}})]\mathrm{d}[i_{\mathrm{ds0}} + I_{\mathrm{d}}\mathrm{e}^{\lambda t}\cos(\omega_{\mathrm{s}}t+\varphi_{\mathrm{d}})] \\ +[i_{\mathrm{qs0}} + I_{\mathrm{q}}\mathrm{e}^{\lambda t}\sin(\omega_{\mathrm{s}}t+\varphi_{\mathrm{q}})]\mathrm{d}[i_{\mathrm{qs0}} + I_{\mathrm{q}}\mathrm{e}^{\lambda t}\sin(\omega_{\mathrm{s}}t+\varphi_{\mathrm{q}})]\end{matrix}\right\} \\
&= \frac{\mathrm{d}}{\mathrm{d}t}\left\{\omega_2 L_{\mathrm{w}}\int \left[\frac{1}{2}\lambda I_{\mathrm{d}}{}^2\mathrm{e}^{2\lambda t} + \frac{1}{2}\lambda I_{\mathrm{q}}{}^2\mathrm{e}^{2\lambda t}\right]\mathrm{d}t\right\} \\
&= \frac{1}{2}\lambda(I_{\mathrm{d}}{}^2 + I_{\mathrm{q}}{}^2)\mathrm{e}^{2\lambda t} \\
&\approx 0
\end{aligned}
\tag{4-14}
$$

考虑到振荡频率远大于衰减系数，即 $\omega_{\mathrm{s}} \gg \lambda$，式(4-6)～式(4-13)均化简为 ω_{s} 主导项，式(4-14)化简为 λ 主导项，与式(4-7)～式(4-14)相比可近似为 0。

各控制环节 $\Delta\dot{W}_{\mathrm{PMSG}}$ 表征直驱机组总能量的累积和消耗趋势，其正负直接决定系统的稳定性。由上式可知，$\Delta\dot{W}_{\mathrm{P1}}$ 的正负由 $\cos(\varphi_{\mathrm{d}}-\varphi_{\mathrm{q}})$ 决定，$\Delta\dot{W}_{\mathrm{P2}}$、$\Delta\dot{W}_{\mathrm{P3}}$、$\Delta\dot{W}_{\mathrm{I1}}$、$\Delta\dot{W}_{\mathrm{I2}}$、$\Delta\dot{W}_{\mathrm{I3}}$ 和 $\Delta\dot{W}_{\mathrm{L1}}$ 的正负由 $\cos(\varphi_{\mathrm{d}}-\beta)$ 决定，其中相角差 $\varphi_{\mathrm{d}}-\varphi_{\mathrm{q}}$ 和 $\varphi_{\mathrm{d}}-\beta$ 与次/超频电流初始相角和锁相环动态角初始相角有关，下面展开详细分析。

1) 次/超频电压和电流的初始相角分析

经次/超频分量详细推导，次/超频电压和电流的初始相角可表示为

$$
\cos(\varphi_{\mathrm{d}}-\varphi_{\mathrm{q}}) = \frac{1}{I_{\mathrm{d}}I_{\mathrm{q}}}(I_+{}^2 - I_-{}^2)
\tag{4-15}
$$

$$
\cos(\varphi_{\mathrm{d}}-\varphi_{\mathrm{q}}) = \frac{1}{I_{\mathrm{d}}U_{\mathrm{q}}}\begin{bmatrix} I_+U_+\cos(\alpha_+-\varepsilon_+) + I_-U_+\cos(\alpha_--\varepsilon_+) \\ -I_+U_-\cos(\alpha_+-\varepsilon_-) - I_-U_-\cos(\alpha_--\varepsilon_-)\end{bmatrix}
\tag{4-16}
$$

$$\sin(\varphi_{\mathrm{d}}-\varphi_{\mathrm{q}})=\frac{1}{I_{\mathrm{d}}U_{\mathrm{q}}}\begin{bmatrix}I_{+}U_{+}\sin(\alpha_{+}-\varepsilon_{+})+I_{-}U_{+}\sin(\alpha_{-}-\varepsilon_{+})\\-I_{+}U_{-}\sin(\alpha_{+}-\varepsilon_{-})-I_{-}U_{-}\sin(\alpha_{-}-\varepsilon_{-})\end{bmatrix}\tag{4-17}$$

式中，I_{-}、I_{+}、α_{-}和α_{+}分别为直驱机组端口 A 相次/超频电流的幅值和初始相角；U_{-}、U_{+}、ε_{-}和ε_{+}分别为直驱机组端口 A 相次/超频电压的幅值和初始相角；U_{q}和φ_{q}分别为直驱机组端口 q 轴振荡电压的幅值和初始相角。

在直驱机组发生次/超同步振荡时，通常超频分量大于次频分量，故式(4-17)大于 0，得到式(4-8)恒小于 0，即$\Delta\dot{W}_{\mathrm{P1}}<0$，$W_{\mathrm{P1}}$能有效降低机组总能量$W_{\mathrm{PMSG}}$，有利于系统稳定。同时，式(4-18)和式(4-19)中的$\varphi_{\mathrm{d}}-\varphi_{\mathrm{q}}$可近似为超频电流与超频电压初相角之差。由于机组外环控制设定无功参考值为 0，有功参考值为额定值，机组端口发出功率以有功为主，导致超频电流与超频电压初相角差近似为 0，即$\varphi_{\mathrm{d}}-\varphi_{\mathrm{q}}\approx 0$。因此，式(4-33)中$\cos(\varphi_{\mathrm{d}}-\varphi_{\mathrm{q}})$为正，且远大于式(4-19)中的$\sin(\varphi_{\mathrm{d}}-\varphi_{\mathrm{q}})$。

2)锁相环动态角初相角分析

由式(4-10)详细推导发现锁相环动态角初始相角β与 q 轴的电压初始相角ϕ_{q}有关，有$\beta=\varphi_{\mathrm{q}}+\varphi$成立，$\varphi$满足如下关系：

$$\begin{cases}\sin\varphi=\dfrac{k_{\mathrm{p\theta}}({\omega_{\mathrm{s}}}^{2}+\lambda^{2})}{\sqrt{{k_{\mathrm{p\theta}}}^{2}({\omega_{\mathrm{s}}}^{2}+\lambda^{2})^{2}+{k_{\mathrm{i\theta}}}^{2}{\omega_{\mathrm{s}}}^{2}}}\\ \cos\varphi=\dfrac{k_{\mathrm{i\theta}}\omega_{\mathrm{s}}}{\sqrt{{k_{\mathrm{p\theta}}}^{2}({\omega_{\mathrm{s}}}^{2}+\lambda^{2})^{2}+{k_{\mathrm{i\theta}}}^{2}{\omega_{\mathrm{s}}}^{2}}}\end{cases}\tag{4-18}$$

式中，$\cos\varphi$、$\sin\varphi$皆为正且$\sin\varphi$略大于$\cos\varphi$。

将$\beta=\varphi_{\mathrm{q}}+\varphi$代入$\cos(\varphi_{\mathrm{d}}-\beta)$得到

$$\cos(\varphi_{\mathrm{d}}-\beta)=\cos(\varphi_{\mathrm{d}}-\varphi_{\mathrm{q}})\cos\varphi+\sin(\varphi_{\mathrm{d}}-\varphi_{\mathrm{q}})\sin\varphi\tag{4-19}$$

考虑到$\cos(\varphi_{\mathrm{d}}-\varphi_{\mathrm{q}})$为正，且远大于$\sin(\varphi_{\mathrm{d}}-\varphi_{\mathrm{q}})$，式(4-55)恒为正，即$\cos(\varphi_{\mathrm{d}}-\beta)>0$。

由式(4-8)、式(4-10)、式(4-12)推导可知$\Delta\dot{W}_{\mathrm{P3}}$、$\Delta\dot{W}_{\mathrm{I2}}$和$\Delta\dot{W}_{\mathrm{I4}}$均为负，$\Delta\dot{W}_{\mathrm{L2}}$近似为 0，对振荡呈现正阻尼作用，有利于振荡收敛；$\Delta\dot{W}_{\mathrm{P2}}$、$\Delta\dot{W}_{\mathrm{I1}}$、$\Delta\dot{W}_{\mathrm{I3}}$和$\Delta\dot{W}_{\mathrm{L1}}$均为正，对振荡呈现负阻尼作用，不利于系统稳定，其中$\Delta\dot{W}_{\mathrm{I3}}$幅值远小于其他三项，可忽略不计。直驱机组网侧变流器各控制环节暂态能量特性如图 4-1 所示。综上可知，W_{P2}、W_{I1}和W_{L1}是主导直驱机组振荡的负阻尼能量。

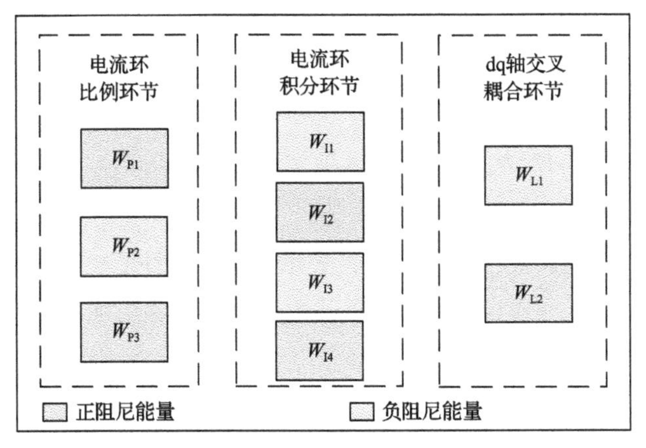

图 4-1　直驱机组网侧变流器各控制环节暂态能量特性

考虑直驱机组网侧变流器各控制环节能量的阻尼特性，以负阻尼能量作为补偿能量构建附加能量支路，从而改善振荡过程中机组发出负阻尼能量特性，以实现宽频振荡的单机有效抑制。

2. 构建附加能量支路

利用反推设计法构建附加能量支路，在直驱机组暂态能量中，找寻负阻尼能量项对应的暂态能量类似项，在此基础上，去除负阻尼能量项中与类似项相同的电流项，剩余部分即为电压补偿项，由此可将能量补偿转换为电压补偿，并利用电压补偿项设计附加能量支路。

以负阻尼能量 W_{P2} 为例，详细说明其电压补偿项的获取过程。首先将式(4-7)中的 W_{P2} 转换至直驱机组控制系统 dqc 坐标系下为

$$W_{P2} = k_{p2}\int i_{dc}^{*} i_{dc} \mathrm{d}\Delta\theta_{pll} \tag{4-20}$$

与暂态能量函数式(4-5)比对可知，式(4-5)中的 W_{P2} 与能量函数中的第一项 $\int i_{dc}u_{dc}\mathrm{d}\Delta\theta_{pll}$ 表达形式类似，均含相同电流项 i_{dc}，除去 W_{P2} 中电流项 i_{dc}，得到电压补偿项为

$$\Delta u_{dc1} = -k_{p2} i_{dc}^{*} \tag{4-21}$$

同理，分别将式(4-13)中的 W_{I1} 和式(4-14)中的 W_{L1} 与能量函数进行比对，提取其对应的电压补偿项为

$$\Delta u_{dc2} = -k_{i2}\int i_{dc}^{*} \mathrm{d}t \tag{4-22}$$

$$\begin{cases}\Delta u_{\mathrm{dc3}} = -\omega_2 L_{\mathrm{w}} i_{\mathrm{dc}} \Delta\theta_{\mathrm{pll}} \\ \Delta u_{\mathrm{qc3}} = -\omega_2 L_{\mathrm{w}} i_{\mathrm{qc}} \Delta\theta_{\mathrm{pll}}\end{cases} \tag{4-23}$$

式(4-17)和式(4-18)均以i_{dc}^*为输入项，以Δu_{dc1}和Δu_{dc2}为输出项，分别表示比例和积分控制环节，因此可将其组合为一个PI控制器。式(4-19)分别以i_{dc}和i_{qc}为输入项，以Δu_{dc3}和Δu_{qc3}为输出项，表示比例控制环节，且 dq 轴的比例系数相同。利用式(4-17)～式(4-19)的电压补偿项分别构建附加能量支路V_{P2}、V_{I1}和V_{L1}，如图 4-2 所示。

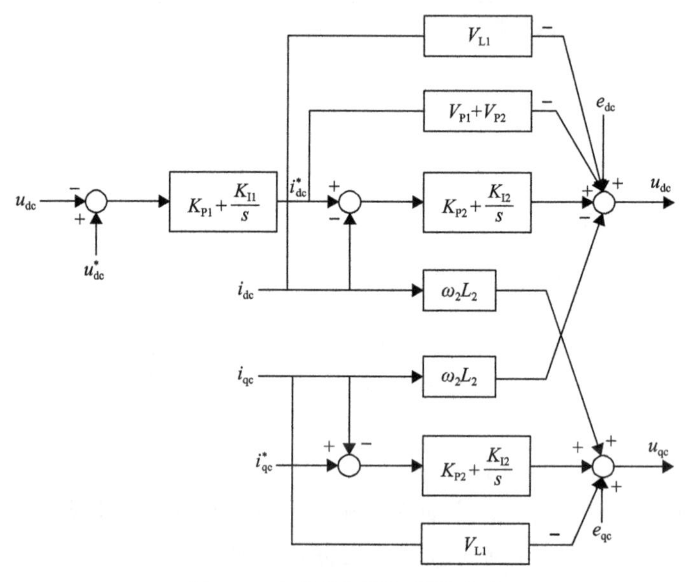

图 4-2　直驱机组附加能量支路

分别将式(4-17)～式(4-18)代入能量函数中，得到附加能量支路的能量增量，其表达式为

$$\begin{aligned}W_{\mathrm{VP2}} &= 2k_{\mathrm{p2}} i_{\mathrm{dc}}^* \int i_{\mathrm{dc}} \Delta\theta_{\mathrm{pll}} \mathrm{d}\Delta\theta_{\mathrm{pll}} - k_{\mathrm{p2}} \int i_{\mathrm{dc}}^* i_{\mathrm{dc}} \mathrm{d}\Delta\theta_{\mathrm{pll}} \\ &= W_{\mathrm{e1}} - W_{\mathrm{V1}}\end{aligned} \tag{4-24}$$

$$\begin{aligned}W_{\mathrm{VI1}} &= k_{\mathrm{i2}} \int i_{\mathrm{qc}} i_{\mathrm{dc}}^* \mathrm{d}t + 2k_{\mathrm{i2}} \int i_{\mathrm{dc}}^* t i_{\mathrm{qc}} \Delta\theta_{\mathrm{pll}} \mathrm{d}\Delta\theta_{\mathrm{pll}} - k_{\mathrm{i2}} \int i_{\mathrm{dc}}^* i_{\mathrm{dc}} t \mathrm{d}\Delta\theta_{\mathrm{pll}} \\ &= W_{\mathrm{e2}} - W_{\mathrm{V2}}\end{aligned} \tag{4-25}$$

$$\begin{aligned}W_{\mathrm{VL1}} &= \omega_2 L_{\mathrm{w}} \int (i_{\mathrm{qc}} \Delta\theta_{\mathrm{pll}} \mathrm{d}i_{\mathrm{dc}} - i_{\mathrm{dc}} \Delta\theta_{\mathrm{pll}} \mathrm{d}i_{\mathrm{qc}}) - \omega_2 L_{\mathrm{w}} \int ({i_{\mathrm{dc}}}^2 + {i_{\mathrm{qc}}}^2) \Delta\theta_{\mathrm{pll}} \mathrm{d}\Delta\theta_{\mathrm{pll}} \\ &= W_{\mathrm{e3}} - W_{\mathrm{V3}}\end{aligned} \tag{4-26}$$

式中，附加$V_{\rm P2}$、$V_{\rm I1}$和$V_{\rm L1}$支路后，能量增量分为两部分，$W_{\rm V1}$、$W_{\rm V2}$和$W_{\rm V3}$为必要补偿能量；$W_{\rm e1}$、$W_{\rm e2}$和$W_{\rm e3}$为额外引入能量。

分析式(4-6)～式(4-14)可知，dqc 坐标系下$W_{\rm V1}$、$W_{\rm V2}$和$W_{\rm V3}$本质上为 dqs 坐标系下负阻尼能量$W_{\rm P2}$、$W_{\rm I1}$和$W_{\rm L1}$，$W_{\rm P1}$、$W_{\rm I1}$和$W_{\rm L1}$包含次/超频与基频之差$\omega_{\rm s}$乘积项，相当于各附加支路依频补偿负阻尼能量，当$\omega_{\rm s}$值越大时，其补偿的负阻尼能量越大，附加支路的补偿效果愈明显。与此同时，分析额外引入能量$W_{\rm e1}$、$W_{\rm e2}$和$W_{\rm e3}$对系统稳定的影响，详细计算其能量变化率$\Delta\dot{W}_{\rm e1}$、$\Delta\dot{W}_{\rm e2}$和$\Delta\dot{W}_{\rm e3}$，分别表示为

$$\Delta\dot{W}_{\rm e1}=-2k_{\rm p2}i_{\rm dc}^{*}\begin{bmatrix}\omega_{\rm s}i_{\rm qs0}\theta_0\Delta\theta_1{\rm e}^{\lambda t}\cos(\omega_{\rm s}t+\beta)-\omega_{\rm s}\theta_0^{\ 2}i_{\rm ds0}\Delta\theta_1{\rm e}^{\lambda t}\cos(\omega_{\rm s}t+\beta)\\+\dfrac{1}{2}\omega_{\rm s}\theta_0I_{\rm q}\Delta\theta_1{\rm e}^{2\lambda t}\sin(\omega_{\rm s}t+\varphi_{\rm q}+\beta)+\dfrac{1}{2}\omega_{\rm s}i_{\rm qs0}\Delta\theta_1^{\ 2}{\rm e}^{2\lambda t}\sin(2\omega_{\rm s}t+2\beta)\\+\dfrac{1}{2}\omega_{\rm s}\theta_0I_q\Delta\theta_1{\rm e}^{2\lambda t}\sin(\varphi_{\rm q}-\beta)-\dfrac{1}{2}\omega_{\rm s}i_{\rm ds0}\theta_0\Delta\theta_1^{\ 2}{\rm e}^{2\lambda t}\sin(2\omega_{\rm s}t+2\beta)\\-\dfrac{1}{2}\omega_{\rm s}\theta_0^{\ 2}I_{\rm d}\Delta\theta_1{\rm e}^{2\lambda t}\cos(\omega_{\rm s}t+\varphi_{\rm d}+\beta)-\dfrac{1}{2}\omega_{\rm s}\theta_0^{\ 2}I_{\rm d}\Delta\theta_1{\rm e}^{2\lambda t}\cos(\varphi_{\rm d}-\beta)\\-\dfrac{1}{2}\omega_{\rm s}i_{\rm ds0}\theta_0\Delta\theta_1^{\ 2}{\rm e}^{2\lambda t}\sin(2\omega_{\rm s}t+2\beta)\end{bmatrix}\tag{4-27}$$

$$\begin{aligned}\Delta\dot{W}_{\rm e2}=&-k_{\rm i2}i_{\rm dc}^{*}\begin{bmatrix}i_{\rm qs0}-i_{\rm ds0}\theta_0+{\rm e}^{\lambda t}I_{\rm q}\sin(\omega_{\rm s}t+\varphi_{\rm q})-i_{\rm ds0}\Delta\theta_1{\rm e}^{\lambda t}\sin(\omega_{\rm s}t+\beta)\\-\theta_0{\rm e}^{\lambda t}I_{\rm d}\cos(\omega_{\rm s}t+\varphi_{\rm d})+2i_{\rm qs0}\theta_0\Delta\theta_1{\rm e}^{\lambda t}\sin(\omega_{\rm s}t+\beta)\\-\theta_0\Delta\theta_1{\rm e}^{2\lambda t}I_{\rm q}\cos(2\omega_{\rm s}t+\varphi_{\rm q}+\beta)+\theta_0\Delta\theta_1{\rm e}^{2\lambda t}I_{\rm q}\cos(\varphi_{\rm q}-\beta)\end{bmatrix}\\&-2k_{\rm p2}i_{\rm dc}^{*}t\begin{bmatrix}\omega_{\rm s}i_{\rm qs0}\theta_0\Delta\theta_1{\rm e}^{\lambda t}\cos(\omega_{\rm s}t+\beta)-\omega_{\rm s}\theta_0^{\ 2}i_{\rm ds0}\Delta\theta_1{\rm e}^{\lambda t}\cos(\omega_{\rm s}t+\beta)\\+\dfrac{1}{2}\omega_{\rm s}\theta_0I_q\Delta\theta_1{\rm e}^{2\lambda t}\sin(\omega_{\rm s}t+\varphi_{\rm q}+\beta)+\dfrac{1}{2}\omega_{\rm s}\theta_0I_{\rm q}\Delta\theta_1{\rm e}^{2\lambda t}\sin(\varphi_{\rm q}-\beta)\end{bmatrix}\end{aligned}\tag{4-28}$$

$$\Delta\dot{W}_{\rm e3}=w_2L_{\rm w}\begin{bmatrix}\omega_{\rm s}I_{\rm d}I_{\rm q}(\theta_0+\theta_0^{\ 3}){\rm e}^{2\lambda t}\cos(\varphi_{\rm d}-\varphi_{\rm q})\\+\omega_{\rm s}i_{\rm qs0}(\theta_0+\theta_0^{\ 3}){\rm e}^{\lambda t}I_{\rm d}\sin(\omega_{\rm s}t+\varphi_{\rm d})\\+\omega_{\rm s}i_{\rm ds0}(\theta_0+\theta_0^{\ 3}){\rm e}^{\lambda t}I_{\rm q}\cos(\omega_{\rm s}t+\varphi_{\rm q})\\-(i_{\rm ds0}^2+i_{\rm qs0}^2)(\theta_0+2\theta_0^{\ 3})\omega_{\rm s}\Delta\theta_1{\rm e}^{\lambda t}\cos(\omega_{\rm s}t+\beta)\end{bmatrix}\tag{4-29}$$

式中，$\Delta\dot{W}_{\rm e1}$、$\Delta\dot{W}_{\rm e2}$和$\Delta\dot{W}_{\rm e3}$均以周期分量为主，$\Delta\dot{W}_{\rm e1}$、$\Delta\dot{W}_{\rm e2}$和$\Delta\dot{W}_{\rm e3}$在一个振荡周期内积分约为 0，故而额外引入能量$W_{\rm e1}$、$W_{\rm e2}$和$W_{\rm e3}$几乎不增加系统能量，对系统稳定影响极小，可忽略不计。

附加能量支路能够实现依频补偿负阻尼能量，可提升机组在振荡期间的稳定

性，但在基频正常运行过程中，通过附加能量支路增加网侧变流器的输出电压，可能会改变机组的基频特性。因此，需要进一步分析各支路对机组基频特性的影响。

由于附加能量支路引入锁相环动态角$\Delta\theta_{\mathrm{pll}}$，而在基频下不存在$\Delta\theta_{\mathrm{pll}}$，由此可得在基频下附加$V_{\mathrm{P2}}$、$V_{\mathrm{I1}}$和$V_{\mathrm{L1}}$支路的基频电压增量为

$$\Delta u_{\mathrm{dc1}}^{*}=-k_{\mathrm{p2}}i_{\mathrm{dc}}^{*} \tag{4-30}$$

$$\Delta u_{\mathrm{dc2}}^{*}=-k_{\mathrm{i2}}\int i_{\mathrm{dc}}^{*}\mathrm{d}t \tag{4-31}$$

$$\begin{cases}\Delta u_{\mathrm{dc3}}^{*}=0\\ \Delta u_{\mathrm{qc3}}^{*}=0\end{cases} \tag{4-32}$$

由式(4-30)～式(4-32)可知，在基频下V_{P2}和V_{I1}两条附加支路，主要影响 d 轴电流环控制结构，减弱了在电流环 PI 静差控制，对机组基频电压有一定影响；而V_{L1}附加支路在基频下输出为 0，对机组基频电压无影响。因此，考虑到不同支路的补偿能力和基频影响，需要合理地配置各附加能量支路的控制参数，实现振荡有效抑制。后续将展开具体下层控制的优化方案。

3. 多支路补偿系数优化

直驱机组能量支路参数优化方案为了实现单机负阻尼能量累积最小化，即等同于实现单机能量补偿最大化。在不影响直驱机组基频特性的基础上，尽可能提升附加能量支路的补偿能力，本书构建了附加能量支路优化方案，为各支路配置补偿系数，以支路的补偿能量最大和基频电压增量最小为目标优化附加能量支路集。

1) 目标函数

以补偿能量与基频电压增量比指标为优化目标，其表达式为

$$\max f_{2}=\frac{\left|\sum_{i=1}^{n_{\mathrm{v}}}k_{\mathrm{V}i}W_{\mathrm{V}i}\right|}{\left|\sum_{i=1}^{n_{\mathrm{v}}}k_{\mathrm{V}i}\Delta u_{\mathrm{d(q)c}i}^{*}\right|} \tag{4-33}$$

式中，$k_{\mathrm{V}i}$为第i条附加能量支路的补偿系数；$W_{\mathrm{V}i}$为第i条附加能量支路的补偿能量；$\Delta u_{\mathrm{d(q)c}i}^{*}$为第$i$条附加能量支路的 dq 轴基频电压增量；$n_{\mathrm{v}}$为附加能量支路的个数总和，即上文提到的 3 条支路。

2) 约束条件

(1) 补偿系数取值范围。考虑到V_{P2}、V_{I1}和V_{L1}附加支路均影响电流环结构，

为保证附加支路后控制环节的稳定运行，结合闭环频域稳定特性设计各支路补偿系数的参数区间。将式(4-33)转换至频域形式代入网侧变流器控制方程中，得到附加能量支路后的闭环传递函数为

$$T_{\mathrm{VPI}}(s)=\frac{(1-k_{\mathrm{V1}})\dfrac{k_{\mathrm{p2}}s}{L_{\mathrm{w}}}+(1-k_{\mathrm{V2}})\dfrac{k_{\mathrm{i2}}}{L_{\mathrm{w}}}}{s^2+(1-k_{\mathrm{V1}})\dfrac{k_{\mathrm{p2}}s}{L_{\mathrm{w}}}+(1-k_{\mathrm{V2}})\dfrac{k_{\mathrm{i2}}}{L_{\mathrm{w}}}} \tag{4-34}$$

$$T_{\mathrm{VL1}}(s)=\frac{k_{\mathrm{V3}}\omega_2\Delta\theta_{\mathrm{pll}}}{s+k_{\mathrm{V3}}\omega_2\Delta\theta_{\mathrm{pll}}} \tag{4-35}$$

式(4-34)为附加 V_{P2} 和 V_{I1} 支路后的典型二阶系统；式(4-34)为附加 V_{L1} d 轴支路后的典型一阶系统，q 轴支路附加后的系统与式(4-35)相同，此处不再赘述。

基于闭环系统频域特性，求得各支路的补偿系数为

$$\begin{cases}k_{\mathrm{V1}}=\dfrac{1-L_2\omega_{\mathrm{PIc}}^2(\sqrt{1+4\xi_t^4}-2\xi_t^2)}{k_{\mathrm{p2}}}\\[2ex] k_{\mathrm{V2}}=\dfrac{1-2L_2\omega_{\mathrm{PIc}}(\sqrt{\sqrt{1+4\xi_t^4}-2\xi_t^2})}{k_{\mathrm{i2}}}\\[2ex] k_{\mathrm{V3}}=\dfrac{\omega_{\mathrm{Lc}}}{\omega_2\Delta\theta_{\mathrm{pll}}}\end{cases} \tag{4-36}$$

式中，ξ_t 为附加 V_{P2} 和 V_{I1} 支路的阻尼比；$\omega_{\mathrm{PIc}}=2\pi * f_{\mathrm{PIc}}$；$f_{\mathrm{PIc}}$ 为附加 V_{P2} 和 V_{I1} 支路的控制带宽；$\omega_{\mathrm{Lc}}=2\pi * f_{\mathrm{Lc}}$；$f_{\mathrm{Lc}}$ 为附加 V_{L1} 支路的控制带宽。

由式(4-36)可知，各支路的补偿系数分别由阻尼比或控制带宽确定。为保证支路具有较好的快速性和平稳性，阻尼比一般满足 $0.4 \leqslant \xi_t \leqslant 0.8$。同时，考虑到直驱机组接入弱电网引发次/超同步振荡的危险频段为 20～30Hz 和 70～80Hz，可将 f_{PIc} 和 f_{Lc} 设置为 $20 \leqslant f_{\mathrm{PIc}}$，$f_{\mathrm{Lc}} \leqslant 30$，$70 \leqslant f_{\mathrm{PIc}}$，$f_{\mathrm{Lc}} \leqslant 80$。根据阻尼比和控制带宽的取值范围，确定补偿系数的参数区间为

$$\begin{cases}k_{\mathrm{V1}}\in[k_{\mathrm{V1min}},k_{\mathrm{V1max}}]\\ k_{\mathrm{V2}}\in[k_{\mathrm{V2min}},k_{\mathrm{V2max}}]\\ k_{\mathrm{V3}}\in[k_{\mathrm{V3min}},k_{\mathrm{V3max}}]\end{cases} \tag{4-37}$$

式中，k_{V1min}、k_{V1max}、k_{V2min}、k_{V2max}、k_{V3min} 及 k_{V3max} 分别由式(4-36)求解。

(2)基频电压约束条件。为了保证附加能量支路后直驱机组能正常运行，附加支路的基频电压增量不得超出机组端电压的允许范围。根据风电机组并网的一般

要求，风电机组正常运行电压偏差为–10%～10%，考虑到一定出力要求和稳定裕度，可将电压偏差控制在–5%～5%，即附加支路基频电压增量满足

$$\sqrt{\sum_{i=1}^{n}(k_{\mathrm{Vi}}\Delta u_{\mathrm{d(q)ci}}^{*})^{2}} \leqslant 5\%U_{\mathrm{n}} \tag{4-38}$$

式中，U_{n} 为直驱机组端口额定电压，取标幺值为 1。

3) 优化方案

针对上述附加能量支路补偿系数优化模型，应用模式搜索法确定补偿系数，方案如下。

步骤 1：在线测量直驱机组端口电压和电流数据，利用式(4-27)～式(4-29)计算各附加支路的补偿能量，利用式(4-30)～式(4-32)计算各附加支路的基频电压增量，并利用式(4-37)确定补偿系数参数区间。

步骤 2：设置补偿系数 k_{V1}、k_{V2} 和 k_{V3} 初值，判断是否满足式(4-38)约束条件，若满足条件，则该补偿系数为可行解 x_1 即当前最优解，若不满足，重新确定初值直到找到可行解 x_1。

步骤 3：在当前最优解 x_i $(i=1,2,3,\cdots)$ 的基础上，应用模式搜索更新补偿系数，满足式(4-38)得到新的可行解 x_{i+1}，计算目标函数式(4-37)，若满足 $f_{i+1} > f_i$，则 x_{i+1} 为当前最优解，反之则重复步骤 3。

步骤 4：重复搜索过程，直到满足迭代次数，终止搜索，当前最优解即为最优补偿系数。

4) 直驱机组附加能量支路抑制效果

根据本节所提方法构建附加能量支路，结合弱电网振荡发散的仿真数据，利用式(4-27)～式(4-32)构建多支路补偿系数优化模型，应用模式搜索法确定补偿系数。由于附加 V_{L1} 支路不产生基频电压增量，按其补偿能量最大考虑，其补偿系数 k_{V3} 取参数区间的最大值。附加 V_{P2} 和 V_{I1} 支路补偿系数的优化过程如图 4-3 所示，当 k_{V1} 值越大、k_{V2} 值越小时，补偿能量与基频电压增量比越大，附加能量支路兼顾补偿能力和基频影响的效果越好。因此确定最优补偿系数为 k_{V1}=3.358、k_{V2}=7.109 和 k_{V3}=0.0769。

为验证该附加能量支路的有效性，分别从不同电网强度下的抑制效果、不同振荡频率下的抑制效果两方面进行验证。

1) 不同电网强度下直驱机组附加能量支路抑制效果

在弱电网场景下直驱机组投入附加能量支路，进一步改变电网参数得到不同电网强度下附加能量支路的抑制效果，如图 4-3 所示。图 4-4～图 4-6 分别为不同电网电感参数 L_{n+1}=7mH、L_{n+1}=6.85mH 和 L_{n+1}=6.7mH 的直驱风电场输出功率变

化情况。

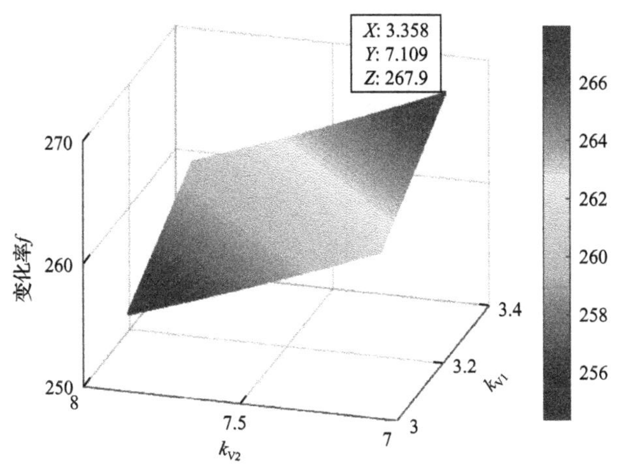

图 4-3　补偿系数 k_{V1} 和 k_{V2} 变化情况

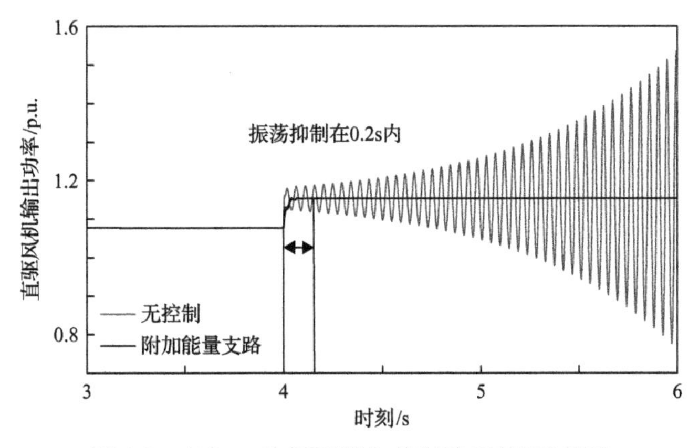

图 4-4　在 L_{n+1}=7mH 下附加控制后功率变化情况

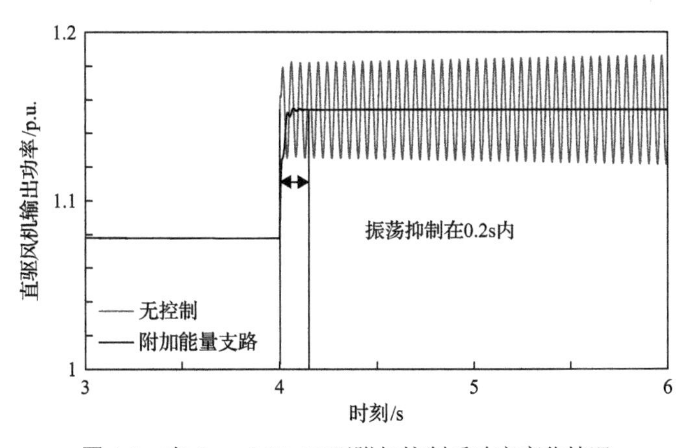

图 4-5　在 L_{n+1}=6.85mH 下附加控制后功率变化情况

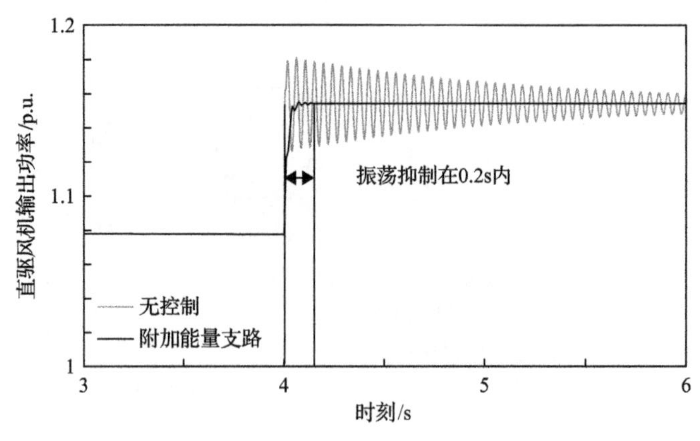

图 4-6　在 L_{n+1}=6.7mH 下附加控制后功率变化情况

由图 4-4～图 4-6 可知，投入附加能量支路后，直驱机组输出功率振荡幅值瞬间降低，在 0.2s 内收敛至稳定。在不同电网强度下的振荡幅值下降程度和收敛趋势几乎相同，均能在 0.2s 内有效抑制振荡。

2) 不同振荡频率下附加能量支路抑制效果

不同电网强度下的振荡均为 28/72Hz 频率下的次/超同步振荡，附加能量支路均有较好的抑制效果。为进一步验证附加能量支路对不同振荡频段的适应性，采取强迫振荡方式，在电网侧注入 5～100Hz 的谐波电流诱发系统振荡，其抑制效果如图 4-7 所示。

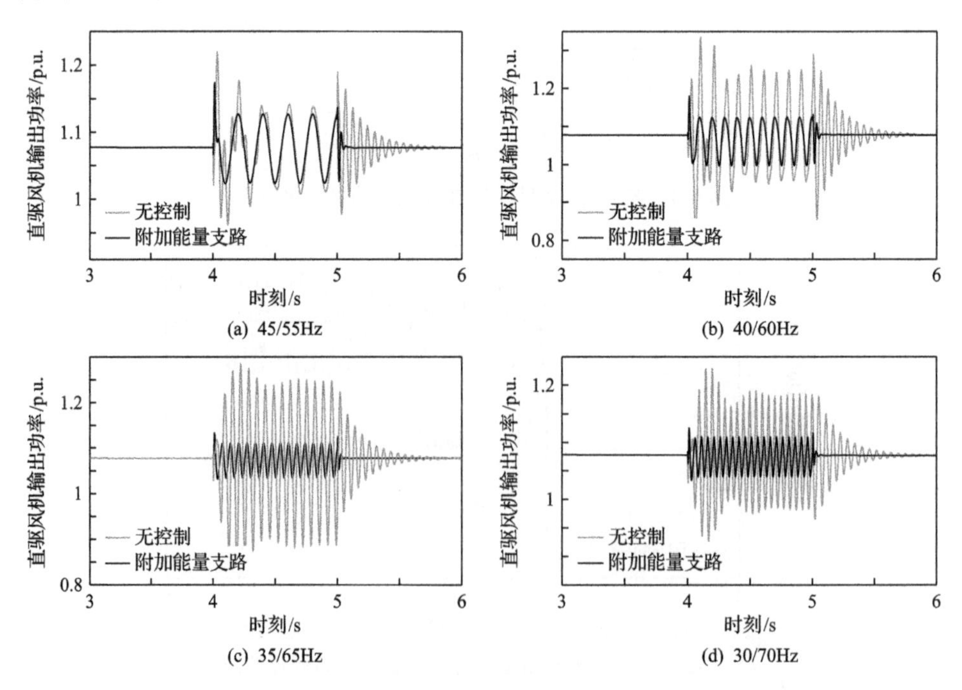

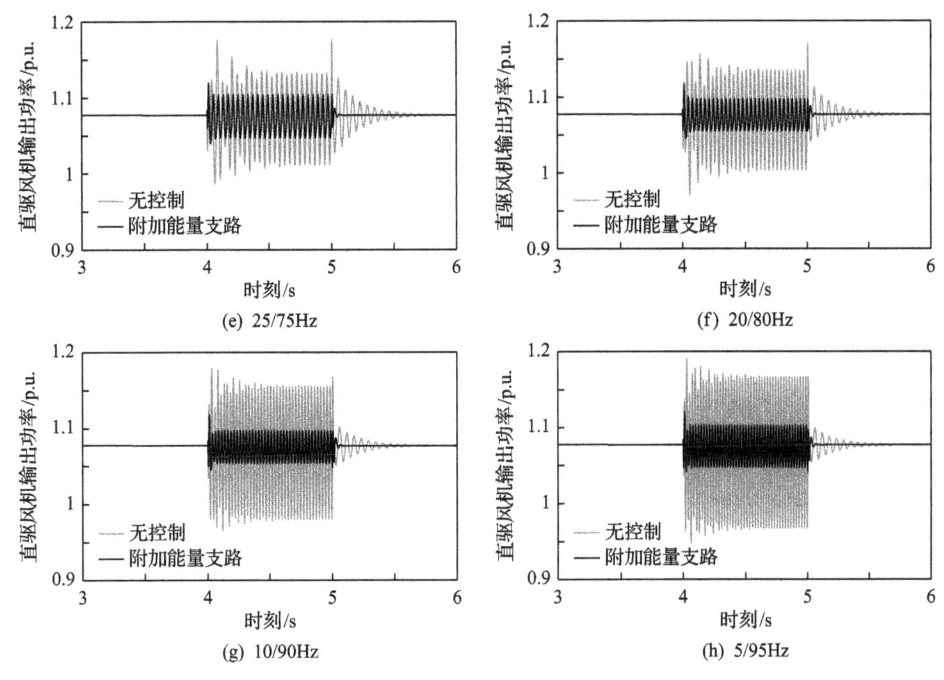

图 4-7　不同振荡频率下附加能量支路的抑制效果

由图 4-7(a)和(b)可知，电网侧注入谐波电流使系统在 t=4s 发生强迫振荡，对于 40～60Hz 频段，由于该频段不属于次/超频考虑范围，附加支路后直驱机组的输出功率无明显变化，附加能量支路基本无抑制效果。由图 4-7(c)～(h)可知，对于 5～40Hz 和 60～95Hz 频段的振荡，附加能量支路后输出功率的振荡幅值明显降低，抑制效果较好，但由于外部扰动的持续存在，机组无法收敛，在消除注入电流后振荡可快速收敛。再者，振荡频率与基频差值越大(超同步频率越高或次同步频率越低)，附加支路补偿的负阻尼能量越大，其抑制振荡的效果也愈发明显。

本节以该环节输出的实时振荡分量为输入，在关键交互控制环节中构建能量补偿支路，实现基于能量重塑的主动阻尼控制。

4.1.2　双馈风电机组多支路能量重塑技术

由 3.1.2 节双馈风电机组能量支路分析可知，定子电压振荡分量是影响机网耦合的重要因素，其在励磁电压能量支路和网侧外环电压能量支路中产生的负耗散项和正势能项均随振荡频率和串补度的变化而变化。本节通过在励磁通道和网侧通道中引入定子电压补偿项，构建自适应振荡频率的能量补偿支路，并兼顾能量补偿支路对机组宽频段稳定性的影响，优选能量补偿支路接入位置及参数，实现机组在全频段上的主动阻尼控制[3]。

1. 能量支路重塑

1) 励磁通道能量重塑

励磁电压能量支路同时包含正势能项和负耗散项，是影响励磁通道势能和耗散能的关键能量支路。因此，需要对该能量支路分别进行势能和耗散能补偿。

(1) 励磁电压能量支路势能补偿。代入励磁电压能量支路的势能项，保留被积函数中的转子电流项，将积分变量中的定子电流转换成定子电压分量，可推导得定子电压分量与势能的关联关系式为

$$\begin{aligned}\Delta W_{\rm rp} &= \int \Delta \boldsymbol{i}_{\rm sdq} \boldsymbol{K}_{\rm n} \boldsymbol{P}_{\rm LC}(\boldsymbol{\omega}) {\rm d}\Delta \boldsymbol{i}_{\rm sdq}^{\rm T} \\ &= \int \Delta \boldsymbol{i}_{\rm sdq} \boldsymbol{K}_{\rm n} \boldsymbol{P}_{\rm LC}(\boldsymbol{\omega}) {\rm d}\boldsymbol{P}_{\rm LC}^{-\rm T}(\boldsymbol{\omega}) \Delta \boldsymbol{u}_{\rm sdq}^{\rm T} \\ &= \int \Delta \boldsymbol{i}_{\rm rdq} (-a_1 \boldsymbol{K}_{\rm n}) \begin{bmatrix} 0 & 1 \\ -1 & 0 \end{bmatrix} {\rm d}\Delta \boldsymbol{u}_{\rm sdq}^{\rm T}\end{aligned} \tag{4-39}$$

式中

$$\boldsymbol{K}_{\rm n} = \begin{bmatrix} K_{\rm p1}K_{\rm p3}I_{\rm ds0} & 0 \\ 0 & K_{\rm p2}K_{\rm p3}I_{\rm ds0} \end{bmatrix};\ \boldsymbol{P}_{\rm LC}(\boldsymbol{\omega}) = \begin{bmatrix} 0 & (\omega_{\rm d}-\omega_{\rm s})\boldsymbol{L} - \dfrac{1}{\omega_{\rm d}-\omega_{\rm s}}\dfrac{1}{\boldsymbol{C}} \\ -(\omega_{\rm d}-\omega_{\rm s})\boldsymbol{L} + \dfrac{1}{\omega_{\rm d}-\omega_{\rm s}}\dfrac{1}{\boldsymbol{C}} & 0 \end{bmatrix}。$$

对比可知，定子电压分量经过转子变流器后，在转子电压上产生比例增益，从而影响励磁电压能量支路的势能系数，因此，可在励磁电压能量支路中构建基于定子电压分量比例增益的反向势能补偿支路，抵消原支路中累积的正势能。该势能补偿支路表达式为

$$\begin{aligned}\Delta W_{\rm add\_u} &= -\int \Delta \boldsymbol{i}_{\rm rdq} \boldsymbol{K}_{\rm c} \begin{bmatrix} 0 & 1 \\ -1 & 0 \end{bmatrix} {\rm d}\Delta \boldsymbol{u}_{\rm sdq}^{\rm T} \\ &= -\frac{1}{a_1}\int \omega_{\rm d} K_{\rm c1} R \Delta i_{\rm s}^2 {\rm d}t - \frac{1}{a_1} K_{\rm c1}\left[(\omega_{\rm d}-\omega_{\rm s})L - \frac{1}{\omega_{\rm d}-\omega_{\rm s}}\frac{1}{C}\right]\Delta i_{\rm s}^2 \\ \Delta \xi_{\rm cr\_p} &= -\frac{1}{2a_1} K_{\rm c1}\left[(\omega_{\rm d}-\omega_{\rm s})L - \frac{1}{\omega_{\rm d}-\omega_{\rm s}}\frac{1}{C}\right] \\ \Delta \eta_{\rm cr\_p} &= -\frac{1}{a_1}\omega_{\rm d} K_{\rm c1} R\end{aligned} \tag{4-40}$$

式中，$\Delta W_{\mathrm{add\_u}}$ 为励磁通道的补偿势能支路；K_{c1} 为能量补偿支路控制参数；$\Delta\xi_{\mathrm{cr\_p}}$ 为该能量补偿支路的势能系数；$\Delta\eta_{\mathrm{cr\_p}}$ 为该能量补偿支路的耗散系数。

该能量补偿支路对应的控制结构如图 4-8 中势能补偿支路所示。其中，高通滤波器用以滤除转子电流中的稳态直流分量。

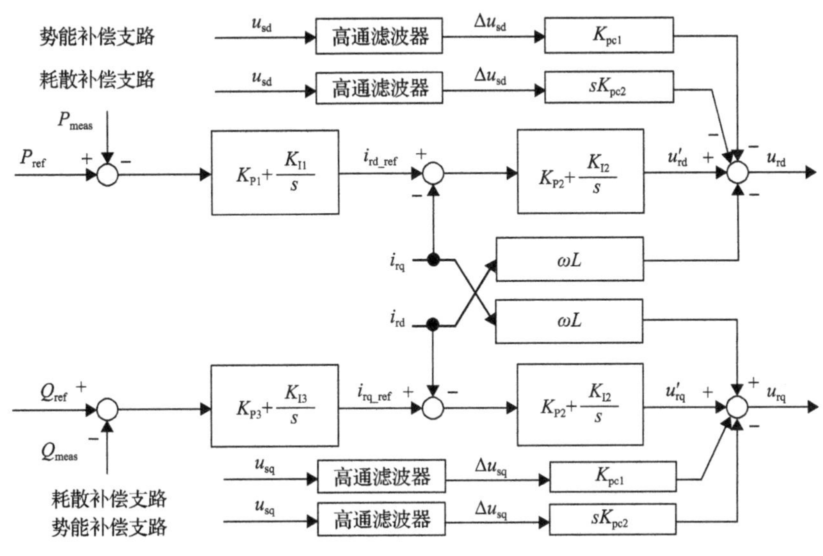

图 4-8　转子变流器控制结构图

在图 4-8 中，P_{ref} 为有功功率的指令值，P_{meas} 为有功功率的实际值，Q_{ref} 为无功功率的指令值，Q_{meas} 为无功功率的实际值，i_{rd}、i_{rq} 为转子侧电流的 dq 分量，$i_{\mathrm{rd\_ref}}$、$i_{\mathrm{rq\_ref}}$ 分别为转子侧 d 轴、q 轴电流的指令值，u_{sd}、u_{sq} 为定子侧电压的 dq 分量。

由式(4-40)可知，该能量补偿支路通过定子电压引入了由串补线路和转子变流器耦合产生的势能补偿项，且该补偿支路的势能系数随着振荡频率和串补度的增大而增大，能够有效降低系统振荡过程中的累积能量，提升系统稳定水平。

同时，由于定子电压中存在线路电阻信息，该能量支路在进行势能补偿时，也引入了线路电阻与机组产生的耦合耗散项。由式(4-40)可知，该能量补偿支路在次同步频段上产生正耗散补偿，提升了系统稳定水平。但受 ω_{d} 影响，在超同步频段时，该耦合耗散项可能出现负耗散补偿，一定程度上会降低系统超同步频段上的稳定系数。

(2)励磁电压能量支路耗散能补偿。代入励磁电压能量支路的耗散项，保留被积函数中的转子电流项，将积分变量中的定子电流用定子电压分量表示，可推导得定子电压分量与耗散能量的关联关系式为

$$
\begin{aligned}
\Delta W_{\mathrm{rd}} &= \int \Delta \boldsymbol{i}_{\mathrm{sdq}} \boldsymbol{K}_{\mathrm{d}} \frac{1}{\omega_{\mathrm{d}}^{2}} \boldsymbol{P}_{\mathrm{RLC}}(\boldsymbol{\omega}) \mathrm{d}(\Delta \boldsymbol{i}_{\mathrm{sdq}}')^{\mathrm{T}} \\
&= \int \Delta \boldsymbol{i}_{\mathrm{sdq}} \boldsymbol{K}_{\mathrm{d}} \frac{1}{\omega_{\mathrm{d}}^{2}} \boldsymbol{P}_{\mathrm{RLC}}(\boldsymbol{\omega}) \mathrm{d} \boldsymbol{P}_{\mathrm{RLC}}^{-1}(\boldsymbol{\omega})(\Delta \boldsymbol{u}_{\mathrm{sdq}}')^{\mathrm{T}} \\
&= \int \Delta \boldsymbol{i}_{\mathrm{rdq}} (-a_{1} \boldsymbol{K}_{\mathrm{d}}) \frac{1}{\omega_{\mathrm{d}}^{2}} \begin{bmatrix} 0 & 1 \\ -1 & 0 \end{bmatrix} \mathrm{d}(\Delta \boldsymbol{u}_{\mathrm{sdq}}')^{\mathrm{T}}
\end{aligned} \tag{4-41}
$$

式中，$\boldsymbol{K}_{\mathrm{d}}=\begin{bmatrix} K_{\mathrm{p1}}K_{\mathrm{p3}}I_{\mathrm{ds0}} & K_{\mathrm{i1}}K_{\mathrm{p3}}I_{\mathrm{ds0}} \\ K_{\mathrm{i2}}K_{\mathrm{p3}}I_{\mathrm{ds0}} & K_{\mathrm{p2}}K_{\mathrm{p3}}I_{\mathrm{ds0}} \end{bmatrix}$为关于电流的微分增益矩阵。

对比其积分变量可知，定子电压分量经过转子变流器后，在转子电压上产生微分增益，从而影响励磁通道的耗散能量。根据式(4-41)可在励磁电压能量支路中构建基于定子电压分量微分增益的反向耗散能量补偿支路，抵消系统中原有的负耗散分量，提升系统耗散系数。该能量补偿支路对应的控制结构如图 4-8 所示。该耗散能量补偿支路的表达式为

$$
\begin{aligned}
\Delta W_{\mathrm{add\_ud}} &= -\int \Delta \boldsymbol{i}_{\mathrm{rdq}} \boldsymbol{K}_{\mathrm{c}} \begin{bmatrix} 0 & 1 \\ -1 & 0 \end{bmatrix} \mathrm{d}(\Delta \boldsymbol{u}_{\mathrm{sdq}}')^{\mathrm{T}} \\
&= \frac{1}{a_{1}} \int \omega_{\mathrm{d}}^{2} K_{\mathrm{pc2}} \left[(\omega_{\mathrm{d}} - \omega_{\mathrm{s}}) L - \frac{1}{\omega_{\mathrm{d}} - \omega_{\mathrm{s}}} \frac{1}{C} \right] \Delta i_{\mathrm{s}}^{2} \mathrm{d}t + \frac{1}{a_{1}} \omega_{\mathrm{d}} K_{\mathrm{pc2}} R \Delta i_{\mathrm{s}}^{2} \\
\Delta \xi_{\mathrm{cr\_d}} &= \frac{1}{a_{1}} \omega_{\mathrm{d}} K_{\mathrm{pc2}} R \\
\Delta \eta_{\mathrm{cr\_d}} &= \frac{1}{a_{1}} \omega_{\mathrm{d}}^{2} K_{\mathrm{pc2}} \left[(\omega_{\mathrm{d}} - \omega_{\mathrm{s}}) L - \frac{1}{\omega_{\mathrm{d}} - \omega_{\mathrm{s}}} \frac{1}{C} \right]
\end{aligned} \tag{4-42}
$$

式中，$\Delta W_{\mathrm{add_ud}}$为励磁通道的补偿耗散能支路；$\Delta \xi_{\mathrm{cr_d}}$为该能量补偿支路的势能系数；$\Delta \eta_{\mathrm{cr_d}}$为该能量补偿支路的耗散系数

由式(4-42)可知，该能量补偿支路将同时产生耗散能量补偿项和势能补偿项。其中，耗散能补偿项恒为正值，且其对应的耗散系数随着ω_{d}和串补度的增大而增大，即该能量补偿支路在宽频段上均呈现正耗散补偿，能够有效提升系统全频段稳定水平。势能补偿项由线路电阻与变流器耦合产生，其在不同频段上的补偿效果不同。在次同步频段上，该势能补偿项对应的势能系数为负值，能够降低振荡过程中累积的能量，提升系统稳定水平，但在超同步频段上，该补偿项将提供正势能补偿，增大振荡累积的势能，一定程度上会降低系统稳定水平。

2) 网侧通道能量重塑

由能量支路分析可知，网侧通道仅需进行耗散能补偿，且外环电压能量支路

是影响网侧通道耗散能的关键能量支路。因此，本书仅在外环电压能量支路中构建耗散能量补偿支路，实现网侧通道能量重塑。

代入外环电压能量支路中的耗散能量项，推导可得定子电压分量与外环电压能量支路中的负耗散能量的关联关系式，如式(4-43)所示，推导过程与式(4-41)类似，此处不再赘述。

$$\begin{aligned}\Delta W_{\mathrm{gd}} &= \int \Delta \boldsymbol{i}_{\mathrm{sd}} \boldsymbol{K}_{\mathrm{dg}} \frac{1}{\omega_{\mathrm{d}}^2} \boldsymbol{P}_{\mathrm{LC}}(\boldsymbol{\omega}) \mathrm{d}\Delta \boldsymbol{i}_{\mathrm{sd}}' \\ &= \int \Delta \boldsymbol{i}_{\mathrm{sd}} \boldsymbol{K}_{\mathrm{dg}} \frac{1}{\omega_{\mathrm{d}}^2} \boldsymbol{P}_{\mathrm{LC}}(\boldsymbol{\omega}) \mathrm{d}\boldsymbol{P}_{\mathrm{LC}}^{-\mathrm{T}}(\boldsymbol{\omega}) \Delta \boldsymbol{u}_{\mathrm{sd}}' \\ &= \int \Delta \boldsymbol{i}_{\mathrm{gd}} (a_3 \boldsymbol{K}_{\mathrm{dg}}) \frac{1}{\omega_{\mathrm{d}}^2} \begin{bmatrix} 0 & 1 \\ -1 & 0 \end{bmatrix} \mathrm{d}\Delta \boldsymbol{u}_{\mathrm{sd}}' \end{aligned} \tag{4-43}$$

式中

$$\boldsymbol{K}_{\mathrm{dg}} = -\frac{K_{\mathrm{p5}} K_{\mathrm{p4}}}{C} (I_{\mathrm{dr0}} K_{\mathrm{i1}} K_{\mathrm{p3}} + I_{\mathrm{ds0}} K_{\mathrm{p1}} K_{\mathrm{i3}})$$

对比式(4-39)可得，定子电压分量经过网侧变流器，在网侧电压上产生微分增益，从而影响网侧通道的耗散能量。因此，可在网侧通道中构建基于定子电压微分增益的反向耗散能补偿支路，其控制结构如图4-9所示。

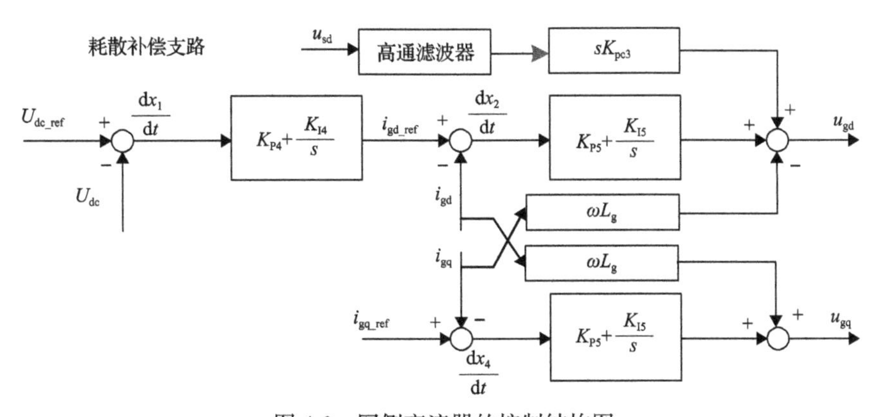

图4-9　网侧变流器的控制结构图

在图4-9中，U_{dc}为直流电容电压值，i_{gd}、i_{gq}为网侧电流值的dq分量，$U_{\mathrm{dc_ref}}$为直流电容电压指令值，$i_{\mathrm{gd\_ref}}$、$i_{\mathrm{gd_ref}}$分别为d轴、q轴电流的指令值。

该能量补偿支路的表达式为

$$
\begin{aligned}
\Delta W_{\text{add\_ug}} &= -\int \Delta \boldsymbol{i}_{\text{gq}} \boldsymbol{K}_{\text{c}} \begin{bmatrix} 0 & 1 \\ -1 & 0 \end{bmatrix} \mathrm{d}\Delta \boldsymbol{u}'_{\text{sd}} \\
&= -\frac{1}{2a_3}\int \omega_{\text{d}}^2 K_{\text{pc3}} \left[(\omega_{\text{d}}-\omega_{\text{s}})L - \frac{1}{\omega_{\text{d}}-\omega_{\text{s}}}\frac{1}{C} \right] \Delta i_{\text{s}}^2 \mathrm{d}t - \frac{1}{2a_3}\omega_{\text{d}} K_{\text{pc3}} R \Delta i_{\text{s}}^2 \\
\Delta \xi_{\text{cr\_g}} &= -\frac{1}{2a_3}\omega_{\text{d}} K_{\text{pc3}} R \\
\Delta \eta_{\text{cr\_g}} &= -\frac{1}{2a_3}\omega_{\text{d}}^2 K_{\text{pc3}} \left[(\omega_{\text{d}}-\omega_{\text{s}})L - \frac{1}{\omega_{\text{d}}-\omega_{\text{s}}}\frac{1}{C} \right]
\end{aligned}
\tag{4-44}
$$

式中，a_3为网侧电流和定子电流的比例系数，$a_3>0$。

由式(4-44)可知，网侧能量补偿支路中的耗散能量补偿项能够增大次/超同步频段的耗散系数，提升全频段稳定水平。但该能量补偿支路中的势能补偿项在次同步频段和超同步频段上的补偿效果不同。在次同步频段上，该能量补偿支路中的势能系数为负值，能够降低振荡过程中累积的势能，提升系统稳定水平，在超同步频段上，势能系数变为正值，该能量补偿支路可能助增系统势能，降低系统稳定水平。考虑到ω_{d}的数值远大于PI控制参数与线路电阻参数，该能量补偿支路中的耗散能量补偿项远大于势能补偿项，因此该能量补偿支路仍以耗散能量补偿为主。

2. 多频段能量重塑效果分析及参数优化

本书所提的能量补偿支路可以自适应振荡频率，实现全频段的耗散能和势能补偿，但在不同频段上补偿效果有所不同。为兼顾系统在全频段上的稳定需求，本节构建了多频段能量支路参数优化方案。

首先，建立参数优化目标。定义稳定系数比指标σ，用以评估能量补偿支路对稳定水平的兼容能力，其表达式如式(4-45)所示。σ越大表示能量补偿支路在提升该频段稳定水平时，对该频段稳定性影响越小，即能量补偿支路对该频段稳定水平的兼容能力越高。

$$
\begin{aligned}
\sigma &= \left| \frac{S_{\text{sub}}}{S_{\text{super}}} \right| \\
S_{\text{sub}}(K) &= \int_{\omega_1}^{\omega_2} \mu(\omega,K)\mathrm{d}\omega - \int_{\omega_1}^{\omega_2} \mu(\omega,K)\mathrm{d}\omega \\
S_{\text{super}}(K) &= \int_{\omega_1}^{\omega_2} \mu(\omega,K)\mathrm{d}\omega - \int_{\omega_1}^{\omega_2} \mu(\omega,K)\mathrm{d}\omega
\end{aligned}
\tag{4-45}
$$

式中，ω_1、ω_2分别选取为次、超同步频段上下限；$S_{\text{sub/super}}(K)$表征能量补偿支路对稳定系数的影响程度，其含义如图4-10所示。考虑到双馈机组接入串补线路引发宽频振荡的危险频段为5～30Hz和70～95Hz，因此，可将$S_{\text{sub}}(K)$的积分区

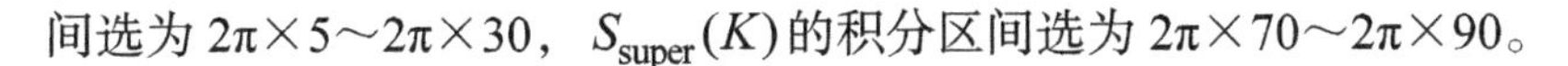

间选为 2π×5～2π×30，$S_{\text{super}}(K)$ 的积分区间选为 2π×70～2π×90。

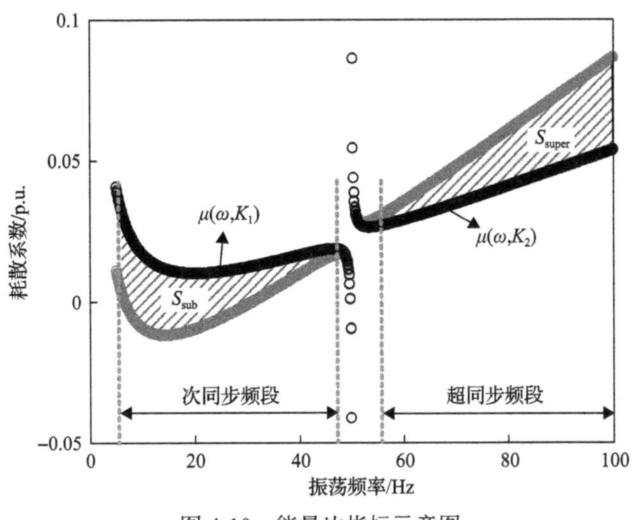

图 4-10　能量比指标示意图

进一步根据全频段势能系数 $\xi(\omega,K)$ 和耗散系数 $\eta(\omega,K)$ 稳定需求，确定能量补偿支路参数约束。

根据最小势能定理，系统仅能稳定在势能最小值处。当 $\xi(\omega,K)>0$ 时，势能存在极小值，即系统存在稳定平衡点。当 $\xi(\omega,K)<0$ 时，势能仅存在极大值，系统受扰后随着势能的增大将发散至失稳，无法收敛至稳定状态。因此，为保证系统在全频段上均存在稳定平衡点，能量补偿支路引入后的系统势能系数需满足 $\min\limits_{5\leqslant\omega\leqslant95}\xi(\omega,K)>0$。

耗散系数能够反映系统对振荡的耗散强度，当 $\eta(\omega,K)>0$ 时，系统对振荡呈现正耗散作用，且 $\eta(\omega,K)$ 数值越大，耗散作用越大，系统收敛至稳定的速度越快。当 $\eta(\omega,K)<0$ 时，系统对振荡呈现负耗散作用，此时系统会加剧系统振荡发散，导致振荡失稳。因此，为满足系统在全频段上的耗散需求，能量补偿支路引入后的系统耗散系数需满足 $\min\limits_{5\leqslant\omega\leqslant95}\eta(\omega,K)>0$。

根据上述目标函数和参数约束条件，可构建多频段能量补偿支路参数优化模型，如式(4-46)所示：

$$
\begin{gathered}
\max\sigma=\left|\frac{S_{\text{sub}}}{S_{\text{super}}}\right| \\
\text{s.t.}\begin{cases}\min\limits_{5\leqslant\omega\leqslant95}\eta(\omega,K)>0\\ \min\limits_{5\leqslant\omega\leqslant95}\xi(\omega,K)>0\end{cases}
\end{gathered}
\tag{4-46}
$$

针对上述多频段能量补偿支路参数优化模型，本书采用随机梯度法确定能量补偿支路的最优参数，步骤如下。

步骤 1：将机组控制参数代入式(4-36)和式(4-42)，并根据式(4-42)中耗散系数和势能系数约束条件，计算满足次-超同步全频段稳定需求的能量补偿支路参数边界，确定参数搜索范围。

步骤 2：设置能量补偿支路参数初值 $K_{\mathrm{pc1}}(0)$、$K_{\mathrm{pc2}}(0)$。根据随机梯度法，按其负梯度方向更新参数 $K_{\mathrm{pc1}}(1)$、$K_{\mathrm{pc2}}(1)$，若该参数满足式(4-46)约束条件，则该组参数为可行解，若该参数不满足约束，则调整负梯度步长，重新搜索更新参数，直至找到可行解。

步骤 3：计算更新参数 $K_{\mathrm{pc1}}(i)$、$K_{\mathrm{pc2}}(i)$ 对应的次-超频稳定系数比指标 $\sigma_{(i)}$，若满足 $\sigma_{(i+1)} > \sigma_{(i)}$，则 $K_{\mathrm{pc1}}(i+1)$、$K_{\mathrm{pc2}}(i+1)$ 为当前最优解，反之，重复步骤 2，重新搜索可行解。

步骤 4：重复搜索过程，直到满足迭代次数，终止搜索，当前最优解即为最优能量补偿支路参数。

为验证本方法在实际系统中的可行性，根据某实际风电场网络拓扑及参数，在 RT-LAB 平台搭建仿真模型，实验平台如图 4-11 所示。

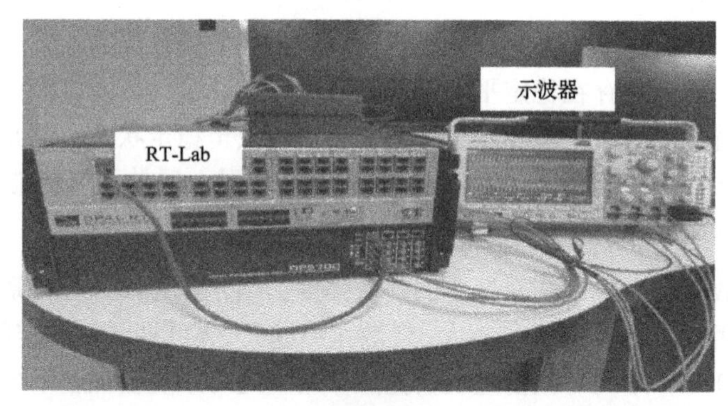

(a)

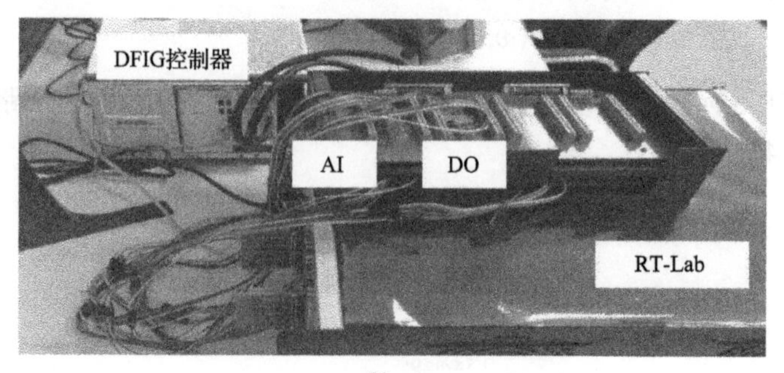

(b)

图 4-11　半物理仿真实验平台

双馈风电机组参数设置如表 4-1 所示。首先计算耗散系数和势能系数随振荡频率和能量补偿支路参数的变化情况，根据参数优化方案，确定最优能量补偿支路参数。进一步，通过半物理仿真验证本书所提稳定控制策略在不同振荡频率下的有效性以及对双馈风电机组基频低电压穿越功能的兼容性。

表 4-1　双馈风电机组参数设置

参数	符号	数值	参数	符号	数值
额定功率	P_m	1.5MW	转子电阻	R_r	0.05631p.u.
额定频率	f	50Hz	定子漏感	L_s	0.1p.u.
定子额定电压	U_s	0.69kV	转子漏感	L_r	0.03129p.u.
定子电阻	R_s	0p.u.	互感	L_m	0.13129p.u.

1) 励磁通道能量重塑

励磁电压能量支路进行能量补偿后，系统势能系数和耗散系数随振荡频率和能量补偿支路参数的变化趋势如图 4-12 所示。其中，图 4-12(a) 为引入励磁电压能量补偿支路后系统势能系数的变化情况。由图可知，励磁电压能量支路对次同步频段上的势能补偿作用明显，系统势能系数随着能量补偿支路参数的增大逐渐降低，系统稳定水平随之逐渐上升。在超同步频段上，该势能补偿项的补偿作用相对次同步频段较小，但系统势能系数仍随着能量补偿支路参数的增大逐渐下降，有助于降低系统振荡累积能量，加快振荡收敛。

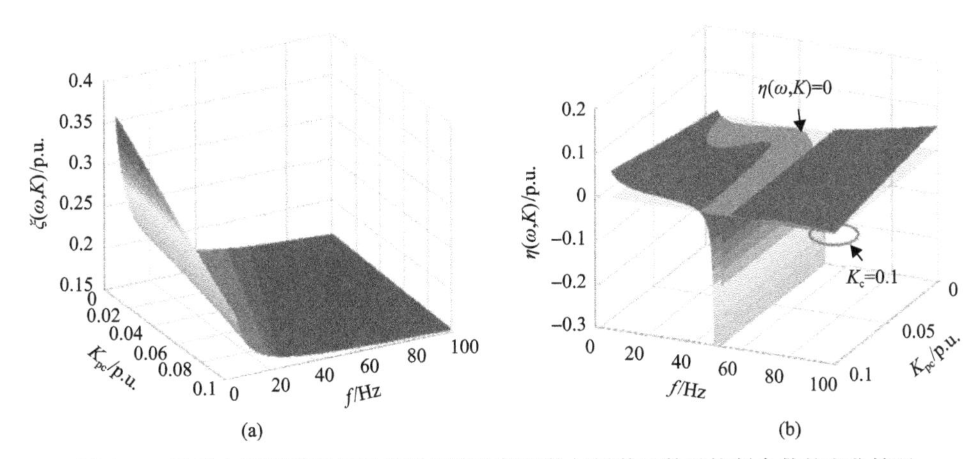

图 4-12　励磁电压通道能量重塑后系统势能系数与耗散系数随控制参数的变化情况

图 4-12(b) 描绘了引入励磁电压能量补偿支路后系统耗散系数的变化情况。由图可知，该能量补偿支路可以提升系统次同步频段的耗散系数，但在超同步频段出现了由耗散能量负补偿导致的系统耗散系数降低的问题。因此，该能量补偿支

路的参数设置需要兼顾超频段的耗散能量补偿需求。

进一步根据式(4-42)构建多频段能量支路参数优化模型，通过随机梯度法确定最优能量补偿支路参数 K_{pc1}。根据超同步频段上的耗散系数约束，求解 $\min\limits_{70\leqslant\omega\leqslant95}\eta(\omega,K)=0$ 对应的参数边界，可得 K_{pc1} 的选取范围限制在 0～0.1p.u.。在该范围内，K_{pc1} 的优化情况如图 4-13 所示。当 K_{pc1} 从 0.01p.u.开始逐渐增大时，由于该补偿支路在次同步频段的势能补偿作用远大于超同步频段的耗散能补偿作用，系统次/超频系数比指标也随之增大。当 K_{pc1} 达到 0.09p.u.时，次/超频稳定系数比指标达到最大值，即此时该能量补偿支路对超同步频段稳定水平的相对影响程度最小。而当 K_{pc1} 大于 0.09p.u.时，该补偿支路对超同步频段的耗散能补偿作用逐渐凸显，超同步频段稳定系数急剧下降，导致次-超频稳定系数比指标下降。因此，最终确定励磁电压能量补偿支路最优参数为 0.09p.u.。

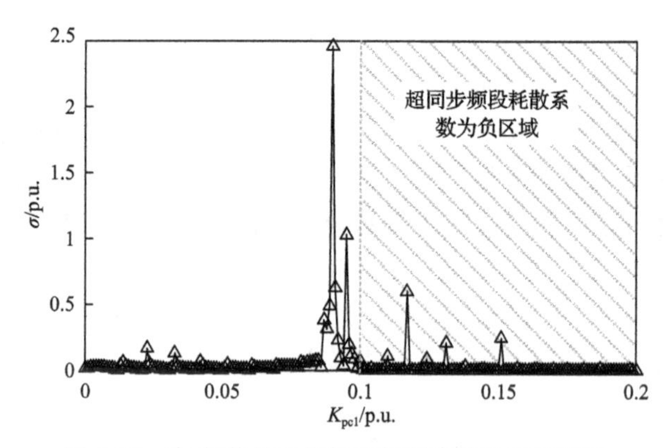

图 4-13　次-超能量比指标随控制参数的变化情况

为验证所提励磁电压能量补偿支路的有效性，分别选取 K_{pc1}=0.02,0.05,0.09 进行半物理仿真。在 1.5s 投入串补线路激发次同步振荡，2.5s 投入励磁电压能量支路补偿后仿真结果如图 4-14 所示。

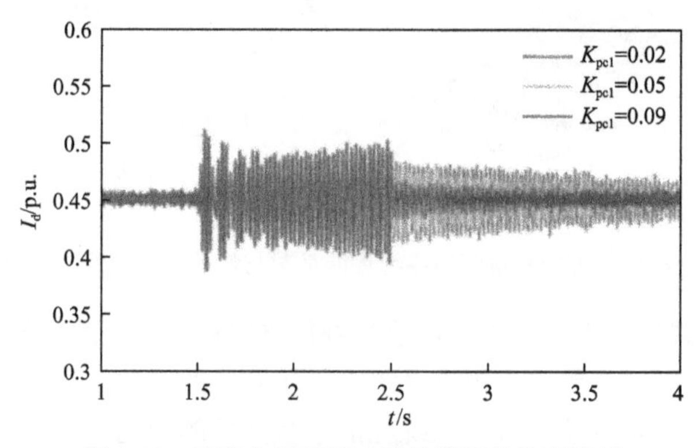

图 4-14　励磁电压能量支路补偿后的仿真结果

由图 4-14 可知，串补系统投入后激发的次同步振荡呈现发散趋势，若不加以控制，系统将逐渐发散至失稳。2.5s 投入能量补偿支路后，由于系统累积势能被能量补偿支路抵消，系统振荡幅值下降，且 K_{pc1} 参数越大，系统势能补偿作用越明显，当 K_{pc1}=0.09 时，振荡幅值下降至原来的 1/5。同时，由于系统累积势能的降低，系统的耗散强度能够满足振荡期间的能量耗散需求，振荡收敛速度加快，当 K_{pc1}=0.09 时，系统 0.5s 内收敛至稳定，极大提升了系统次/超同步振荡稳定水平。

2) 网侧通道能量重塑

网侧通道中引入能量补偿支路后，系统势能系数和耗散系数随能量补偿支路参数和振荡频率变化的曲线如图 4-15 所示。

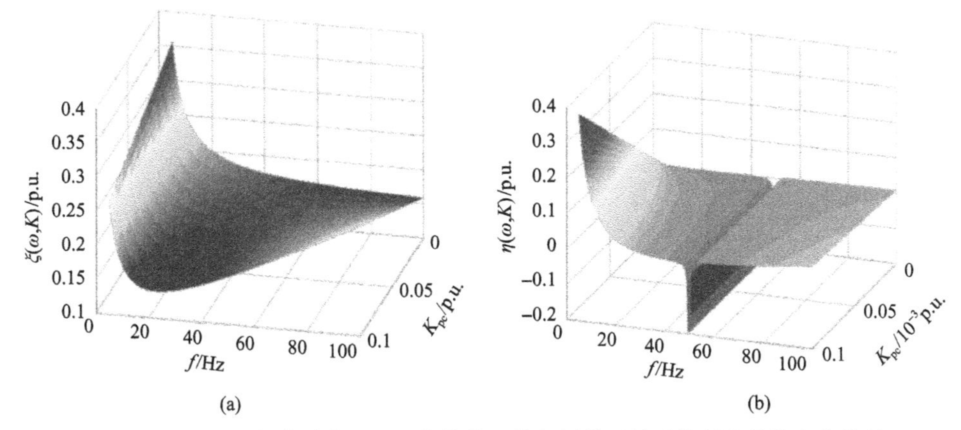

图 4-15　引入网侧支路能量后系统势能系数与耗散系数随控制参数的变化情况

图 4-15(a)描绘了系统势能系数随网侧能量补偿支路参数和振荡频率的变化情况。由图可知，在次同步频段，该补偿能量支路能够降低系统的势能系数，提升系统稳定水平。但在超同步频段上，该能量补偿支路会出现正势能补偿，增大系统势能系数，且随着能量补偿支路参数增大，其势能补偿作用也逐渐增大，不利于超同步频段下的系统稳定性。因此，网侧通道能量补偿支路参数的设置需要兼顾超同步频段势能补偿需求。

图 4-15(b)描绘了系统耗散系数随网侧能量补偿支路参数和振荡频率的变化情况。由图可知，该能量补偿支路对次同步频段的系统耗散系数具有显著提升作用，有助于加快次同步振荡收敛。在超同步频段，该能量补偿支路的正耗散补偿作用相对次同步频段较小，但随着能量补偿支路参数的增大，该补偿支路仍呈现正耗散补偿，有助于提升超同步频段稳定水平。

进一步，根据式(4-39)建立网侧能量补偿支路多频段参数优化模型，利用随机梯度法确定最优能量补偿支路参数 K_{pc2}。K_{pc2} 的优化情况如图 4-16 所示。当 K_{pc2}<0.003p.u.时，由于该补偿支路在次同步频段的耗散能补偿作用随 K_{pc2} 的增大而逐渐增强，而超同步频段的势能补偿作用相对较小，次/超频稳定系数比也逐渐增大。当 K_{pc2}=0.003p.u.时，次-超频稳定系数比达到最大值，此时该补偿支路对超同步频段稳定水平的相对影响程度最小。当 K_{pc2}>0.003p.u.时，由于超同步频段势能系数随 K_{pc2} 急剧增大，次/超频稳定系数比也逐渐下降。最终，确定网侧能量补偿支路最优参数 K_{pc2}=0.003p.u.。

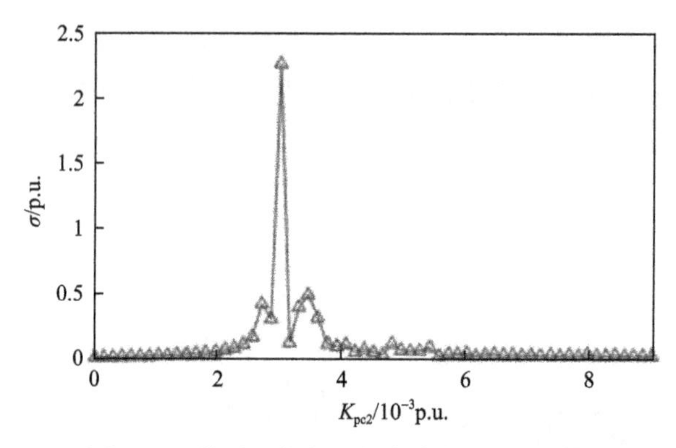

图 4-16　能量比指标随控制参数的变化情况

为验证网侧能量补偿支路的有效性，分别选取 K_{pc3}=0.001, 0.002, 0.003 进行半物理仿真分析，在 t=2s 投入网侧能量补偿支路后，d 轴电流的变化曲线如图 4-17 所示。

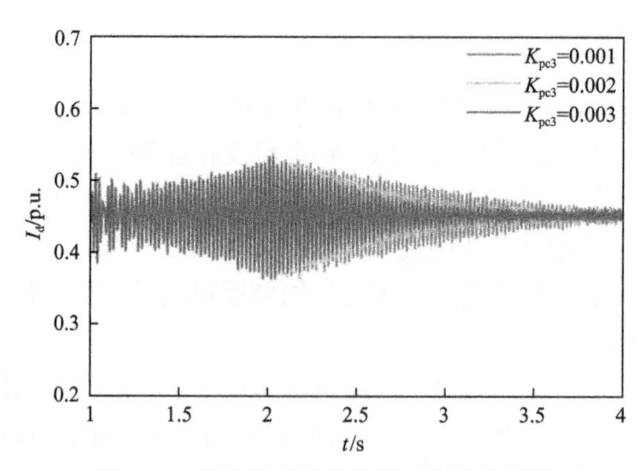

图 4-17　网侧能量支路补偿后的仿真结果

由图 4-17 可知，网侧能量补偿支路接入瞬间，系统振荡幅值几乎不发生改变，这是由于该补偿支路中的势能补偿项较小，不影响系统振荡过程中的累积势能。但由于网侧能量补偿支路中的耗散能补偿作用较大，补偿支路接入后，系统耗散强度显著提升，d 轴电流由振荡发散转为振荡收敛，且随着 K_{pc3} 的增大，耗散能量补偿作用更加明显，系统振荡收敛速度也逐渐加快。当 K_{pc3}=0.003 时，系统次同步振荡 1s 内收敛至稳定。

3. 仿真分析

为验证所提控制策略在不同振荡频率下的有效性，本书分别设置由串补线路接入引起的自激振荡和由谐波源注入引起的强迫振荡这两种振荡模式，并通过调整系统串补度和谐波源振荡频率改变机组并网场景进行仿真分析。

1) 自激振荡

1.5s 时，投入串补度分别为 22%、28%、34%、40%和 43%的 LC 串补系统，双馈风电并网系统激发的次同步振荡频率分别为 5Hz、5.33Hz、6Hz、6.66Hz 和 7Hz。针对这 5 种振荡场景，在 2.5s 时，同时投入励磁和网侧能量补偿支路，d 轴电流振荡曲线以及定子电流频谱分量如图 4-18 所示。

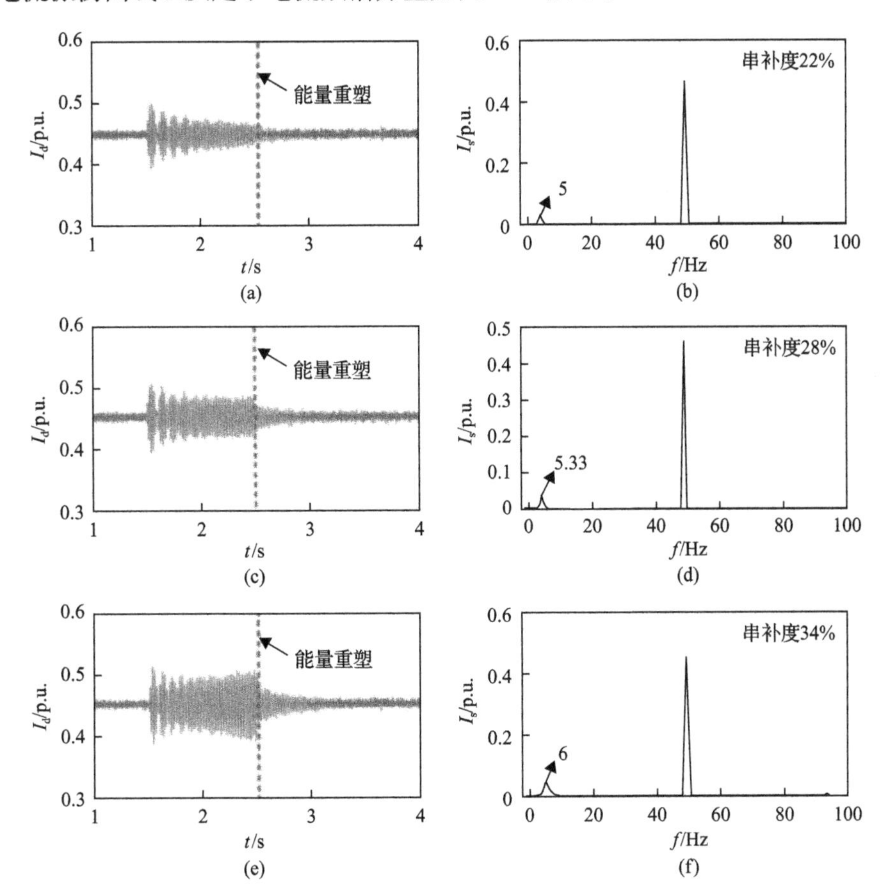

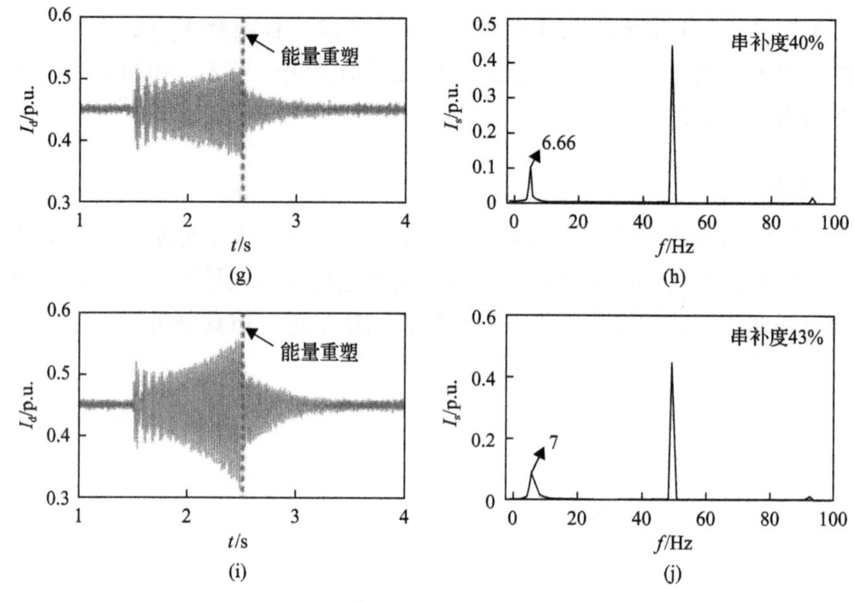

图 4-18　不同串补度下的主动阻尼控制效果

由图 4-18(a)、(b)可知，当系统中投入串补度仅为 22%的串补线路时，系统激发缓慢收敛的次同步振荡，2.5s 投入能量补偿支路后，d 轴电流振荡收敛速度加快，2.6s 时系统已基本达到稳定状态。

当串补度增大到 28%时，振荡频谱和 d 轴电流振荡曲线如图 4-18(c)、(d)所示，此时系统激发 5.33Hz 的等幅次同步振荡。投入能量补偿支路后，由于势能补偿作用，d 轴电流振荡幅值瞬间降低。同时，由于耗散系数的增大，系统由等幅振荡逐渐收敛至稳定。

当串补度从 34%增大到 48%时，系统出现 6～7Hz 的发散振荡，振荡频谱和 d 轴电流振荡曲线如图 4-18(e)～(j)所示。系统的振荡幅值随串补度的增大而增大，发散速度也随之加快。2.5s 投入能量补偿支路后，由于补偿支路对系统耗散能和势能的补偿作用也随着串补度的上升而增强，这 3 种场景中 d 轴电流的振荡幅值均能下降至原来的 1/2 以下，且系统振荡均在 0.5s 内收敛至稳定。

2) 强迫振荡

t=2s 时，在双馈风电并网系统中，分别投入振荡频率为 60～95Hz 的超同步频段谐波电压源，在 t=3s 时，同时投入励磁和网侧能量补偿支路，d 轴电流振荡曲线如图 4-19 所示。

60Hz 谐波源激励下双馈风电机组 d 轴电流振荡曲线如图 4-19(a)所示。d 轴电流感应出 10Hz 振荡分量，但由于双馈异步发电机的机械频率也在 60Hz 附近，该频率下的机组转差率较小，导致 d 轴电流中感应出的振荡分量不明显。当谐波

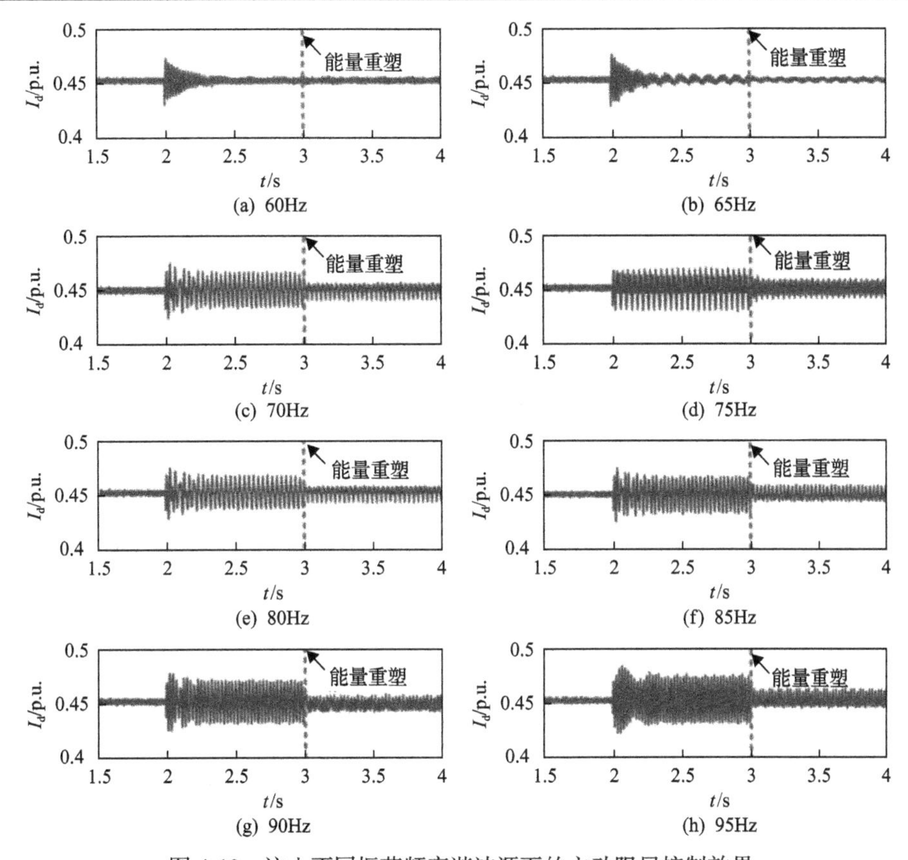

(a) 60Hz　(b) 65Hz　(c) 70Hz　(d) 75Hz　(e) 80Hz　(f) 85Hz　(g) 90Hz　(h) 95Hz

图 4-19　注入不同振荡频率谐波源下的主动阻尼控制效果

源振荡频率增大到 65Hz 时，双馈风电机组 d 轴电流振荡曲线如图 4-19(b)所示。该场景下 d 轴电流中感应产生 15Hz 的振荡分量，引入能量补偿支路后，d 轴电流中的振荡分量明显降低，d 轴电流中的谐波含量降至原来的 1/3。

当谐波源振荡频率在 70～95Hz 范围内时，d 轴电流振荡曲线如图 4-19(c)～(h)所示。在谐波源激励下 d 轴电流中感应出 5～30Hz 的等幅振荡，且振荡频率越高，振荡分量幅值越大。引入能量补偿支路后，由于能量补偿支路抵消了振荡过程中累积的部分势能，d 轴电流的振荡幅值明显降低，且振荡频率越高，势能补偿作用越大。在该超同步频段范围内，d 轴电流中的谐波含量均能由原来的 20%降低至 10%以下。

4.2　基频特性兼容能力校验

本书所提能量补偿支路主要针对风电并网系统中的宽频振荡进行抑制，但能量补偿支路的引入增加了系统扰动与变流器的耦合作用，可能会影响宽频振荡场景下风电机组变流器的响应特性，称为基频特性，因此，有必要校验能量补偿支路对基频特性的影响。

4.2.1　基于多支路能量重塑直驱风电机组基频兼容能力校验

进一步分析附加能量支路对直驱机组基频特性的影响，在机组正常运行某一时刻，投入附加能量支路，其机组基频电压变化情况如图 4-20 所示。在此基础上，设置低电压穿越仿真场景，验证附加能量支路对风电机组基频响应的兼容性，其输出电流、电压变化如图 4-21 所示。其中图 4-21(a)和(c)为未引入附加能量支路的仿真结果，图 4-21(b)和(d)为引入附加能量支路的仿真结果。

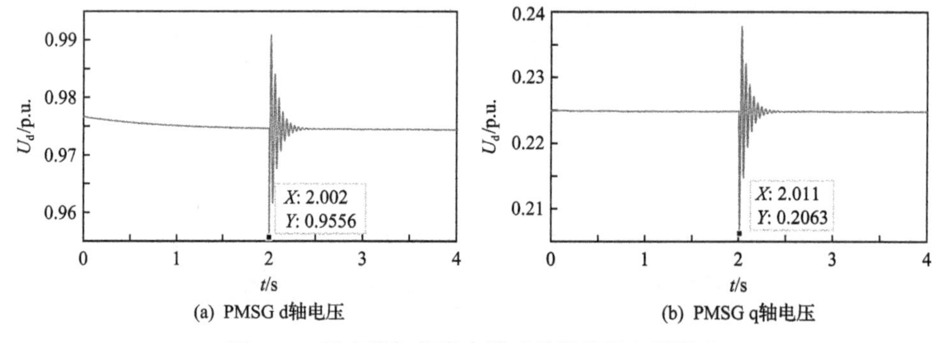

(a) PMSG d轴电压　(b) PMSG q轴电压

图 4-20　投入附加能量支路对基频机组电压影响

由图 4-20 可知，投入附加能量支路后，直驱机组的输出电压发生波动，但其 dq 轴电压波动幅值最大仅为 0.02p.u.，均满足基频电压约束条件，因此，附加支路对直驱机组的正常运行影响较小。由图 4-21(a)和(b)可知，附加能量支路前后直驱机组在低电压穿越过程中电流变化幅值较小，仍能保证系统运行。由图 4-21(c)和(d)可知，附加能量支路前后，直驱风电机组的电压几乎无明显变化，不影响风电机组的低电压穿越特性。因此本书所提的附加能量支路能够有效兼顾风电机组的基频动态响应能力。

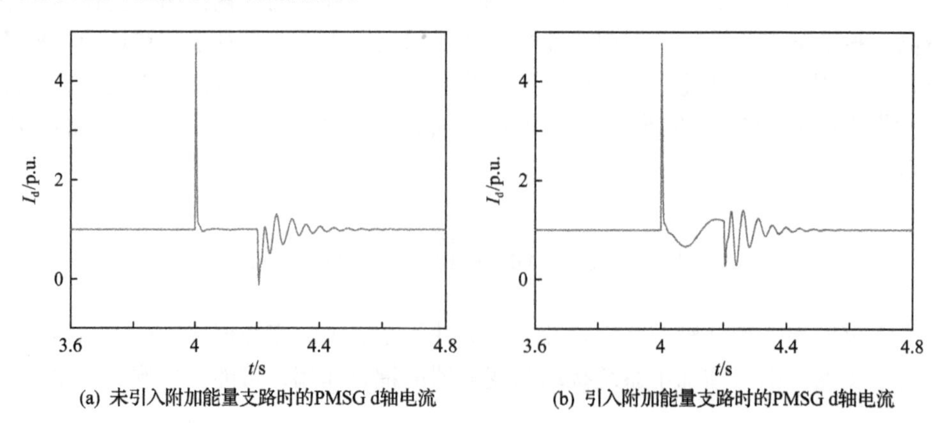

(a) 未引入附加能量支路时的PMSG d轴电流　(b) 引入附加能量支路时的PMSG d轴电流

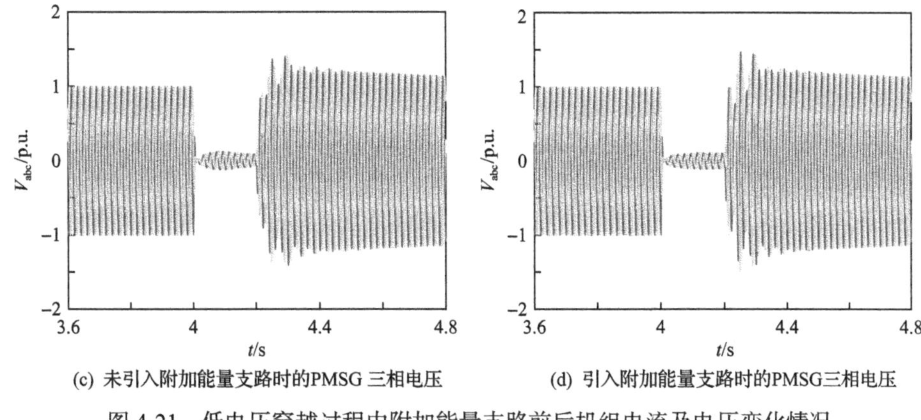

(c) 未引入附加能量支路时的PMSG 三相电压　　(d) 引入附加能量支路时的PMSG三相电压

图 4-21　低电压穿越过程中附加能量支路前后机组电流及电压变化情况

4.2.2　基于多支路能量重塑双馈风电机组基频兼容能力校验

考虑到风电并网导则中规定，双馈风电机组必须在短路故障期间具备低电压穿越能力。因此，本书以机组的低电压穿越功能为例，分析能量补偿支路对机组基频特性的影响。由于低电压穿越期间转子电流需在合理范围内变化才能保证变流器正常运行，因此，通过推导短路故障期间，由励磁通道能量补偿支路产生的转子电流增量表达式，分析能量补偿支路对低电压穿越特性的兼容能力。

能量补偿支路引入后的定子电压和转子电流之间的关系可表示为

$$\begin{cases} a_2 \dfrac{\mathrm{d}\Delta i_{\mathrm{rd\_c}}}{\mathrm{d}t} + R_{\mathrm{r}}\Delta i_{\mathrm{rd\_c}} - \dfrac{L_{\mathrm{r}}L_{\mathrm{s}} - L_{\mathrm{m}}^2}{L_{\mathrm{s}}}\omega_2\Delta i_{\mathrm{rq\_c}} = K_{\mathrm{pc1}}\Delta u_{\mathrm{sd}} + K_{\mathrm{pc2}}\dfrac{\mathrm{d}\Delta u_{\mathrm{sd}}}{\mathrm{d}t} \\ a_2 \dfrac{\mathrm{d}\Delta i_{\mathrm{rq\_c}}}{\mathrm{d}t} + R_{\mathrm{r}}\Delta i_{\mathrm{rq\_c}} + \dfrac{L_{\mathrm{r}}L_{\mathrm{s}} - L_{\mathrm{m}}^2}{L_{\mathrm{s}}}\omega_2\Delta i_{\mathrm{rd\_c}} = K_{\mathrm{pc1}}\Delta u_{\mathrm{sq}} + K_{\mathrm{pc2}}\dfrac{\mathrm{d}\Delta u_{\mathrm{sq}}}{\mathrm{d}t} \end{cases} \tag{4-47}$$

式中，$\Delta i_{\mathrm{rd\_c}}$、$\Delta i_{\mathrm{rq\_c}}$ 分别为由能量补偿支路产生的转子电流 dq 轴分量的变化量。

设故障短路期间，定子电压产生的扰动分量为

$$\begin{cases} \Delta u_{\mathrm{sd}} = U_0 \cos(\omega_{\mathrm{v}} t) \\ \Delta u_{\mathrm{sq}} = -U_0 \sin(\omega_{\mathrm{v}} t) \end{cases} \tag{4-48}$$

式中，$\omega_{\mathrm{v}} = \omega_{\mathrm{s}} - \omega_{\mathrm{p}}$，$\omega_{\mathrm{p}}$ 为扰动分量振荡频率，一般为低频振荡频率。

将式(4-47)代入式(4-48)中，求解由能量补偿支路产生的转子电流 dq 轴强迫分量表达式为

$$\begin{cases} \Delta i_{\mathrm{rd\_c}} = A\cos(\omega_{\mathrm{v}}t) + B\sin(\omega_{\mathrm{v}}t) \\ \Delta i_{\mathrm{rq\_c}} = \dfrac{L_{\mathrm{r}}L_{\mathrm{s}} - L_{\mathrm{m}}^2}{L_{\mathrm{s}}}\omega_2(a_2 B\omega_{\mathrm{v}} + R_{\mathrm{r}}A - K_{\mathrm{c}}U_0)\cos(\omega_{\mathrm{v}}t) \\ +\dfrac{L_{\mathrm{r}}L_{\mathrm{s}} - L_{\mathrm{m}}^2}{L_{\mathrm{s}}}\omega_2(-a_2 A\omega_{\mathrm{v}} + R_{\mathrm{r}}B)\sin(\omega_{\mathrm{v}}t) \end{cases} \tag{4-49}$$

式中，系数 A 和 B 的表达式为

$$A = -\frac{\left[\left(a_2\omega_{\mathrm{v}} - \dfrac{L_{\mathrm{r}}L_{\mathrm{s}} - L_{\mathrm{m}}^2}{L_{\mathrm{s}}}\omega_{\mathrm{s}}\right)^2 + R_{\mathrm{r}}^2\right]}{\left(R_{\mathrm{r}}^2 + \dfrac{L_{\mathrm{r}}L_{\mathrm{s}} - L_{\mathrm{m}}^2}{L_{\mathrm{s}}}\omega_2 - a_2^2\omega_{\mathrm{v}}^2\right)^2 + (2a_2R_{\mathrm{r}}\omega_{\mathrm{v}})^2} K_{\mathrm{pc1}}R_{\mathrm{r}}U_0$$

$$+\frac{\left[\left(a_2\omega_{\mathrm{v}} - \dfrac{L_{\mathrm{r}}L_{\mathrm{s}} - L_{\mathrm{m}}^2}{L_{\mathrm{s}}}\omega_{\mathrm{s}}\right)^2 + R_{\mathrm{r}}^2\right]}{\left(R_{\mathrm{r}}^2 + \dfrac{L_{\mathrm{r}}L_{\mathrm{s}} - L_{\mathrm{m}}^2}{L_{\mathrm{s}}}\omega_2 - a_2^2\omega_{\mathrm{v}}^2\right)^2 + (2a_2R_{\mathrm{r}}\omega_{\mathrm{v}})^2}\left(K_{\mathrm{pc2}}a_2\omega_{\mathrm{v}}^2\frac{L_{\mathrm{s}}}{L_{\mathrm{r}}L_{\mathrm{s}} - L_{\mathrm{m}}^2} + K_{\mathrm{pc2}}\omega_{\mathrm{v}}\right)U_0$$

$$B = \frac{2a_2R_{\mathrm{r}}^2\omega_{\mathrm{v}} + \left(\dfrac{L_{\mathrm{r}}L_{\mathrm{s}} - L_{\mathrm{m}}^2}{L_{\mathrm{s}}}\omega_2 - a_2\omega_{\mathrm{v}}\right)^2\left(\dfrac{L_{\mathrm{r}}L_{\mathrm{s}} - L_{\mathrm{m}}^2}{L_{\mathrm{s}}}\omega_2 + a_2\omega_{\mathrm{v}}\right)}{\left(R_{\mathrm{r}}^2 + \dfrac{L_{\mathrm{r}}L_{\mathrm{s}} - L_{\mathrm{m}}^2}{L_{\mathrm{s}}}\omega_2 - a_2^2\omega_{\mathrm{v}}^2\right)^2 + (2a_2R_{\mathrm{r}}\omega_{\mathrm{v}})^2} K_{\mathrm{pc1}}U_0$$

$$-\frac{2a_2R_{\mathrm{r}}^2\omega_{\mathrm{v}}}{\left(R_{\mathrm{r}}^2 + \dfrac{L_{\mathrm{r}}L_{\mathrm{s}} - L_{\mathrm{m}}^2}{L_{\mathrm{s}}}\omega_2 - a_2^2\omega_{\mathrm{v}}^2\right)^2 + (2a_2R_{\mathrm{r}}\omega_{\mathrm{v}})^2}\left(K_{\mathrm{pc2}}a_2\omega_{\mathrm{v}}^2\frac{L_{\mathrm{s}}}{L_{\mathrm{r}}L_{\mathrm{s}} - L_{\mathrm{m}}^2} + K_{\mathrm{pc2}}\omega_{\mathrm{v}}\right)U_0$$

式(4-48)中，K_{pc1} 所在项为势能补偿支路产生的转子电流变化量。由于 $a_2<0$，$A<0$，$B<0$，势能补偿支路在转子电流 dq 轴产生的变化量均为负值，一定程度上有助于降低低电压穿越过程中的转子电流。但由于低电压穿越期间，定子电压产生的振荡频率 ω_{p} 较小，dq 轴坐标系下振荡频率 ω_{v} 数值远大于 K_{pc1} 的数值，由式(4-49)可知，A 和 B 的数值较小，且几乎不受能量补偿支路参数的影响。因此，该能量补偿支路对风电机组低电压穿越能力的影响较小，几乎不改变系统的基频特性。

K_{pc2} 所在项为势能补偿支路产生的转子电流变化量。由式(4-49)可知，受 ω_{v}

和 a_2 的影响，A 和 B 均大于 0，即耗散能量补偿支路对转子电流产生助增作用，且随着耗散能补偿支路参数的增大，转子电流会进一步增大，甚至达到限定幅值，导致转子变流器难以正常稳定运行，最终系统失稳。

综上分析，由于励磁通道中的耗散能量补偿支路会恶化低电压穿越特性，本书在励磁通道中仅考虑励磁电压能量中的势能补偿，如图 4-8 中势能补偿支路所示。而网侧通道中的能量补偿支路不会改变低电压穿越过程中的转子电流，因此网侧通道仍以耗散能量补偿为主。

为验证所提能量补偿支路对双馈风电机组对基频动态特性的兼容性，在双馈风电机组并网线路上，设置三相短路故障仿真场景，模拟双馈风电机组的低电压穿越过程。该故障持续时间 0.2s，接地电阻 0.01Ω。

低电压穿越过程中双馈风电机组端口母线电压和转子 d 轴电流仿真曲线如图 4-22 所示。其中图 4-22(a) 和 (b) 为接入能量补偿支路时的仿真结果，图 4-22(c) 和 (d) 为未接入能量补偿支路的仿真结果。

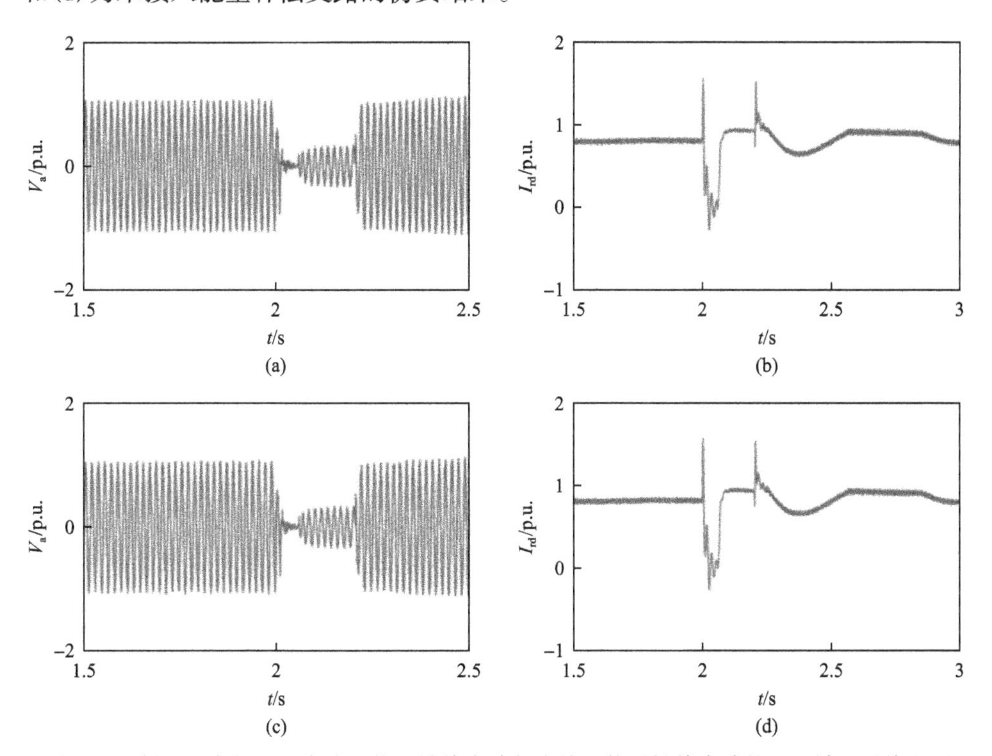

图 4-22　低电压穿越过程中接入能量补偿支路与未接入能量补偿支路的机组端口母线电压及转子电流波形

低电压穿越过程中，双馈风电机组的转子电流曲线如图 4-22(a) 和 (c) 所示。对比两图可知，接入能量补偿支路后，双馈风电机组的转子电流无明显变化，即能量补偿支路不影响低电压穿越过程中双馈机组的感应电流和电动势，仍能保证转子变流器的正常运行。

双馈风电机组的端口电压曲线如图 4-29(b)和(d)所示。低电压穿越过程中双馈风电机组的机端电压响应特性几乎不受能量补偿支路影响。双馈风电机组在接入能量补偿支路前后均具备正常的低电压穿越功能，即本书所提能量补偿支路能够有效兼容机组的基频动态响应能力。

4.3 总 结

本章基于直驱/双馈风电机组耦合作用机理的分析结果，在关键交互控制环节中构建能量补偿支路，提出了基于能量重塑的主动阻尼控制策略，提升了直驱/双馈风电机组在不同振荡频率的稳定性水平，实现了宽频振荡抑制。并且校验了能量补偿支路对基频特性的影响，仿真结果表明，能量补偿支路能够有效兼容直驱/双馈风电机组的基频动态响应能力。

参 考 文 献

[1] 邵冰冰, 赵书强, 裴继坤, 等. 直驱风电场经 VSC-HVDC 并网的次同步振荡特性分析[J]. 电网技术, 2019, 43(9): 3344-3355.

[2] Shen R, Yang S, Hao Z, et al. Generalized impedance sensitivity based sub-/super-synchronous mitigation scheme in D-PMSG wind farm[C]//International Conference on Energy, Electrical and Power Engineering,Chongqing: 2021: 542-546.

[3] 张敏. 直驱风电场次/超同步振荡动态特性及控制策略研究[D]. 北京: 华北电力大学(北京), 2022.

第5章　新能源电力系统场网级协同优化控制技术

本章在第2章及第3章的基础上，构建不同接入位置、不同控制参数下的机组间及机组与无功补偿装置间协同优化控制技术，实现振荡在场网级的协同优化控制。

5.1　直驱风电场机间协同优化控制及半物理仿真验证

5.1.1　直驱风电场协同优化控制技术

直驱风电场发生宽频振荡后，严重影响系统的稳定运行，需要快速改变控制策略实现振荡阻断。为了快速实现直驱风电场振荡稳定控制，需要改变控制策略尽可能减小场网交互能量，加速振荡过程中能量耗散作用。考虑到直驱风电场内机组的运行状态影响设备间的交互能量，通过协同控制风电场内风电机组，调整风电场内各设备间交互作用，实现场级稳定控制，以此构建直驱风电场机间协同控制策略。

根据3.2.1节可知，直驱风电场场网交互能量受机组的运行状态影响，直接决定风电场稳定水平的高低。由前文可知直驱机组的运行状态影响机间的交互能量的大小。系统振荡以次频为主时，增大机组的d轴电流稳态值I_{d0k}，机间交互作用正阻尼能量越大，将会有效降低场网交互能量，提高直驱风电场的稳定水平；相反，系统振荡以超频为主时，增大机组的d轴电流稳态值I_{d0k}，机间交互作用负阻尼能量越大，将会增大场网交互能量，不利于直驱风电场稳定运行。因此，调整直驱机组的运行状态可以适当改变风电场内部机间的能量交互作用，可实现风电场机间能量耗散最大化。

考虑到直驱风电场实际运行中发生次/超同步振荡事故，常存在多模态振荡模式，即振荡频率不以单一频率为主，存在多种次频和超频，需要综合考虑不同振荡频率下风电场内各部分能量的博弈，调整每台机组的运行状态，实现多模态下风电场内部交互作用能量耗散最大化，以构成直驱风电场机间协同控制策略。下面将展开具体的优化方案。

1. 目标函数

直驱风电场机间协同控制策略力求实现机间交互能量耗散最大，考虑到能量

耗散最大对应着其能量变化率正最小或负最小，即以机间交互能量变化率最小为目标，其表达式为

$$\min f_1 = \sum_{i=1}^{M}\left[\sum_{k=1}^{n}\sum_{j=1, j\neq k}^{n} \Delta \dot{W}_{\mathrm{E}kj}(P_{0k})\right] \tag{5-1}$$

式中，$\Delta \dot{W}_{\mathrm{E}kj}$ 为直驱风电场内机间交互能量变化率，i 表示第 i 个振荡频率，风电场共有 M 个振荡频率；P_{0k} 为风电场内第 k 台直驱机组的出力，对应第 k 台直驱机组电流稳态值 $I_{\mathrm{d}0k}$。

2. 约束条件

1)风电场功率平衡约束

为了保证调整机组功率指令后,风电场内机组出力和负荷能够维持功率平衡,满足

$$\sum_{k=1}^{n} P_{0k} = P_{\mathrm{load}} \tag{5-2}$$

式中，$\sum_{k=1}^{n} P_{0k}$ 为风电场内所有机组出力和；P_{load} 为风电场对外输送负荷或本地负荷。

2)机组出力约束

机组的出力可根据有功功率指令进行调整，其调整范围为

$$P_{0k\_\min} \leqslant P_{0k} \leqslant P_{0k\_\max} \tag{5-3}$$

式中，$P_{0k\_\min}$ 和 $P_{0k\_\max}$ 分别为第 k 台直驱机组的有功指令下限和上限，由风电场系统调度策略决定其上下限大小。

3. 优化方案

针对上述直驱风电场机间协同控制策略参数优化模型，本书应用模式搜索法确定其优化参数，具体方案如下。

步骤 1：在线测量风电场各台直驱机组端口电压和电流数据，利用式(3-56)计算直驱风电场机间交互能量变化率。

步骤 2：设置各台机组有功功率指令初值 P_{0k}，同时满足约束条件式(5-2)和式(5-3)，则当前各台机组有功指令值为可行解 x_1 即当前最优解 X，若不满足，重新确定初值直到找到可行解 x_1。

步骤 3：在最优解 $x_k(k=1,2,3,\cdots)$ 的基础上，应用模式搜索更新各台机组有功指令值和 SVG 控制方式代表值，满足式(5-3)得到新的可行解 x_{k+1}，计算目标函数式(5-1)，若满足 $f_1^{(k+1)} < f_1^{(k)}$，则 x_{k+1} 为当前最优解，反之则重复步骤 3。

步骤 4：重复搜索过程，直到满足迭代次数，终止搜索，当前最优解即为直驱风电场机间协同控制策略的优化参数。

4. 仿真验证

在 RT-LAB 仿真平台搭建直驱风电场并网系统，以两机系统为例，直驱机组参数见表 5-1 所示。设置直驱风电场接入弱电网自发振荡场景，设直驱机组有功功率调整范围为 $1.05\text{MW} \leqslant P_{01} \leqslant 1.30\text{MW}$，$0.45\text{MW} \leqslant P_{02} \leqslant 0.60\text{MW}$。利用式(5-1)～式(5-3)构建直驱风电场机间控制策略参数优化模型，应用模式搜索法确定其优化参数，其计算结果见表 5-2 所示。

表 5-1　直驱机组主要参数

参数	数值
额定功率 P_{M}/MW	2
额定频率 f/Hz	50
定子额定电压 U_{s}/kV	0.69
定子电阻 R_{s}/p.u.	0.0011
定子电感 L_{s}/p.u.	0.0005
永磁体磁链 ψ_{f}/Wb	5.43
转子转动惯量 J/(kg·m^2)	100
极对数 n_{p}	100

表 5-2　直驱机组机间协同优化计算结果

	参数	数值
优化前	PMSG1 功率指令	1.2MW
	PMSG2 功率指令	0.5MW
优化后	PMSG1 功率指令	1.1MW
	PMSG2 功率指令	0.6MW

为验证直驱风电机组机间协同控制策略的有效性和正确性，在同一弱电网场景下调整直驱风电机组的功率指令，直驱机组的输出功率变化情况如图 5-1、

图 5-2 所示。

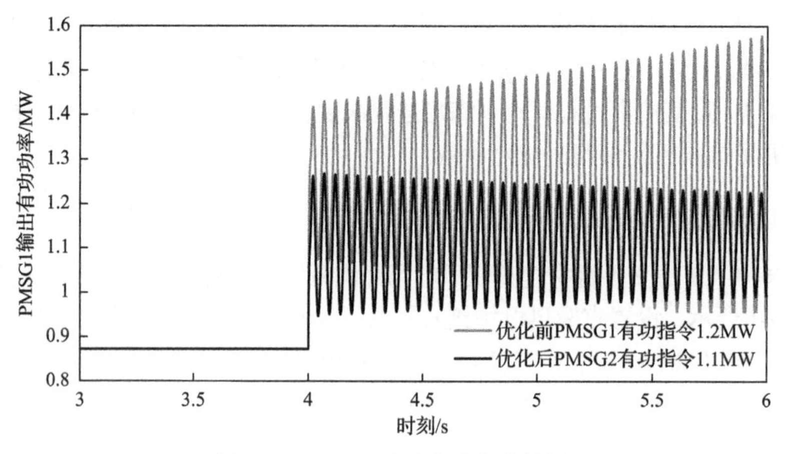

图 5-1　PMSG1 有功指令优化结果

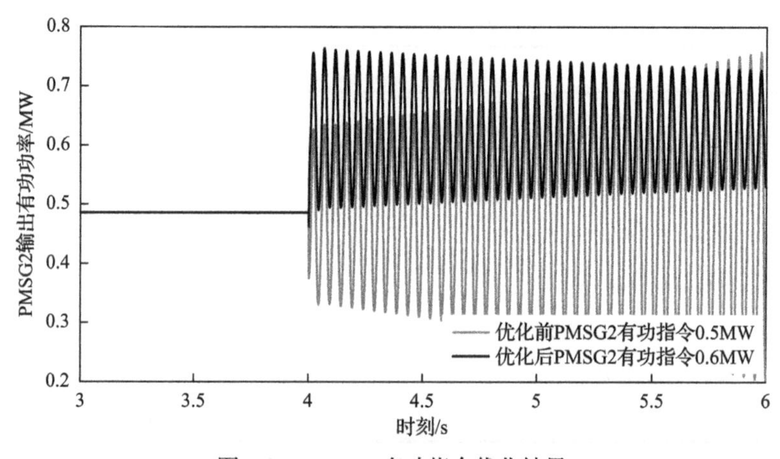

图 5-2　PMSG2 有功指令优化结果

由图 5-1 和图 5-2 可知，优化有功指令前 PMSG1 和 PMSG2 接入弱电网场景时，诱发双机系统振荡发散，直驱机组输出功率振荡幅值不断增加，t=4s 时按照优化结果调整直驱机组的有功指令，直驱机组输出功率明显降低，双机系统逐渐收敛。

直驱风电场机间协同优化控制策略受到机组有功调整范围大小的影响，改变直驱机组有功调整范围，调整范围 1：$1.0\text{MW} \leqslant P_{01} \leqslant 1.35\text{MW}$，$0.40\text{MW} \leqslant P_{02} \leqslant 0.75\text{MW}$，调整范围 2：$1.15\text{MW} \leqslant P_{01} \leqslant 1.35\text{MW}$，$0.40\text{MW} \leqslant P_{02} \leqslant 0.60\text{MW}$，重新计算直驱机组有功指令，同一场景下调整有功指令，得到直驱机组的输出功率变化情况如图 5-3～图 5-6 所示。

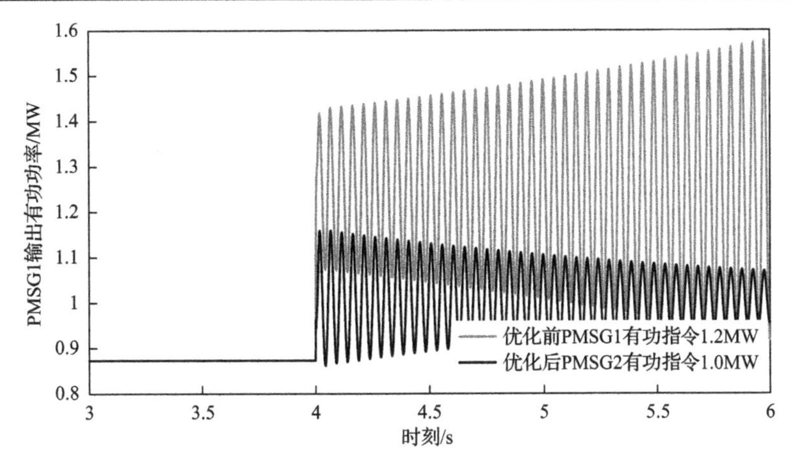

图 5-3 调整范围 1 下 PMSG1 有功指令优化结果

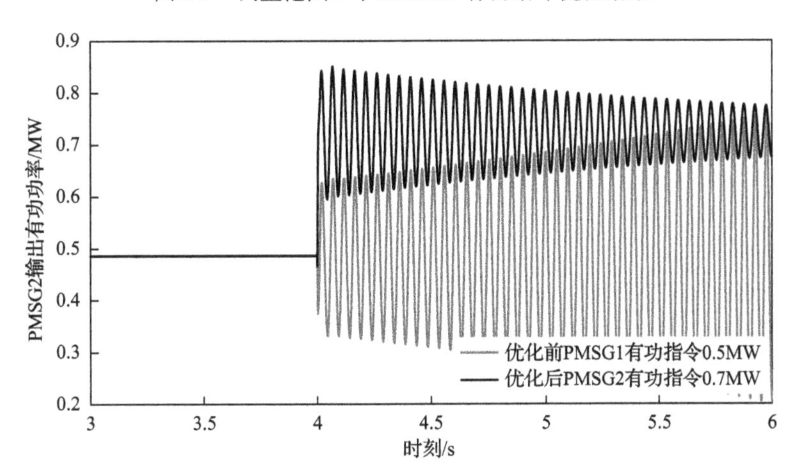

图 5-4 调整范围 1 下 PMSG2 有功指令优化结果

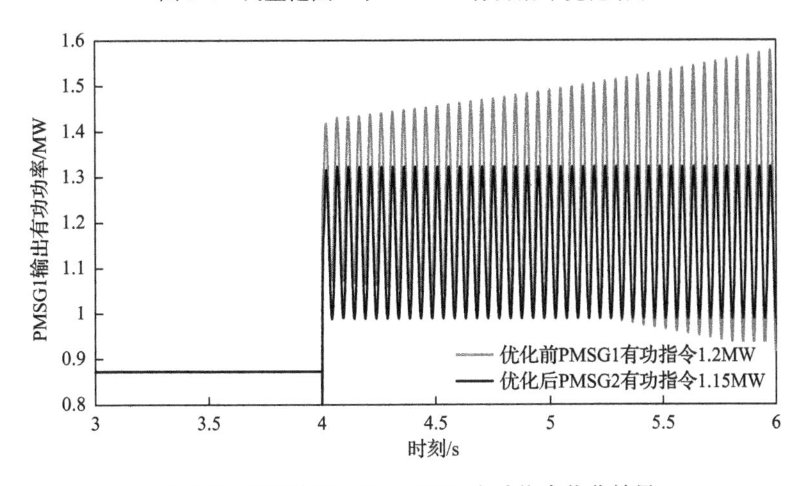

图 5-5 调整范围 2 下 PMSG1 有功指令优化结果

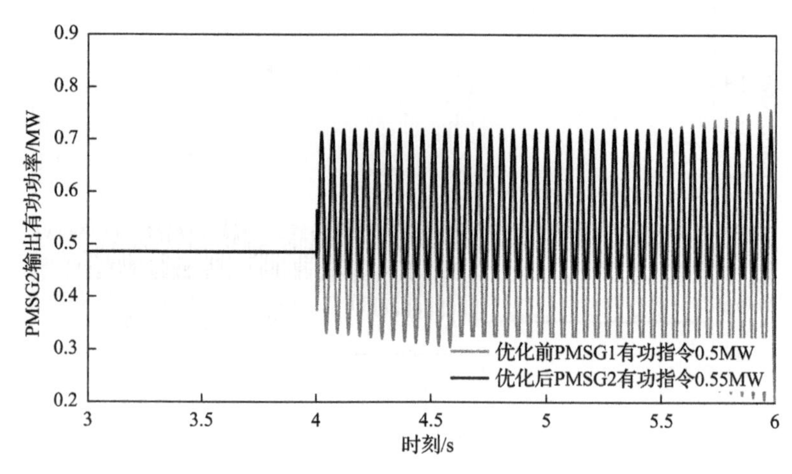

图 5-6　调整范围 2 下 PMSG2 有功指令优化结果

由图 5-3～图 5-6 可知，直驱风电机组有功调整范围越大，其机间协同优化效果越优，双机系统振荡收敛程度越高，越有利于系统稳定，相反其有功调整范围越小，调节机间交互作用的能量有限，使得双机系统振荡收敛不明显，可能处于等幅振荡状态。

5.1.2　直驱风电场协同控制半物理仿真验证

为验证直驱机组机间协同控制策略的有效性和正确性，搭建直驱风电场外接无功补偿装置的半实物仿真模型，所采用的测试平台的结构图如图 5-7 所示。

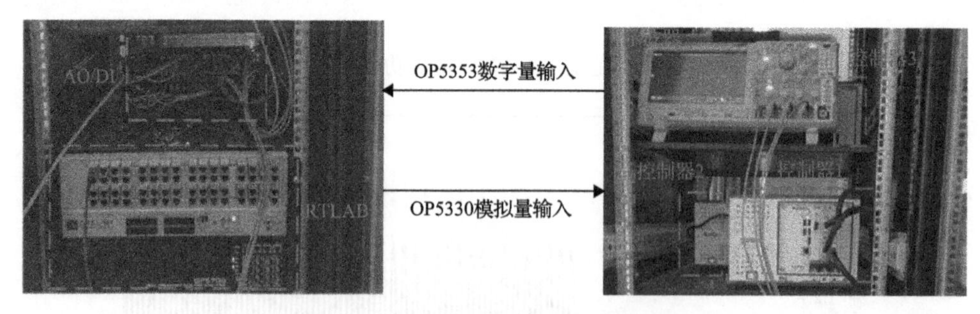

图 5-7　直驱风电场硬件在环实验平台

在同一弱电网场景下，激发次同步振荡后，协调风电场各直驱机组的功率控制指令，直驱机组的锁相环角频率、并网 abc 三相电流变化情况如图 5-8、图 5-9 所示。

由实验结果可以看出，直驱机组有功调整范围越大，其机间协同优化效果越优，双机系统振荡收敛程度越高，越有利于系统稳定(对应图 5-9 下调/上调 10%抑制效果)；相反其有功调整范围越小，调节机间交互作用的能量有限，使双机系统振荡收敛较慢(对应图 5-8 下调/上调 5%抑制效果)。

上述实验结果与前述理论分析结果相一致，验证了所提直驱风电机组协同控制策略的有效性。

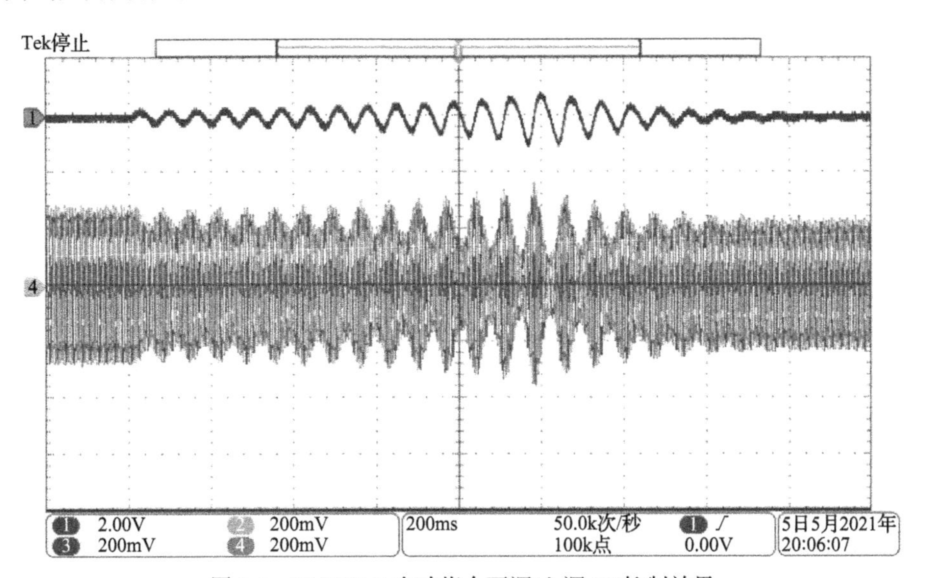

图 5-8　PMSG1/2 有功指令下调/上调 5%抑制效果

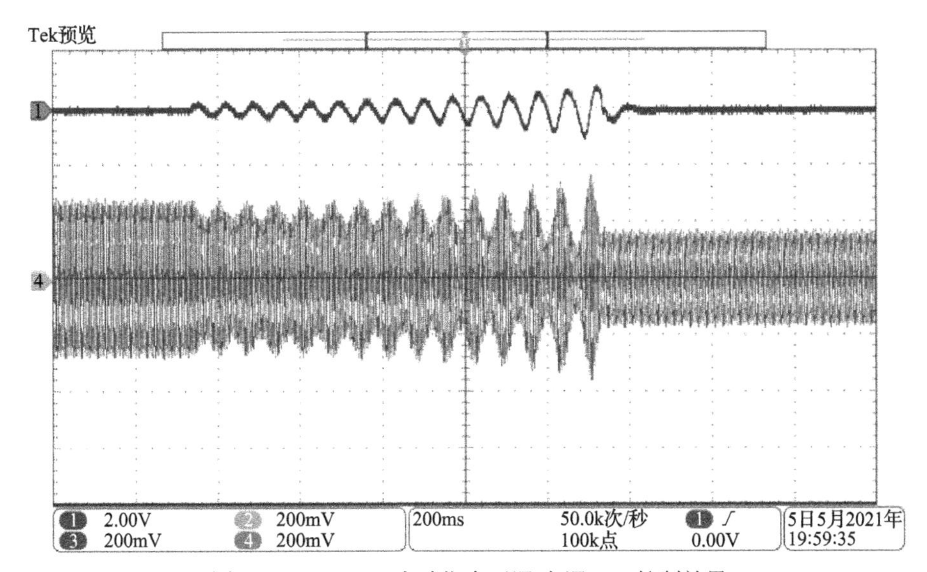

图 5-9　PMSG1/2 有功指令下调/上调 10%抑制效果

5.2 双馈风电场机间协同优化控制及半物理仿真验证

5.2.1 双馈风电场协同优化控制技术

由双馈风电场动态能量分析结果可知，双馈风电场中存在机间环流能量、机间感应能量以及机网交互能量三部分，其中机间环流能量反映的是机间振荡稳定性，机间环流越大，机间交互作用越强，产生的机间振荡稳定性也越低。机间感应能量以及机网交互能量共同构成场网交互能量，表征风电场与电网间交互产生的振荡稳定性，该部分能量对应的耗散强度越大，则场网振荡稳定性越高。因此，依据该能量特性，本书构建兼顾机间和机网振荡模态的风电场协同优化控制策略，实现场网级振荡抑制。

1. 目标函数

风电场振荡抑制需要兼顾场网振荡模态和场内振荡模态的稳定性，因此，以场网耗散强度最大，场内环流能量最小构建目标函数：

$$\begin{cases} \max W_{\mathrm{s}} = \sum\limits_{i=1}^{n} W_{ii}(K_{\mathrm{p3}}, K_{\mathrm{P\_PLL}}) \\ \min W_{\mathrm{x}} = \sum\limits_{i=1}^{n} \sum\limits_{j=1, i \neq j}^{n} W_{ij} \end{cases} \tag{5-4}$$

式中，W_{ii}为机组 i 的机网交互耗散能量；W_{ij}为机组 i 和机组 j 之间的机间环流能量；W_{s}为风电场整体的场网交互耗散能量；W_{x}为风电场内机组间的总环流能量。

2. 约束条件

1) 低电压穿越电阻约束

为了保证在参数调整以后风电机组仍具有低电压穿越能力，需要满足在低电压穿越频率下，电阻仍为正值，即

$$R_{\mathrm{eq}}(\omega_{\mathrm{LVRT}}) > R_{\mathrm{c}} \tag{5-5}$$

式中，$R_{\mathrm{eq}}(\omega_{\mathrm{LVRT}})$为等效低电压穿越频率下的电阻；$R_{\mathrm{c}}$为临界电阻。

2) 参数调整约束

机组电流内环控制参数调整需要满足范围

$$\underline{F} \leqslant F(K_{\mathrm{p3}}, K_{\mathrm{P\_PLL}}) \leqslant \overline{F} \tag{5-6}$$

式中，$\underline{F}$ 和 $\overline{F}$ 分别为双馈机组的电流内环控制参数的下限和上限。

3. 优化方案

针对上述双馈风电场机间协同控制策略参数优化模型，本书应用粒子群算法确定其优化参数，具体方案如下。

步骤 1：初始化所有粒子。设粒子的种群规模为 N，在允许的范围内随机设置粒子的初始位置和速度，并且将每个粒子的原始位置设置为它的初始 P_besti 和整个种群的 G_best。

步骤 2：适应度计算。求出每个粒子的适应值(目标函数的值)并与 P_besti 和 G_best 相比较，如果优于原有的 P_besti 和 G_best，则用该值代替原有的值，调整粒子的位置和速度。

步骤 3：粒子最优更新。粒子最优包括个体最优和群体最优，其中个体最优粒子更新是从当前粒子和个体最优粒子中选择支配粒子，当两个粒子都不是支配粒子时，从中随机选一个粒子作为个体最优粒子。群体最优粒子为从非劣解集中随机选择的粒子。

步骤 4：筛选非劣解集。考虑到本控制策略需要满足场内环流和场网能量的双目标要求，在更新粒子时需要确定非劣解集，该步骤主要分为初始筛选非劣解和更新非劣解。初始筛选非劣解是指在粒子初始化后，当一个粒子不受其他粒子支配(即不存在其他解使得其场内环流和场网能量均优于该粒子对应参数产生的能量)时，把粒子放入非劣解集中，并且在粒子更新前从非劣解集中随机选择一个粒子作为群体最优粒子。更新非劣解集是指当新粒子不受其他粒子以及当前非劣解集中粒子支配时，把新粒子放入非劣解集中，并且每次粒子更新前都从非劣解集中随机选择一个粒子作为群体最优粒子。

步骤 5：粒子速度和位置更新。根据个体最优粒子位置和全局粒子位置更新粒子速度和位置。

步骤 6：如果达到最大迭代次数或者达到 Pareto 最优解条件，则中止迭代，否则返回步骤 2 继续迭代。

参数优化流程图如图 5-10 所示。

4. 仿真验证

为验证本书所提的参数优化策略的有效性，在 MATLAB/Simulink 中搭建了 DFIG 六机并网时域仿真模型。初始时各机组的 RSC 电流环比例参数均为 0.6，输电线路串联电容补偿度为 50%，于 10s 时投入。为保证策略在任何情况下均能够抑制 SSO，本书设定各机组均处于低风速 6m/s。则由图 5-11 可以看出，串补投入后系统失稳发生 SSO，呈发散型振荡。

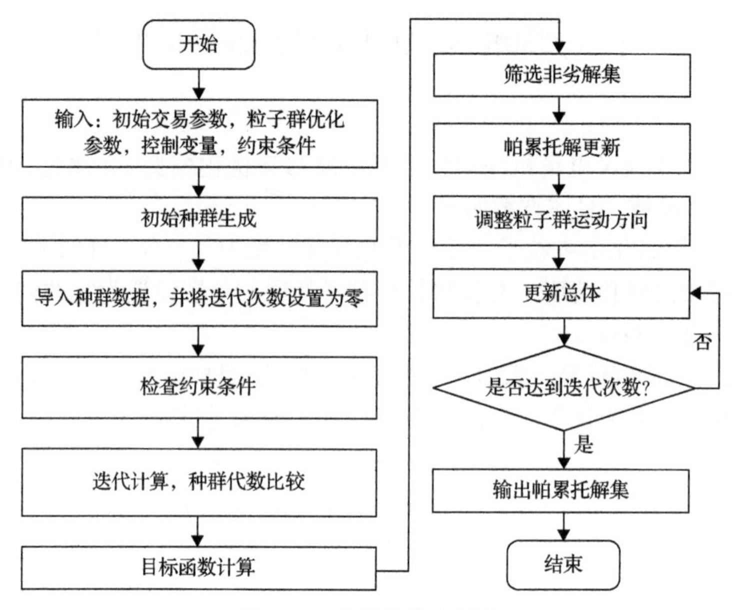

图 5-10　参数优化流程图

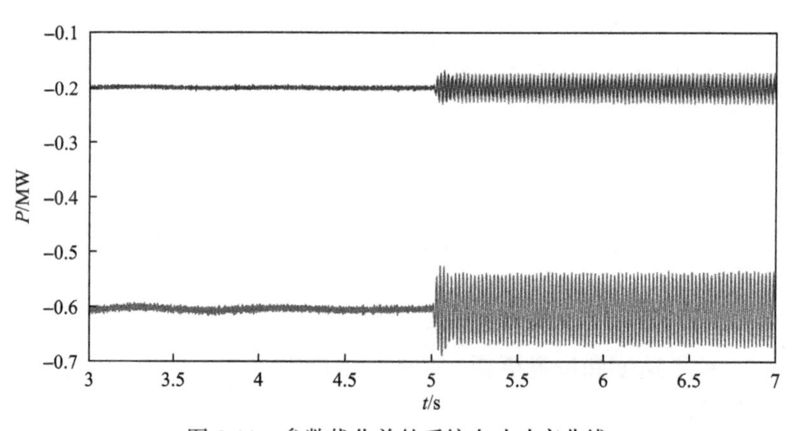

图 5-11　参数优化前的系统有功功率曲线

将风电场参数代入动态能量函数中，并利用粒子群算法进行参数协同优化，优化结果如表 5-3 所示。

表 5-3　六机并网系统参数 K_p 优化结果

	各机组参数 K_p 的取值						穿越电阻 R /$10^{-4}\Omega$
	K_{p1}	K_{p2}	K_{p3}	K_{p4}	K_{p5}	K_{p6}	
优化后	0.14	0.12	0.60	0.60	0.14	0.60	1.495
优化前	0.19	0.19	0.19	0.19	0.19	0.19	1.242

按照表 5-3 的参数优化结果分别调整风电场各机组的 RSC 电流环比例参数 K_p，重新运行仿真模型，可得优化后的风电场有功功率曲线如图 5-12 所示。可见振荡收敛，说明系统稳定性提高。

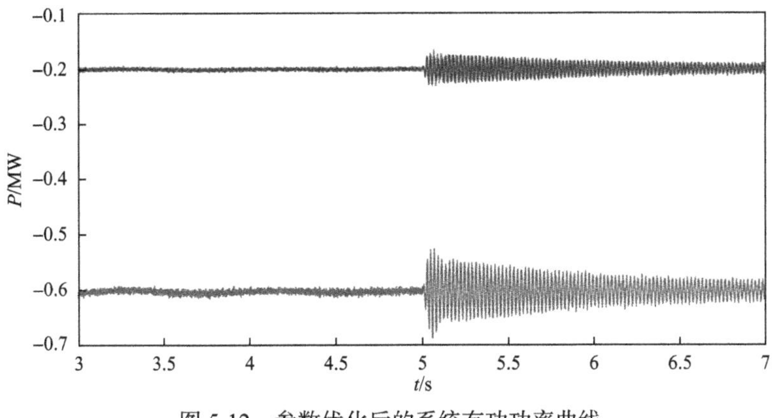

图 5-12　参数优化后的系统有功功率曲线

5.2.2　双馈风电场协同控制半物理仿真验证

为验证双馈机组机间协同控制策略的有效性和正确性，在图 5-7 所示半实物平台中搭建双馈风电场的半实物仿真模型，并在 RT-LAB 中设计风电场接入串补振荡场景，振荡曲线如图 5-13 所示。

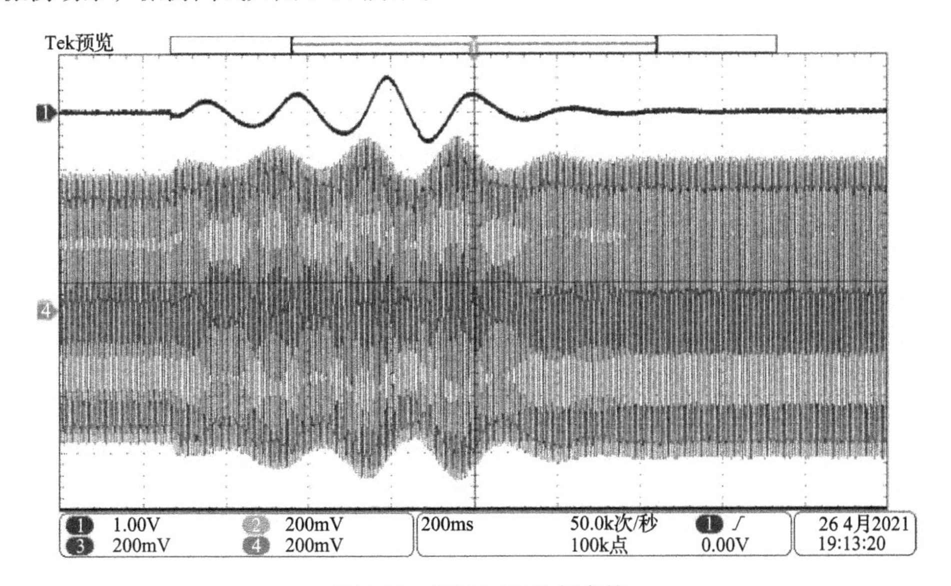

图 5-13　调整 RSC 比例参数

由图 5-13 可知，初始时各机组的 RSC 电流环比例参数均为 0.6，输电线路串联电容补偿度为 30%，风电场激发不稳定 SSO。当风电场进行参数协同优化后，系统由振荡发散逐渐转为振荡收敛，系统稳定性提高。

5.3 直驱机组与无功补偿装置间协同优化控制及半物理仿真验证

5.3.1 直驱机组与无功补偿装置间协同优化控制技术

直驱风电场动态能量中受 SVG 控制方式影响的能量项，其表达式为

$$\Delta \dot{W}_u = \sum_{k=n+1}^{N} m_{\mathrm{R}sk(n+1)} \frac{L_{n+1}}{2L_{\mathrm{R}sk}} \omega_{\mathrm{s}} k_{\mathrm{p2}} k_{\mathrm{p1s}} \mathrm{e}^{2\lambda t} \times \begin{bmatrix} -I_{\mathrm{ps}k+} U_{\mathrm{ps}k+} \sin(\varepsilon_{\mathrm{ps}k+} - \alpha_{\mathrm{ps}k+}) \\ +I_{\mathrm{ps}k-} U_{\mathrm{ps}k-} \sin(\varepsilon_{\mathrm{ps}k-} - \alpha_{\mathrm{ps}k-}) \end{bmatrix}$$

$$+\sum_{k=1}^{n} \sum_{j=n+1}^{N} m_{\mathrm{R}sj(n+1)} \frac{L_{n+1}}{2L_{\mathrm{R}sj}} \omega_{\mathrm{s}} k_{\mathrm{p2}} \mathrm{e}^{2\lambda t} \frac{k_{\mathrm{i1s}} \omega_{\mathrm{s}}}{w_{\mathrm{s}}^2 + \lambda^2} \times \begin{bmatrix} I_{\mathrm{p}k+} U_{\mathrm{ps}j+} \cos(\varepsilon_{\mathrm{ps}j+} - \alpha_{\mathrm{p}k+}) \\ -I_{\mathrm{p}k-} U_{\mathrm{ps}j-} \cos(\varepsilon_{\mathrm{ps}j-} - \alpha_{\mathrm{p}k-}) \end{bmatrix}$$

$$\cdot m_{\mathrm{R}sk} m_{\mathrm{R}sj(n+1)} m_{\mathrm{R}sk(n+1)} \frac{L_{n+1}}{L_{\mathrm{R}sj}}$$

$$+\sum_{k=n+1}^{N} \sum_{j=n+1, j\neq k}^{N} \left\{ \begin{matrix} k_{\mathrm{p2}}^2 \left[\dfrac{k_{\mathrm{p\theta}}^2 \omega_{\mathrm{s}}^3}{(\omega_{\mathrm{s}}^2 + \lambda^2)^2} + \dfrac{k_{\mathrm{i\theta}}^2 \omega_{\mathrm{s}}^5}{(\omega_{\mathrm{s}}^2 + \lambda^2)^4} \right] \mathrm{e}^{4\lambda t} \\ \times \dfrac{k_{\mathrm{p1s}} k_{\mathrm{i1s}} \omega_2 L_{\mathrm{w}} \omega_{\mathrm{s}}}{2(\omega_{\mathrm{s}}^2 + \lambda^2)} \begin{bmatrix} U_{\mathrm{ps}k+}^3 I_{\mathrm{ps}j+} \sin(\alpha_{\mathrm{ps}j+} - \varepsilon_{\mathrm{ps}k+}) \\ -U_{\mathrm{ps}k-}^3 I_{\mathrm{ps}j+} \sin(\alpha_{\mathrm{ps}j-} - \varepsilon_{\mathrm{ps}k-}) \\ -U_{\mathrm{ps}k+}^3 I_{\mathrm{ps}k+} \sin(\alpha_{\mathrm{ps}k+} - \varepsilon_{\mathrm{ps}k+}) \\ +U_{\mathrm{ps}k-}^3 I_{\mathrm{ps}k-} \sin(\alpha_{\mathrm{ps}k-} - \varepsilon_{\mathrm{ps}k-}) \\ +U_{\mathrm{ps}j+}^3 I_{\mathrm{ps}k+} \sin(\alpha_{\mathrm{ps}k+} - \varepsilon_{\mathrm{ps}j+}) \\ -U_{\mathrm{ps}j-}^3 I_{\mathrm{ps}k+} \sin(\alpha_{\mathrm{ps}k-} - \varepsilon_{\mathrm{ps}j-}) \\ -U_{\mathrm{ps}j+}^3 I_{\mathrm{ps}j+} \sin(\alpha_{\mathrm{ps}j+} - \varepsilon_{\mathrm{ps}j+}) \\ +U_{\mathrm{ps}j-}^3 I_{\mathrm{ps}j-} \sin(\alpha_{\mathrm{ps}j-} - \varepsilon_{\mathrm{ps}j-}) \end{bmatrix} \end{matrix} \right\} \tag{5-7}$$

式(5-7)为 SVG 电压外环控制下对应的场网交互能量，第一项为 SVG 的扰动

能量，第二项为 PMSG-SVG 间交互能量，第三项为 SVG 间的交互能量，考虑到系数乘积越多幅值越小，式(5-7)以第一项和第二项为主进行分析。当系统振荡以次频为主导时，式(5-7)＜0，SVG 采用电压外环控制将会增加风电场中正阻尼能量，有利于风电场稳定；相反，当系统振荡以超频为主导时，式(5-1)＜0，将会增加风电场内部负阻尼能量，降低风电场的稳定水平。

为了分析 SVG 无功外环对风电场内部能量交互作用的影响，推导 SVG 无功外环控制下对应的能量项，其详细表达式为

$$
\begin{aligned}
\Delta\dot{W}_u =& \sum_{k=n+1}^{N} m_{\mathrm{R}sk(n+1)} \frac{L_{n+1}}{L_{\mathrm{R}sk}} k_{\mathrm{p}2}\omega_{\mathrm{s}}\mathrm{e}^{2\lambda t} \frac{k_{\mathrm{i1s}}\omega_{\mathrm{s}}}{w_{\mathrm{s}}^2+\lambda^2}(m_{\mathrm{R}sk}U_{\mathrm{q0}sk}+I_{\mathrm{d0}s})\times\begin{bmatrix}-I_{\mathrm{ps}k+}U_{\mathrm{ps}k+}\sin(\alpha_{\mathrm{ps}k+}-\varepsilon_{\mathrm{ps}k+})\\+I_{\mathrm{ps}k-}U_{\mathrm{ps}k-}\sin(\alpha_{\mathrm{ps}k-}-\varepsilon_{\mathrm{ps}k-})\end{bmatrix}\\
&+\sum_{k=1}^{n}\sum_{j=n+1}^{N} m_{\mathrm{R}sk(n+1)}m_{\mathrm{R}sj(n+1)}\frac{L_{n+1}}{L_{\mathrm{R}sj}}k_{\mathrm{p}2}k_{\mathrm{p1s}}\omega_{\mathrm{s}}\mathrm{e}^{2\lambda t}(m_{\mathrm{R}sj}U_{\mathrm{q0}sj}+I_{\mathrm{d0}sj})\times\begin{bmatrix}-I_{\mathrm{p}k+}U_{\mathrm{ps}j+}\cos(\alpha_{\mathrm{p}k+}-\varepsilon_{\mathrm{ps}j+})\\+I_{\mathrm{p}k-}U_{\mathrm{ps}j-}\cos(\alpha_{\mathrm{p}k-}-\varepsilon_{\mathrm{ps}j-})\end{bmatrix}\\
&\cdot m_{\mathrm{R}sk}m_{\mathrm{R}sj(n+1)}m_{\mathrm{R}sk(n+1)}\frac{L_{n+1}}{L_{\mathrm{R}sj}}+\sum_{k=n+1}^{N}\sum_{j=n+1,j\neq k}^{N}\left\{\begin{aligned}&k_{\mathrm{p}2}^2\left[\frac{k_{\mathrm{p}\theta}^2\omega_{\mathrm{s}}^3}{(\omega_{\mathrm{s}}^2+\lambda^2)^2}+\frac{k_{\mathrm{i}\theta}^2\omega_{\mathrm{s}}^5}{(\omega_{\mathrm{s}}^2+\lambda^2)^4}\right]\mathrm{e}^{4\lambda t}\times\frac{k_{\mathrm{p1s}}k_{\mathrm{i1s}}\omega_2L_{\mathrm{w}}\omega_{\mathrm{s}}}{2(\omega_{\mathrm{s}}^2+\lambda^2)}\\&\begin{bmatrix}U_{\mathrm{ps}k+}^3I_{\mathrm{ps}j+}\sin(\alpha_{\mathrm{ps}j+}-\varepsilon_{\mathrm{ps}k+})\\-U_{\mathrm{ps}k-}^3I_{\mathrm{ps}j+}\sin(\alpha_{\mathrm{ps}j-}-\varepsilon_{\mathrm{ps}k-})\\-U_{\mathrm{ps}k+}^3I_{\mathrm{ps}k+}\sin(\alpha_{\mathrm{ps}k+}-\varepsilon_{\mathrm{ps}k+})\\+U_{\mathrm{ps}k-}^3I_{\mathrm{ps}k-}\sin(\alpha_{\mathrm{ps}k-}-\varepsilon_{\mathrm{ps}k-})\\+U_{\mathrm{ps}j+}^3I_{\mathrm{ps}k+}\sin(\alpha_{\mathrm{ps}+}-\varepsilon_{\mathrm{ps}j+})\\-U_{\mathrm{ps}j-}^3I_{\mathrm{ps}k+}\sin(\alpha_{\mathrm{ps}k-}-\varepsilon_{\mathrm{ps}j-})\\-U_{\mathrm{ps}j+}^3I_{\mathrm{ps}j+}\sin(\alpha_{\mathrm{ps}j+}-\varepsilon_{\mathrm{ps}j+})\\+U_{\mathrm{ps}j-}^3I_{\mathrm{ps}j-}\sin(\alpha_{\mathrm{ps}j-}-\varepsilon_{\mathrm{ps}j-})\end{bmatrix}\end{aligned}\right\}
\end{aligned}
\tag{5-8}
$$

式(5-8)为 SVG 无功外环控制下对应的风电场场网交互能量项，第一项为 SVG 的扰动能量，第二项为 PMSG-SVG 间交互能量，第三项为 SVG 间的交互能量，考虑到系数乘积越多幅值越小，式(5-8)以第一项和第二项为主进行分析。当系统振荡以次频为主导时，式(5-8)＞0，SVG 采用无功外环控制将会增加风电场中负阻尼能量，不利于风电场稳定运行；相反，当系统振荡以超频为主导时，式(5-8)＜0，将会增加风电场内部正阻尼能量，加强风电场内部能量耗散，有益于风电场的稳定性。考虑到直驱风电场中以超同步振荡场景居多，因此，将 SVG 设定为无功外环控制模式，可提升系统稳定性。

为了验证 SVG 控制方式对风电场稳定水平的影响，分别在场景 2 和 3 下改变 SVG 的外环控制方式，重新计算场景 2 和 3 下的直驱风电场扰动能量、耦合能量、交互能量及场网交互能量，其变化规律如图 5-14 和图 5-15 所示。图中粗线对应

电压外环控制，细线对应无功外环控制。

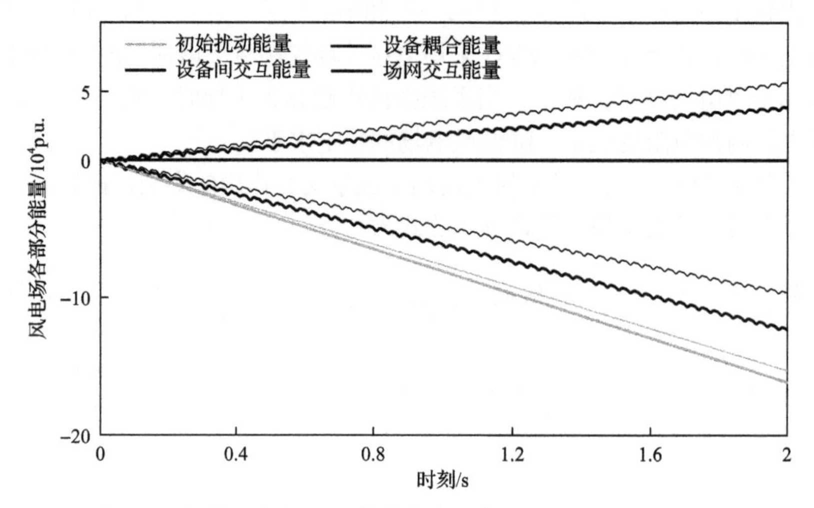

图 5-14　场景 2 改变 SVG 控制方式后直驱风电场能量变化情况

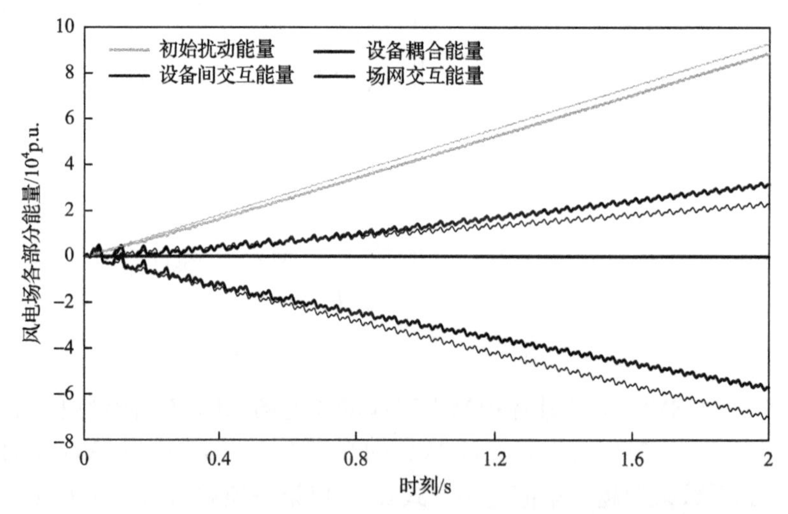

图 5-15　场景 3 改变 SVG 控制方式后直驱风电场能量变化情况

由图 5-14 和图 5-15 可知，对于次频振荡而言，SVG 电压控制与无功控制下风电场内各设备间交互能量均呈现负阻尼特性，采用电压控制更有益于风电场的负阻尼能量的耗散，有利于系统稳定；相反，对于超频振荡而言，与 SVG 电压外环相比，SVG 无功控制下其设备间交互能量更大，有效降低场网交互能量。

在 RT-LAB 仿真平台搭建直驱风电场系统，以两机系统为例，验证调整不同 SVG 控制模式下，系统次/超同步振荡稳定性的变化情况，如图 5-16 所示。

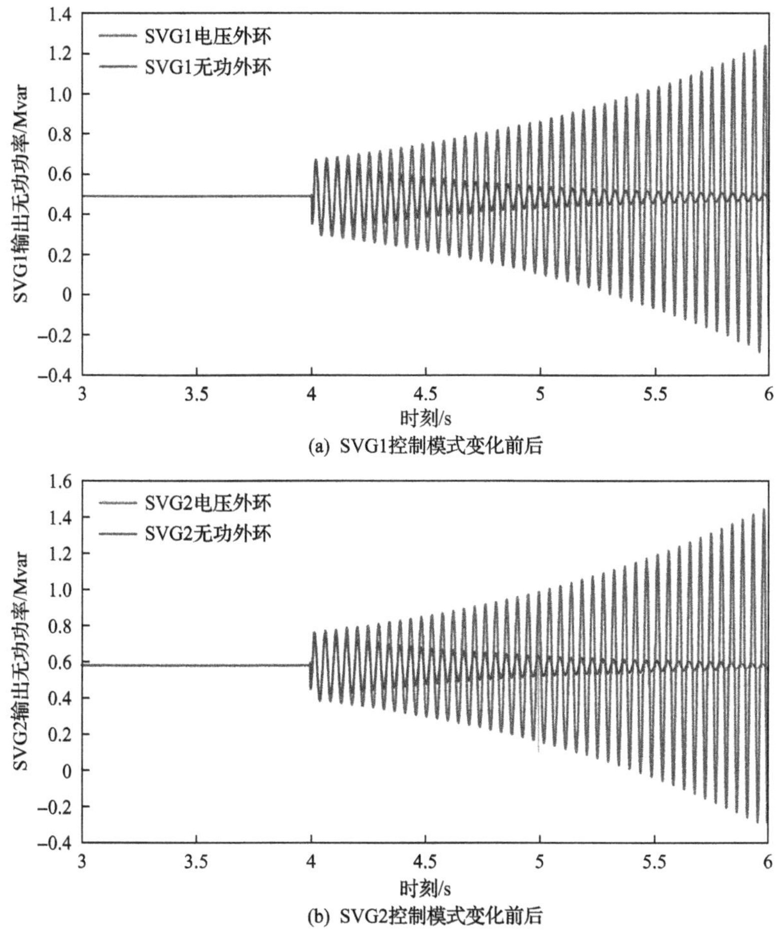

(a) SVG1控制模式变化前后

(b) SVG2控制模式变化前后

图 5-16　SVG 控制模式优化前后振荡曲线对比

由图 5-16 可知，当 SVG 为电压外环控制时，系统超同步振荡逐渐发散至失稳。当 SVG 控制模式调整为无功外环控制后，系统超同步振荡明显收敛，系统稳定性显著提升。

5.3.2　直驱机组与无功补偿装置间协同控制半物理仿真验证

设置 SVG 以恒电压控制模式并网运行，调节控制参数，待出现振荡后将 SVG 由恒电压控制方式改为恒无功控制。风电场输出锁相环频率波形如图 5-17 所示。

硬件在环实验结果表明，随着 SVG 控制方式由恒电压转变为恒无功，风电场输出有功功率波形由发散到收敛，系统 SSO 模式下阻尼增强，系统发生不稳定 SSO

的风险降低。

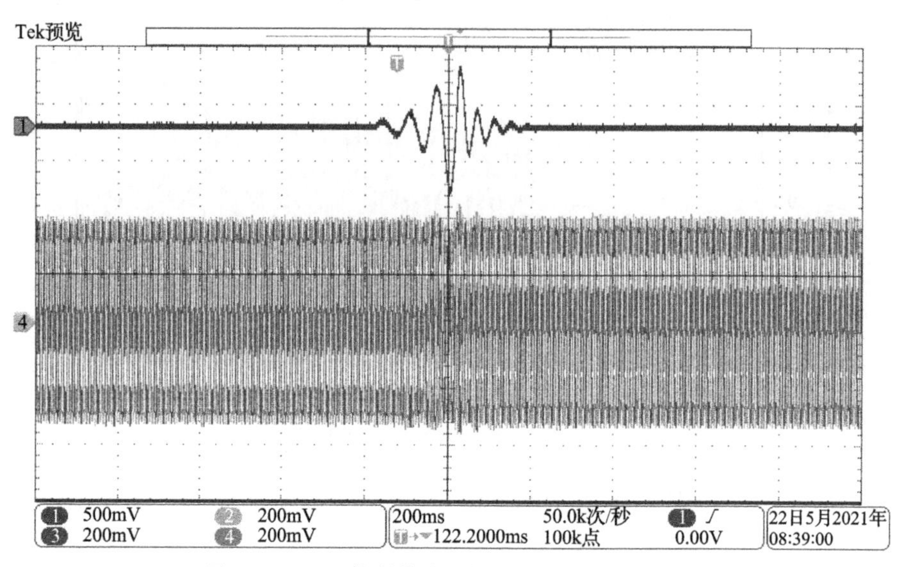

图 5-17　SVG 控制模式切换时硬件在环实验结果

5.4　新能源电力系统场站级主动阻尼协同控制架构

基于 5.1 节和 5.2 节提出的直驱/双馈风电场机间协同优化控制，本节提出了兼顾机间-场网多模态振荡并发的动态能量均衡补偿方法，发明了基于微分对策鞍点追踪的多机功率协同控制技术，攻克了机-场-网多模态振荡协同抑制难题。

首先，通过构建刻画机间-场网能量交互路径的动态能量模型，揭示了机间-场网振荡模式抑制存在的互斥效应，发明了机间-场网动态能量均衡补偿的微分对策鞍点追踪方法，以场网耦合动态能量最大、场内机间环流动态能量最小为目标，兼顾系统潮流及备用约束，获取各风机/光伏变流器的功率调节指令，实现了机间振荡-场网振荡抑制协同趋优的控制效果。其中，图 5-18 显示了机间-场网能量交互路径，图 5-19 反映了机间-场网能量互斥，图 5-20 为基于微分对策鞍点理论的场网和机间环流能量协同策略。

其次，基于时间序列动态能量平衡的物理约束，在线修正变流器端口异常采样数据，通过有序链路能量的方向和数值互补重构，实现缺失数据的自适应替代，研发了具备信息冗余容错功能的新能源场站主动阻尼控制装置，接收调度端下发的调控指令，转化为变流器功率指令，实现场站级主动阻尼控制。

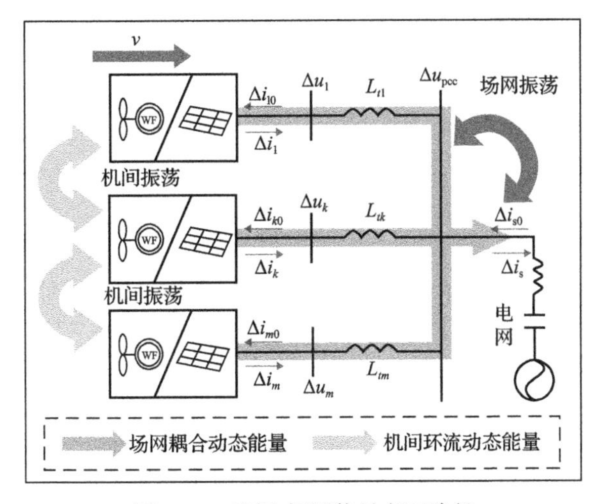

图 5-18　机间-场网能量交互路径

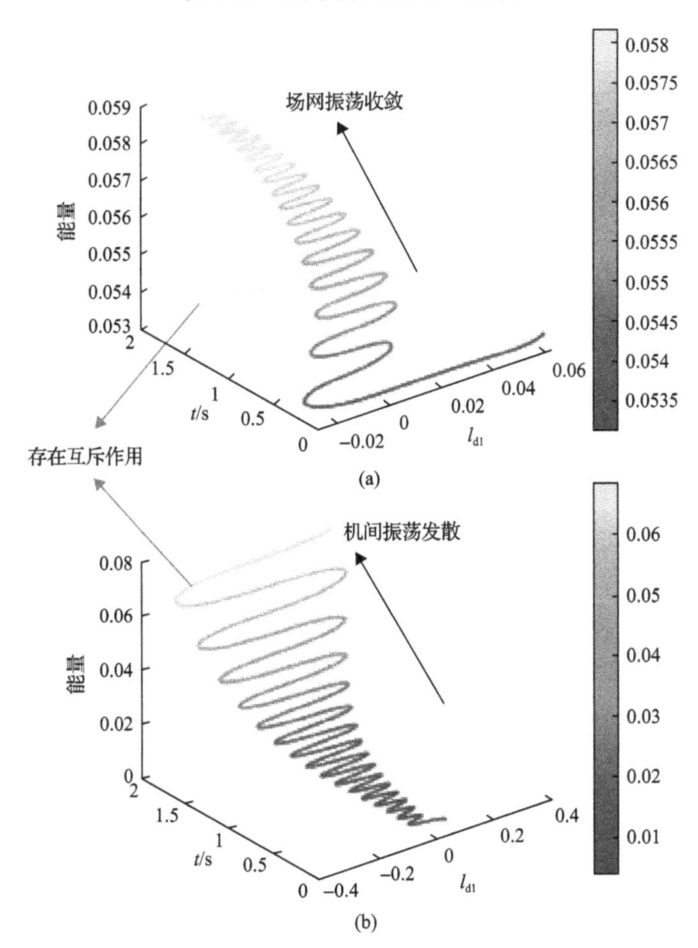

图 5-19　机间-场网能量互斥

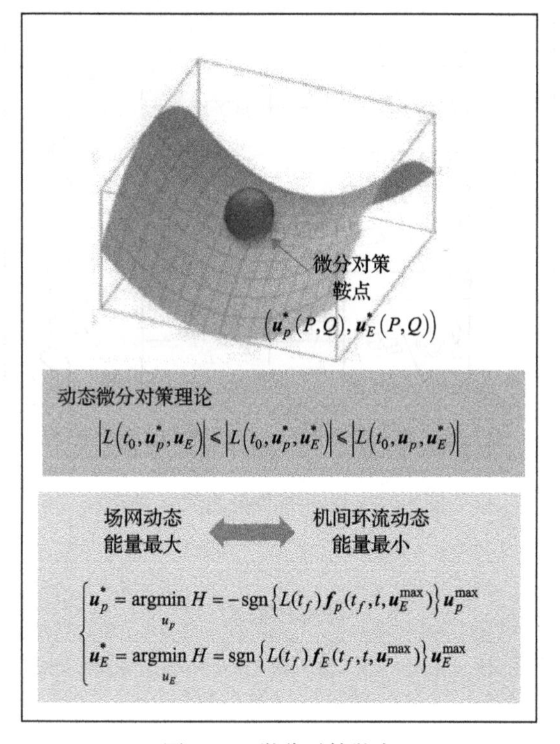

图 5-20　微分对策鞍点

5.5　总　　结

本章基于风电场能量网络模型，建立了直驱风电场、双馈风电场以及直驱风电机组与无功补偿装置间的协同优化控制技术，并进行了半物理仿真试验验证，揭示了不同接入位置、不同风速以及不同锁相环参数对风电机组的影响，制定了具有抑制并网系统次同步谐振的场网级控制优化及参数调整方案，所提出的策略对不同电网强度下的振荡均能实现快速抑制，具有良好的抑制效果。

参 考 文 献

[1] 张敏. 直驱风电场次/超同步振荡动态特性及控制策略研究[D]. 北京：华北电力大学(北京), 2022.

[2] Ma J, Xu H, Zhang M, et al. Stability analysis of sub/super synchronous oscillation in direct-drive wind farm considering the energy interaction between PMSGs. IET Renew. Power Gener, 2022, 16(3): 478-496.

第6章 主动阻尼功能试验验证

6.1 电控系统研制

6.1.1 双馈风电机组主动阻尼电控系统

风电变流器控制器如图6-1所示，由控制器插箱、PMMU机箱、ASM交流量采样模块、码盘信号滤波器控制器组成。其为专业成熟的电力系统控制平台，普遍用于继电保护、电力电子控制、发电机励磁等控制产品。其优势有以下几点：①具备强大计算能力，PowerPC+DSP+FPGA组合，业内领先的计算速度；②模块化的插槽式板件设计，基于曼彻斯特码光通信的分布式控制架构设计，极强的系统抗干扰能力和可扩展性；③全密闭铝质外壳，已经过第三方型式认证和EMC认证。

图6-1 半实物测试用双馈变流器控制器

双馈变流器控制器主板如图6-2所示，用该板件替换机组变流器的原装控制板件。

6.1.2 直驱风电机组主动阻尼电控系统

直驱风电机组主动阻尼电控系统主要以风电全功率变流器为主，全功率变流器原理框图如图6-3虚线框所示，该系统主要由三部分组成。

图 6-2　验证用双馈变流器控制器主板

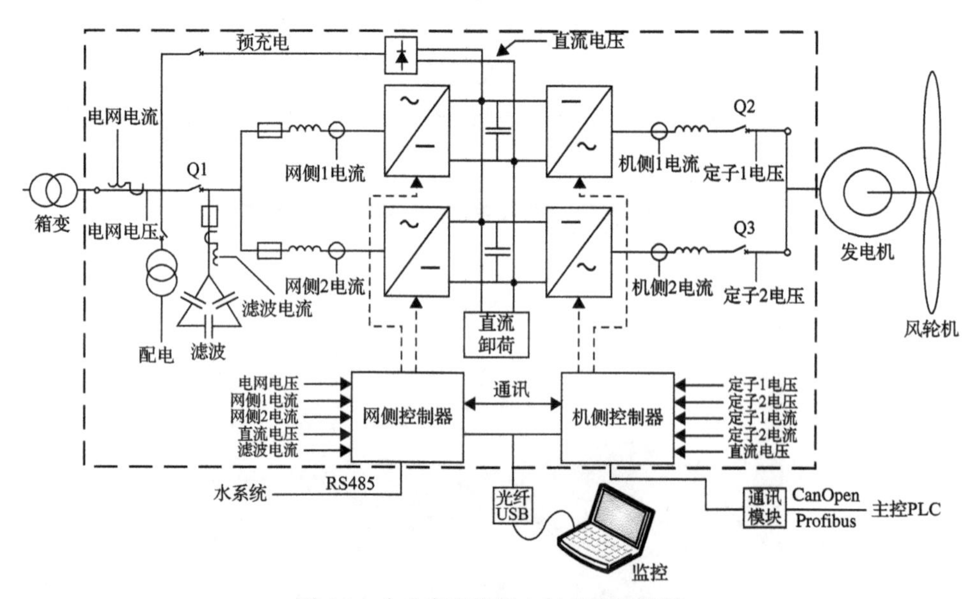

图 6-3　全功率变流器电气系统拓扑图

(1) 由框架断路器 Q1、网侧快速熔断器、电流滤波、电路板及配电等组成的并网柜部分。

(2) 由电网侧功率单元、电抗器、直流电容、卸荷电阻等组成的网侧功率柜部分。

(3) 由电机侧功率单元、电抗器、直流电容、定子断路器 Q2 和 Q3、卸荷组件等组成的机侧功率柜部分。

全功率变流器的额定参数如表 6-1 所示。

表 6-1　全功率变流器额定参数

指标	数值	说明
额定功率	2100kW	1.1 倍额定功率过载可长期运行，1.2 倍额定功率过载，短期运行
额定电压	690VA · C	额定电压范围+/–10%
额定频率	50Hz	电网频率范围+/–5%
额定功率因数	1	
变流器输出脉冲最小上升时间	1μs	
效率	≥ 97%	在 50%额定功率以上
冷却方式	液冷	
控制方式	矢量控制策略	具备四象限运行能力
加热除湿时间	小于 2h	
变流器整机噪音	≤ 70dB	不包括机组噪音
额定容量	2400kV · A	备注
连续交流电流	2235A	
额定连续直流电压	1050V	
无功功率	额定有功下，最大可发出不小于 657kvar 容性或者感性无功	
连续输出电流	2250A	
最大输出电流	2475A (60s)	
IGBT 电压等级（满足系统要求）	1700V	
开关频率	3kHz	
输出频率	满足发电机转速范围要求	
发电机侧电压 dU/dt	≤ 800V/μs	考虑 90～140 线缆长度计算
机侧最大对地线电压峰值	＜1600V	考虑 90～140 线缆长度计算
机侧最大线电压峰值	＜1600V	考虑 90～140 线缆长度计算
额定连续直流电压	1050V	
转速运行范围	满足发电机运行转速范围，大于 1.1 倍额定转速，在机组执行顺桨停机中变流器可保持正常工作	

变流器的机械结构尺寸信息如表 6-2 和图 6-4 所示：

表 6-2　变流器机械结构尺寸信息

指标	数值	说明
尺寸(宽×高×深)	3000×2200×650	单位 mm×mm×mm，详细尺寸见图纸
颜色	RAL7035	
喷涂级别	C3	
防护级别	并网柜	IP54
	网侧功率柜	IP54
	机侧功率柜	IP54
	各接口处防护等级	IP55
近似重量	2.5t	
网侧出线方向	下进线	
发电机定子出线方向	下进线	
维护方式	前维护	
放置位置	塔筒内地基上或支架上	

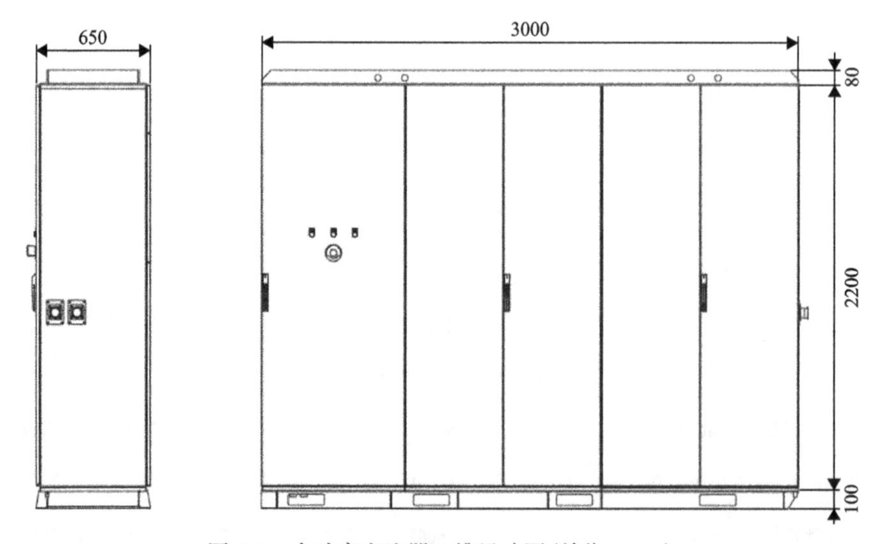

图 6-4　全功率变流器二维尺寸图(单位：mm)

基于风电全功率变流器的控制系统，为了实现硬件在环测试，在原变流器控制基础上开发了变流器半实物仿真控制器，用于风电变流器的半实物硬件在环仿真测试，机壳采用 4U 标准化工业机箱，内部采用 DSP+FPGA 数字控制，包含 DSP

控制板、转接端子板，接口兼容 RTLAB 和 RTDS。半实物控制器如图 6-5 所示。

图 6-5　全功率变流器半实物控制器

6.2　电控系统半物理硬件在环试验验证

6.2.1　振荡检测时间验证

1. 双馈机组电控系统

根据上述次/超同步振荡频率检测与追踪技术，在 RT-LAB 半实物仿真平台上对次同步锁相环节进行半实物实验验证。在 5～100Hz 范围内，统一在 3.44s 每隔 10Hz 注入谐波成分，利用上文提出的次同步锁相环对次同步频率电流进行检测，结果如表 6-3 和图 6-6(1)～(10)所示。由测试结果可知，基于次同步锁相环的检测与追踪技术可以实现对次/超同步振荡频率 5～100Hz 范围的全覆盖，并且检测时间小于 500ms。

表 6-3　次同步锁相环检测结果

谐波频率/Hz	检测时间/s	附图
5	0.26	图 6-6(1)
15	0.23	图 6-6(2)
25	0.23	图 6-6(3)
35	0.21	图 6-6(4)
45	0.47	图 6-6(5)

续表

谐波频率/Hz	检测时间/s	附图
55	0.50	图 6-6(6)
65	0.20	图 6-6(7)
75	0.24	图 6-6(8)
85	0.22	图 6-6(9)
95	0.25	图 6-6(10)

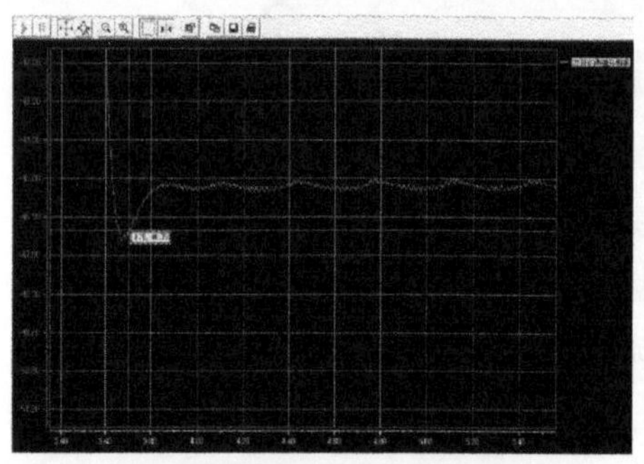

(1) 5Hz检测时间3.70−3.44=0.26s

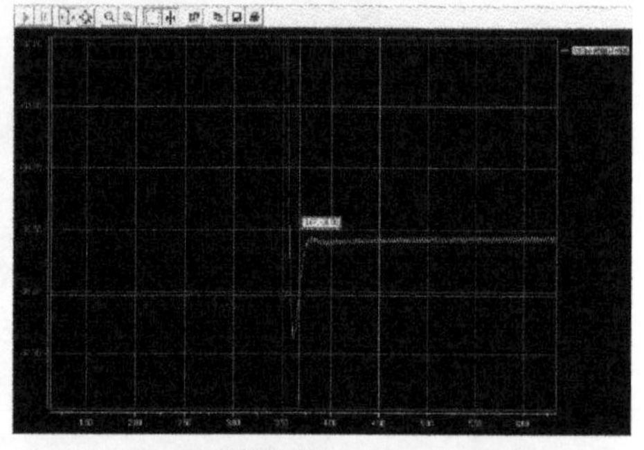

(2) 15Hz检测时间3.67−3.44=0.23s

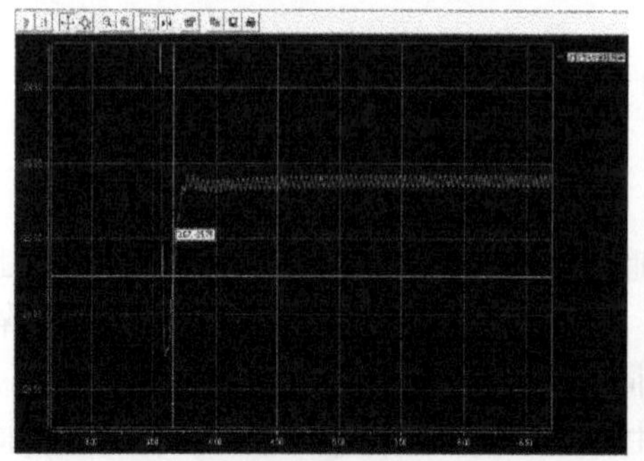

(3) 25Hz检测时间3.67−3.44=0.23s

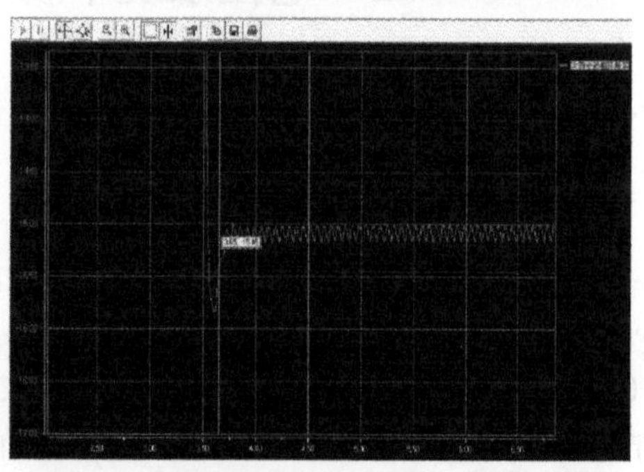

(4) 35Hz 检测时间3.65−3.44=0.21s

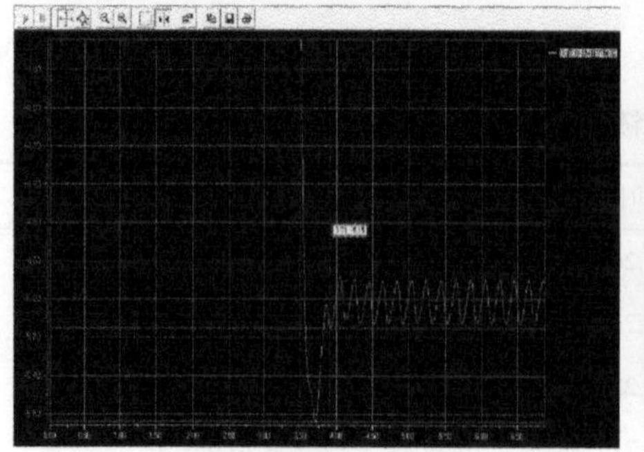

(5) 45Hz检测时间3.91−3.44=0.47s

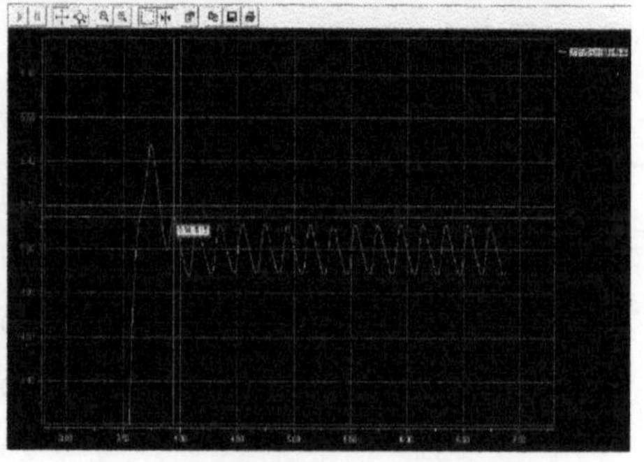

(6) 55Hz检测时间3.94−3.44=0.50s

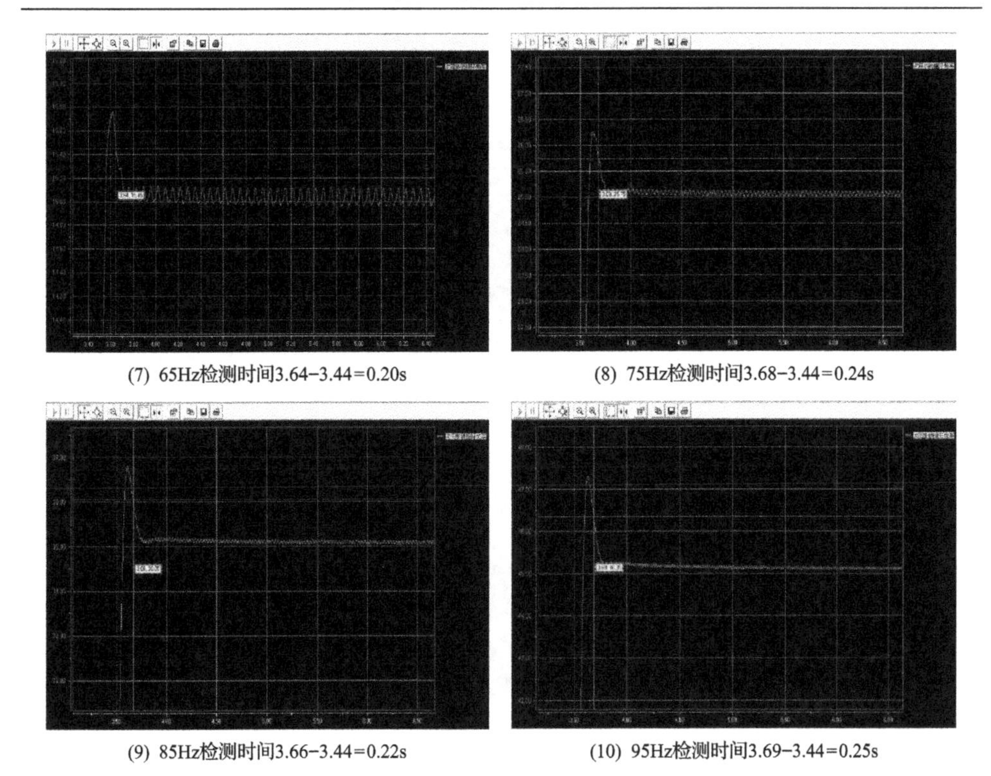

(7) 65Hz检测时间3.64−3.44=0.20s　(8) 75Hz检测时间3.68−3.44=0.24s

(9) 85Hz检测时间3.66−3.44=0.22s　(10) 95Hz检测时间3.69−3.44=0.25s

图6-6　振荡检测技术有效性验证

2. 直驱机组电控系统

基于开发的变流器控制器，对次/超同步振荡频率检测技术进行实验验证，在5～100Hz范围内，通过录波文件显示的检测到的振荡频率，可以看到系统对振荡进行了实时检测，各频率点检测时间如表6-4所示。次/超同步振荡频率检测平均时间为171.3ms。

表6-4　检测结果

检测环境	温度36℃	相对湿度52%	
检测日期	2020年6月3日		
次/超同步振荡频率检测时间			
振荡频率/Hz	检测时间/ms	振荡频率/Hz	检测时间/ms
5	105.0	55	189.0
15	148.0	65	146.0
25	290.0	75	174.0
35	105.0	85	156.0
45	193.0	95	210.0

表 6-9 中各点检测波形如图 6-7(1)～(10)所示。

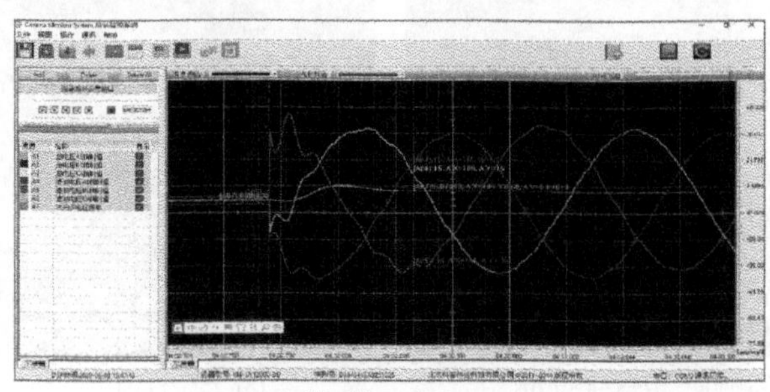

(1) 5Hz，105ms

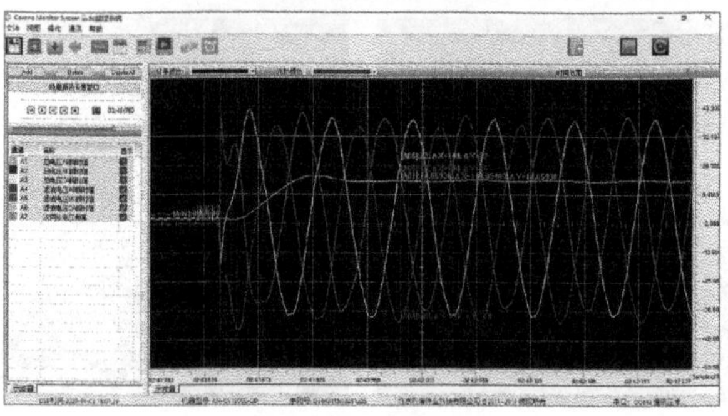

(2) 15Hz，148ms

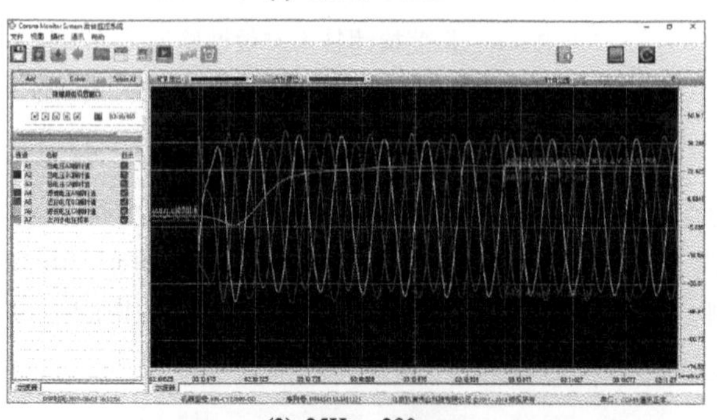

(3) 25Hz，290ms

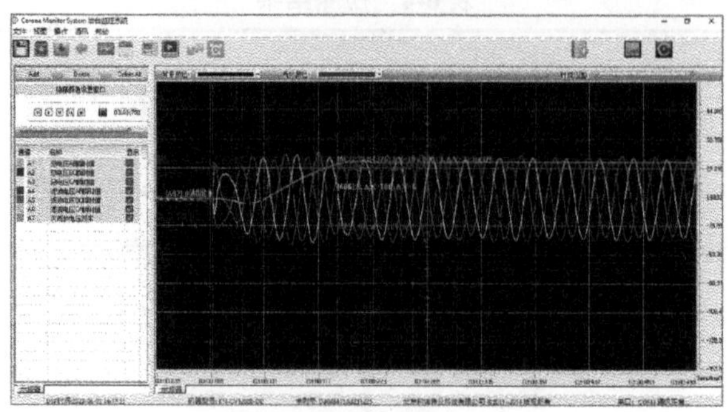

(4) 35Hz，105ms

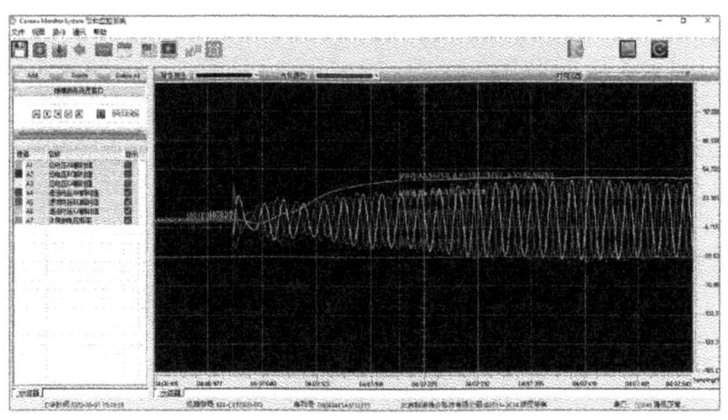

(5) 45Hz，193ms

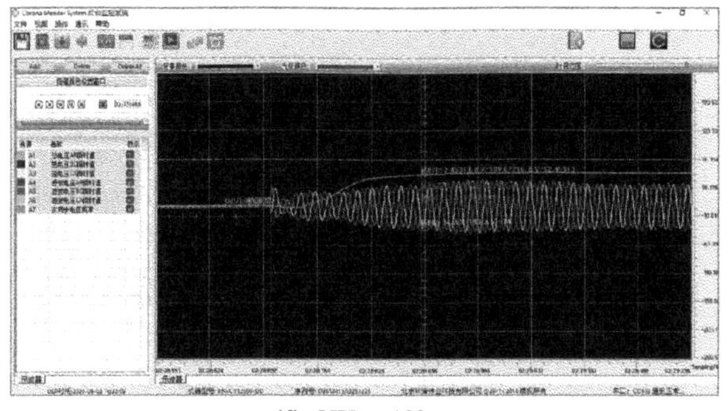

(6) 55Hz，189ms

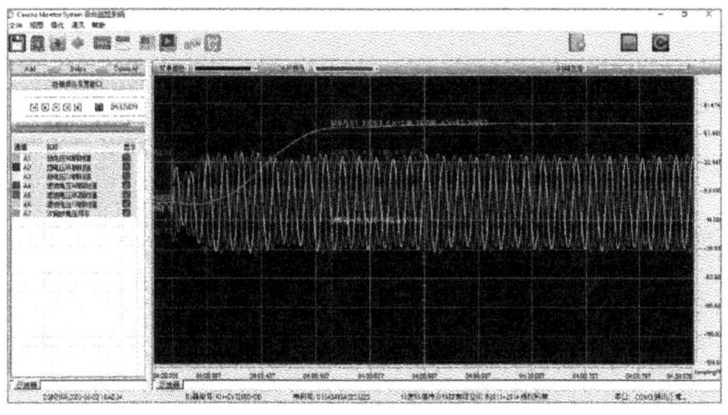

(7) 65Hz，146ms

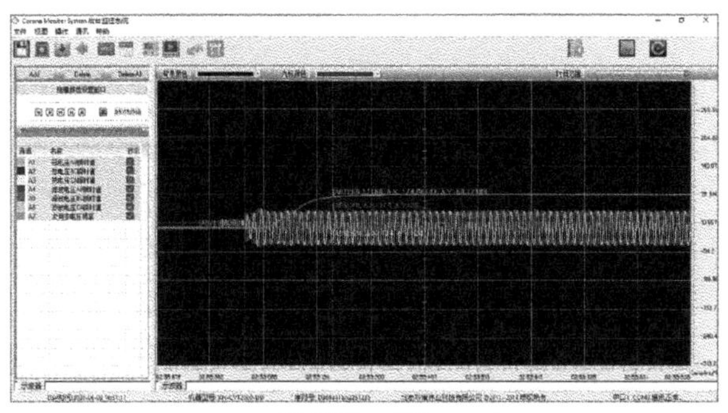

(8) 75Hz，174ms

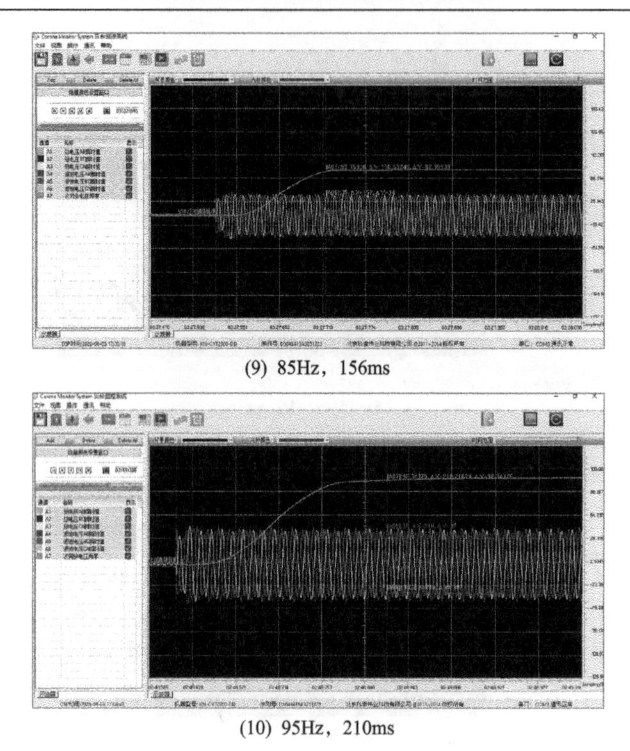

(9) 85Hz，156ms

(10) 95Hz，210ms

图 6-7　各点检测波形图

6.2.2　主动阻尼功能验证

1. 双馈机组电控系统

通常串补系统串补度不大于 30%，这使得谐振频率一般不高于 30Hz，因此，在测试方案中，通过改变串补值激发 5～30Hz 的振荡，通过谐波注入方式激发 60～90Hz 的振荡。另外，由转差公式可知，常规工频网压在全转子频率范围 40～60Hz 的转差率范围为–0.2～0.2，转差较小，故 40～60Hz 电流振荡不明显，结果中未列出。次/超同步频率下主动阻尼控制效果如图 6-8 所示。

由测试结果可知，主动阻尼控制使能后振荡频率处入网电流分量均小于未投

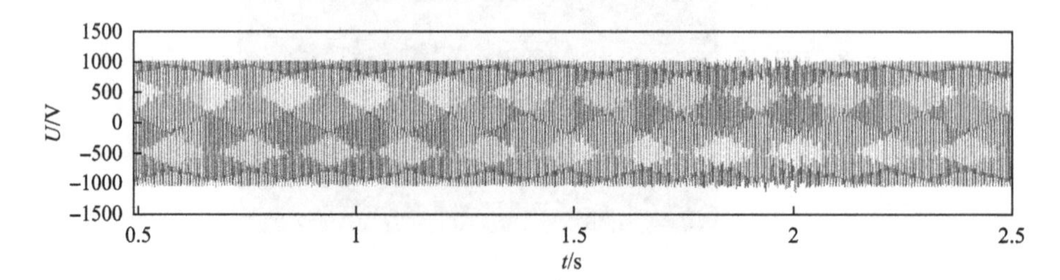

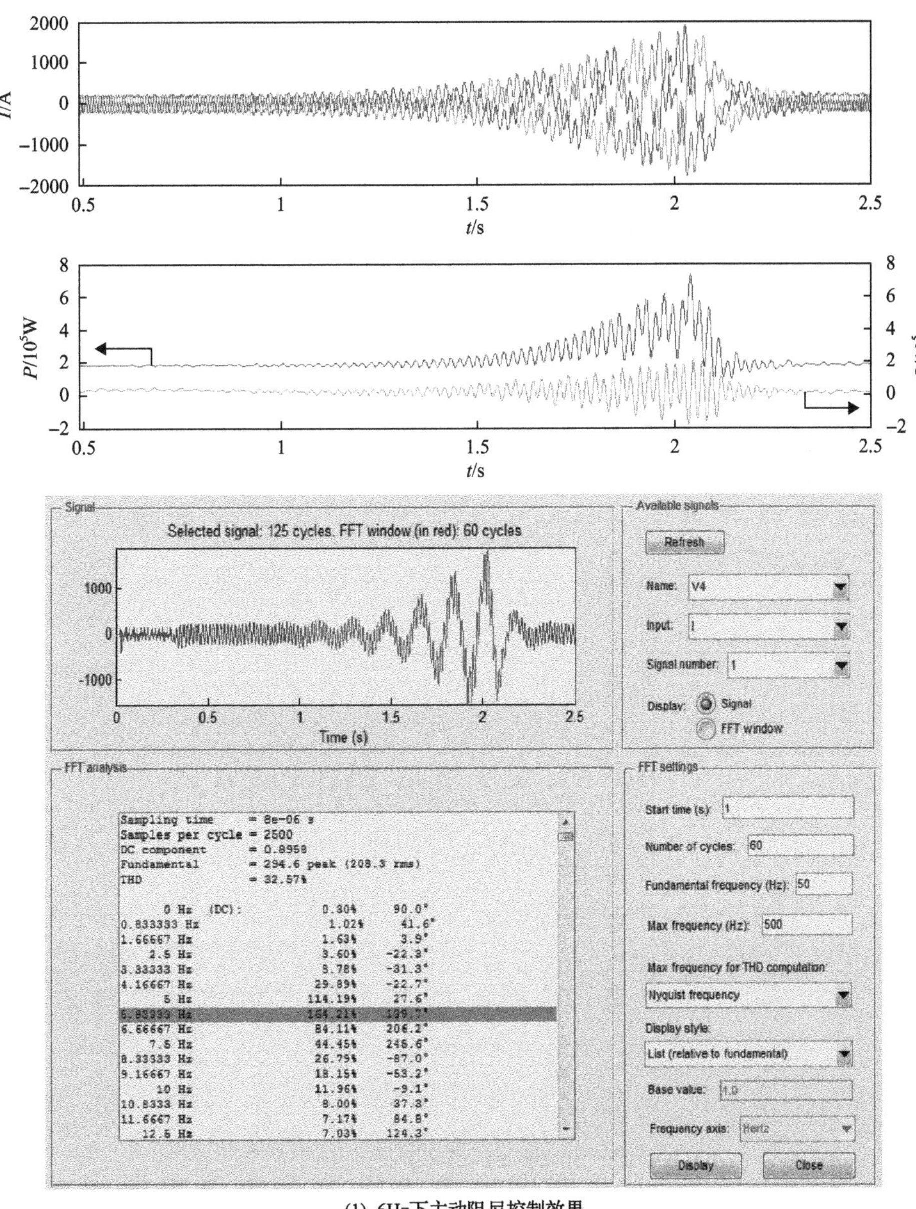

(1) 6Hz下主动阻尼控制效果

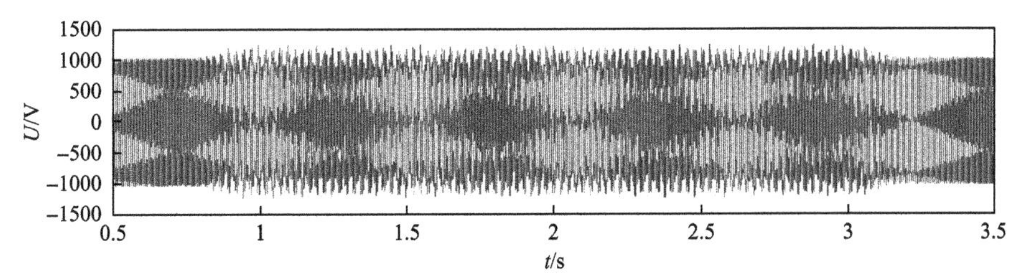

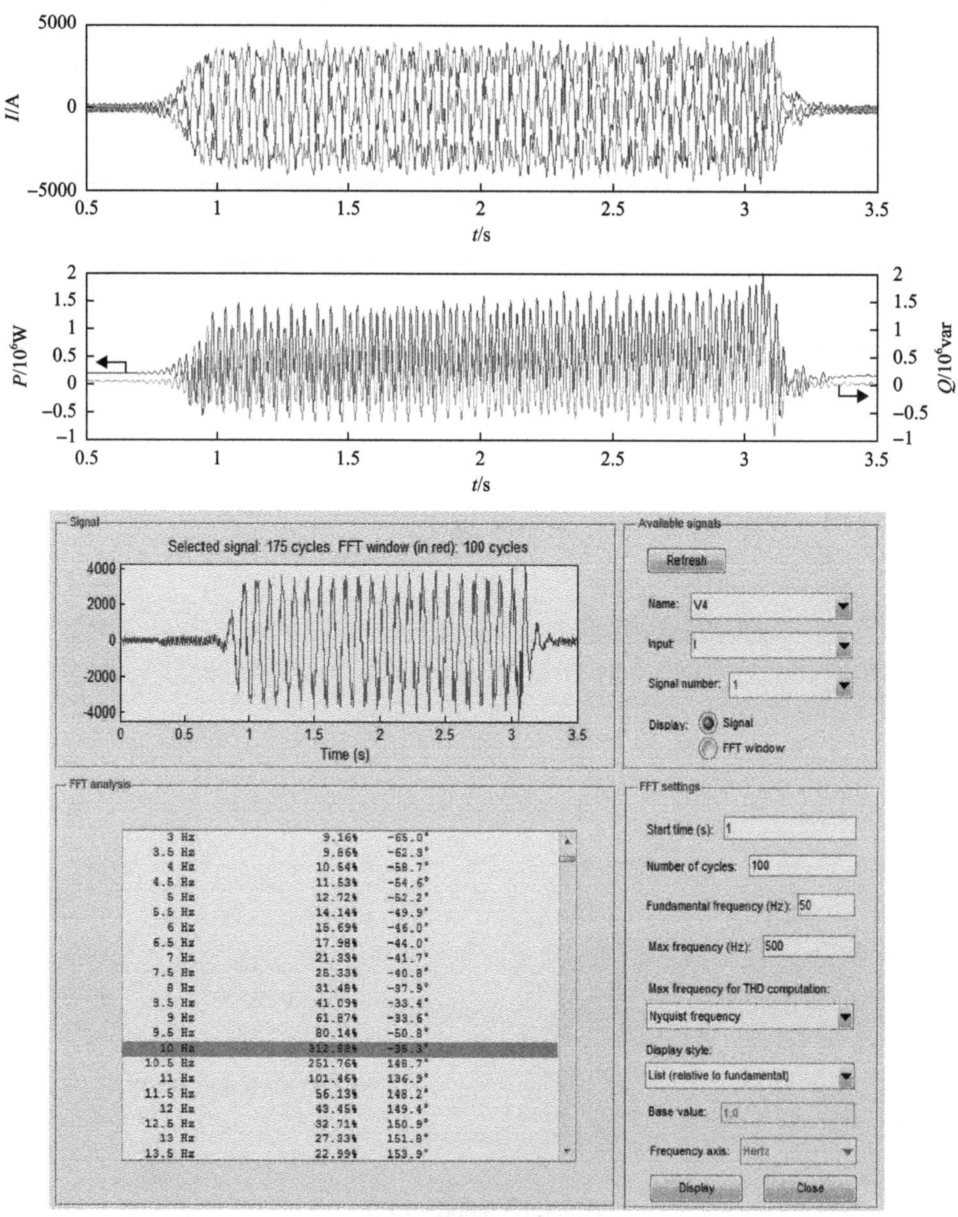

(2) 10Hz下主动阻尼控制效果

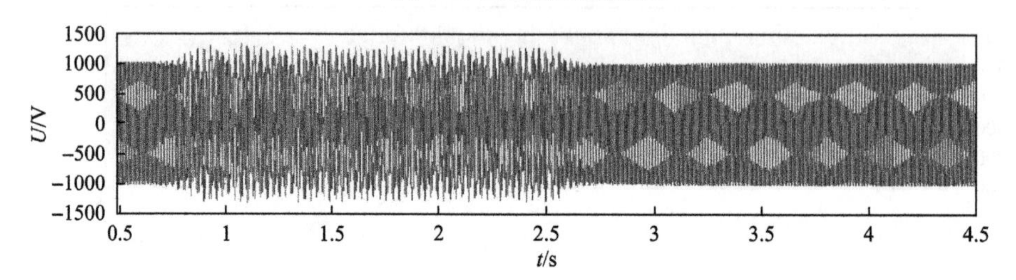

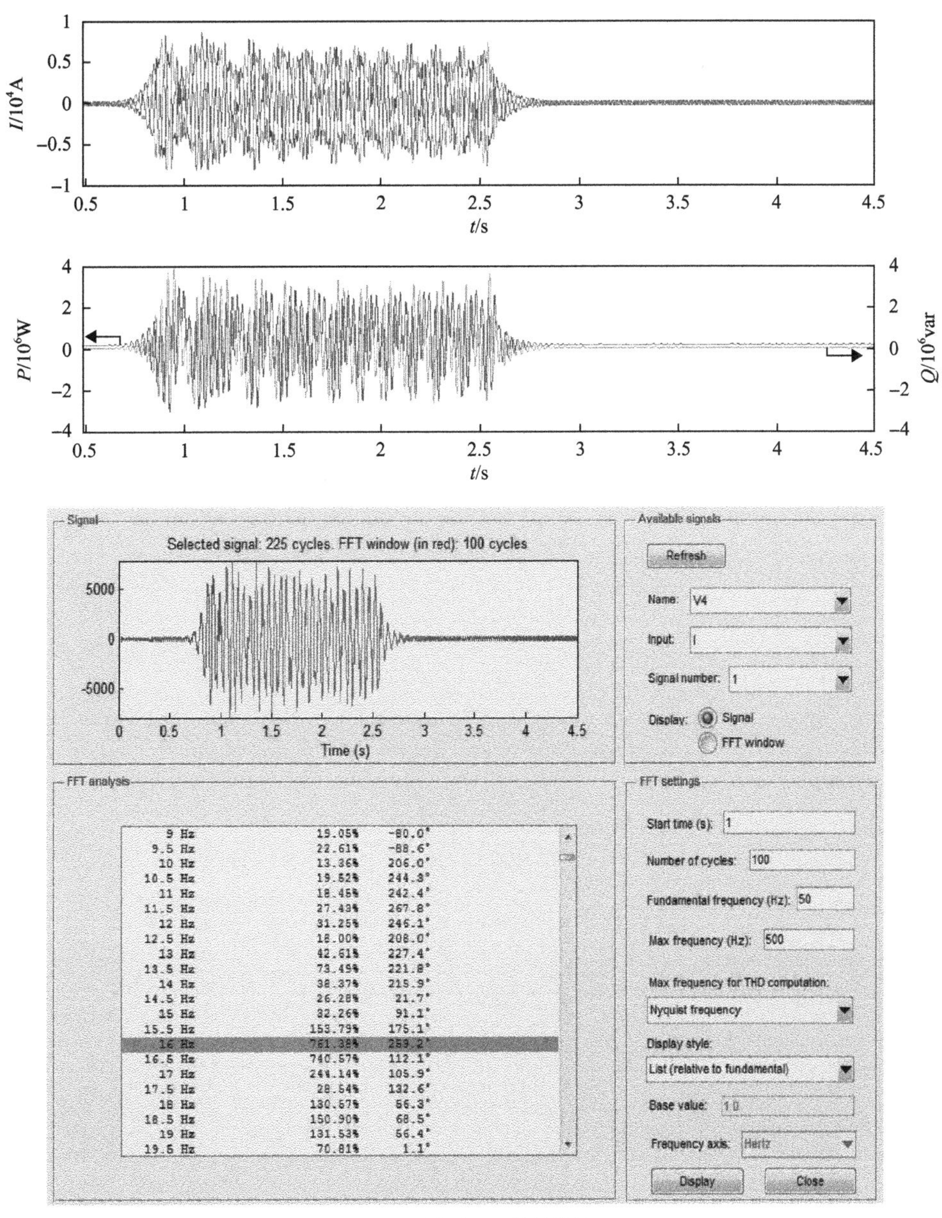

(3) 15Hz下主动阻尼控制效果

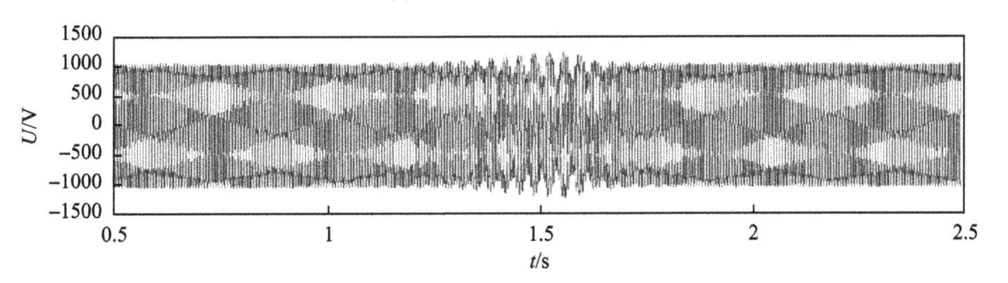

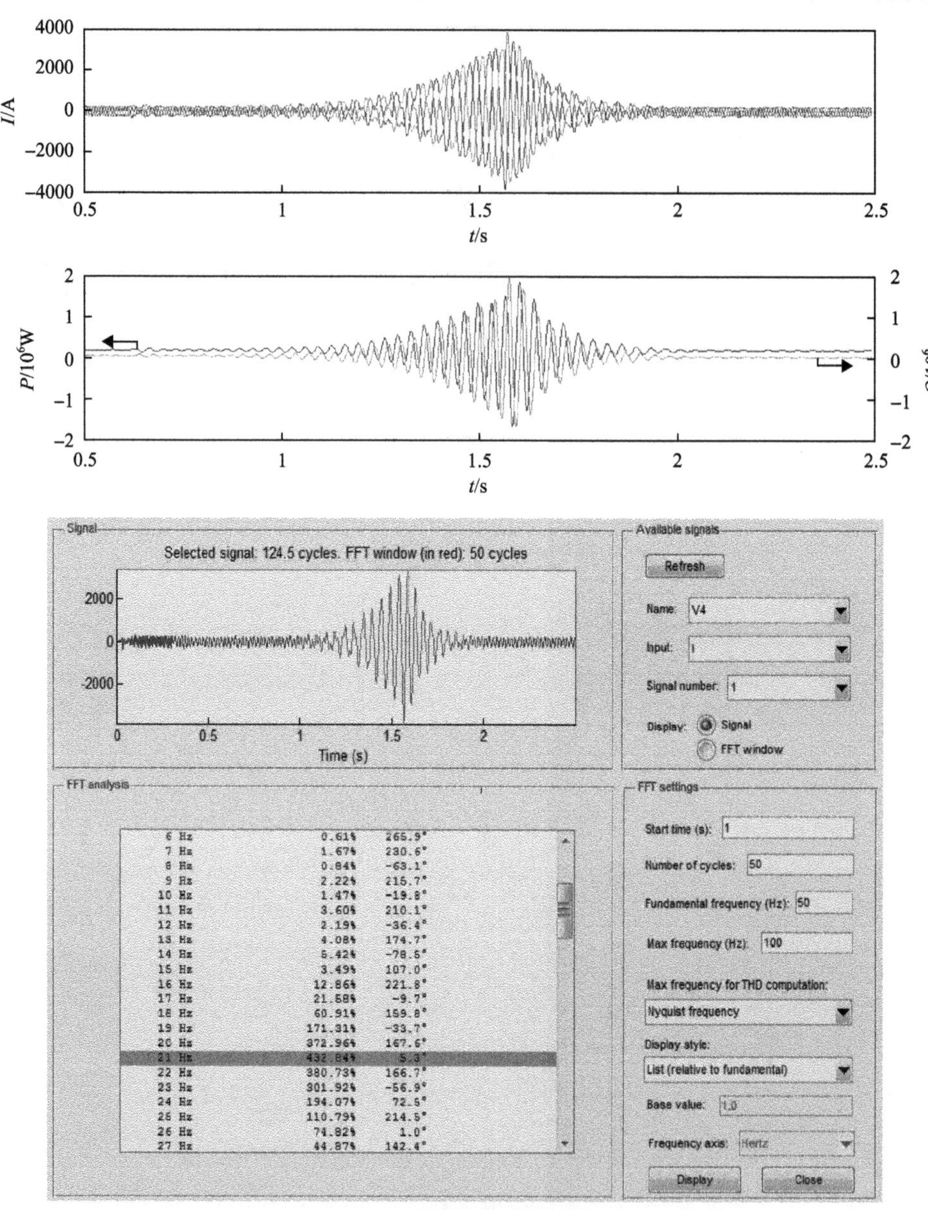

(4) 21Hz下主动阻尼控制效果

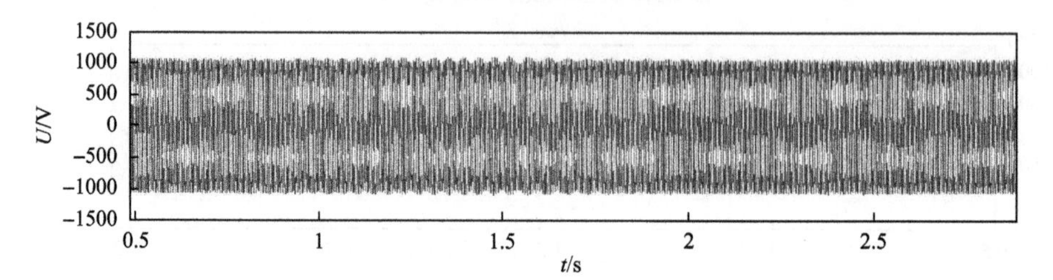

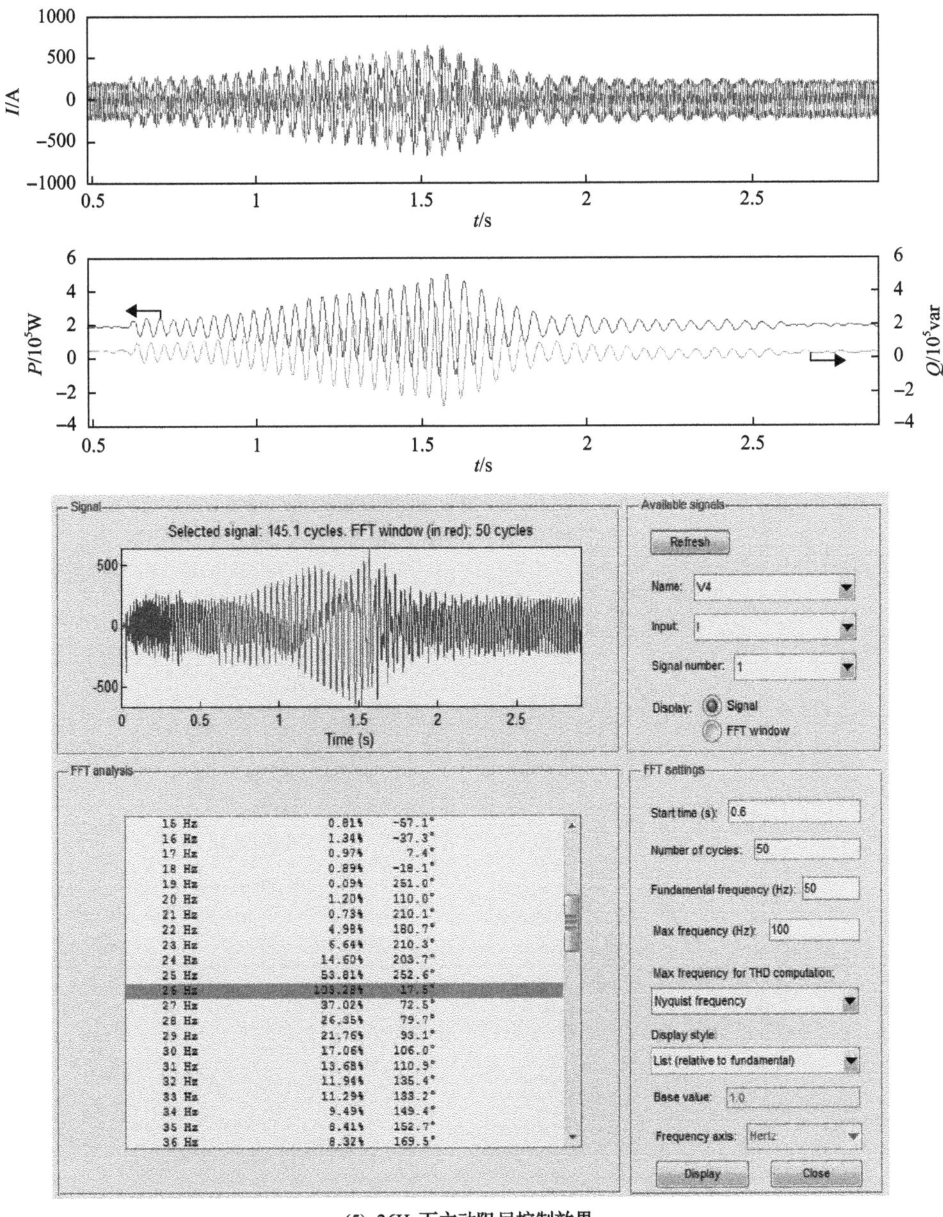

(5) 26Hz下主动阻尼控制效果

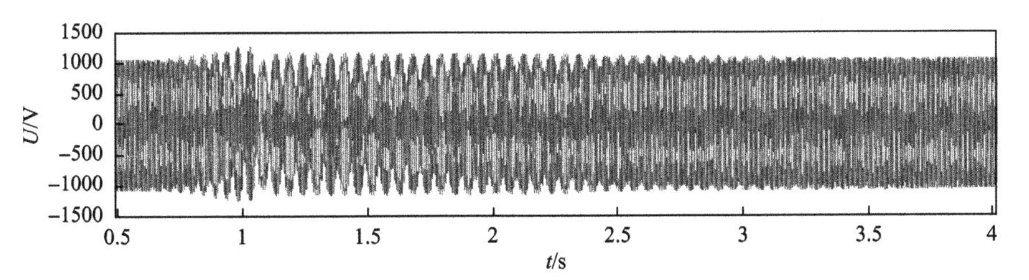

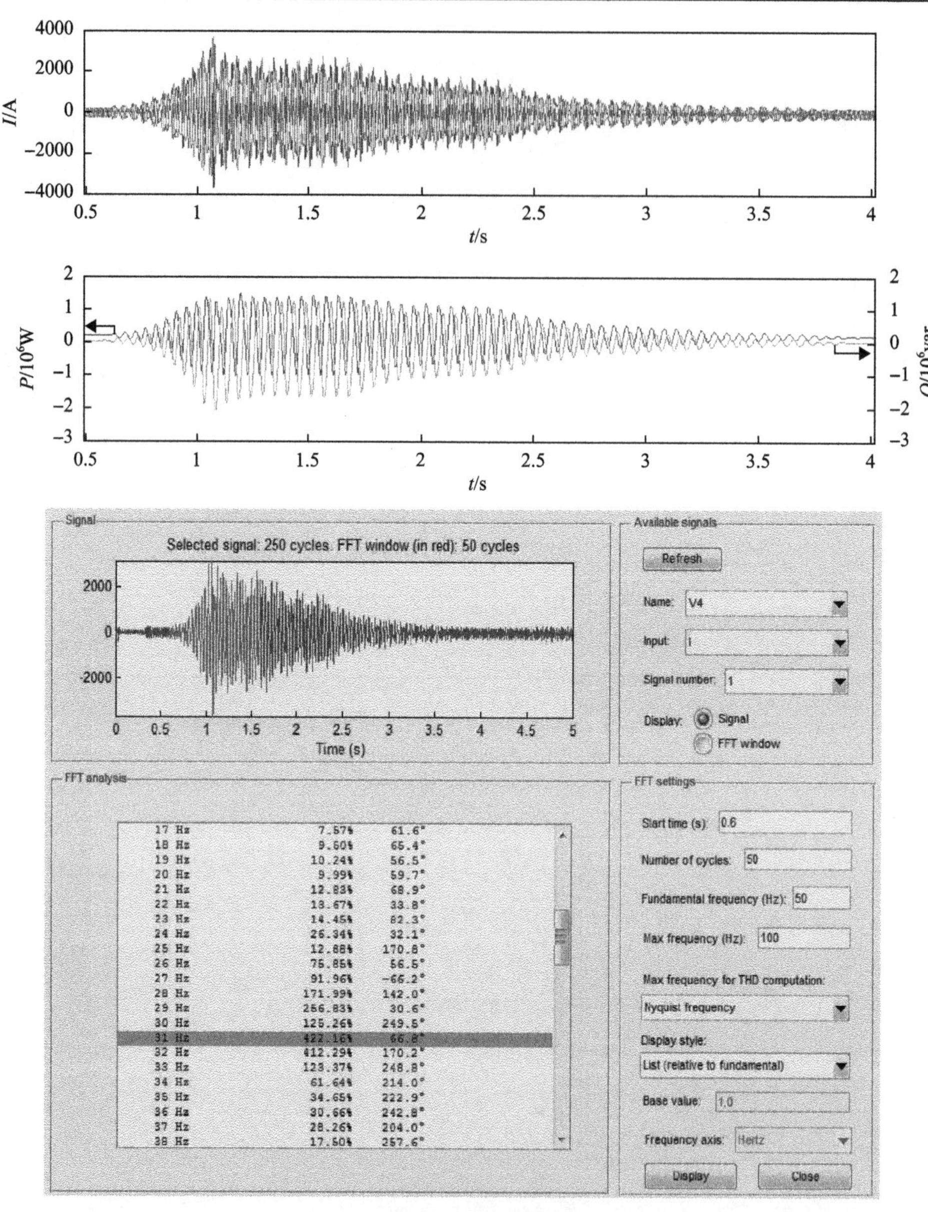

(6) 31Hz下主动阻尼控制效果

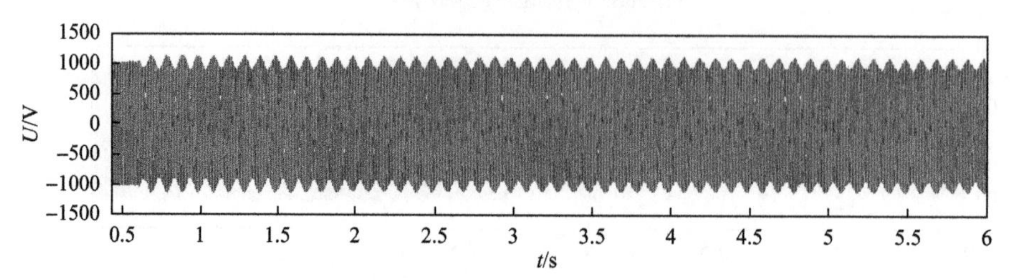

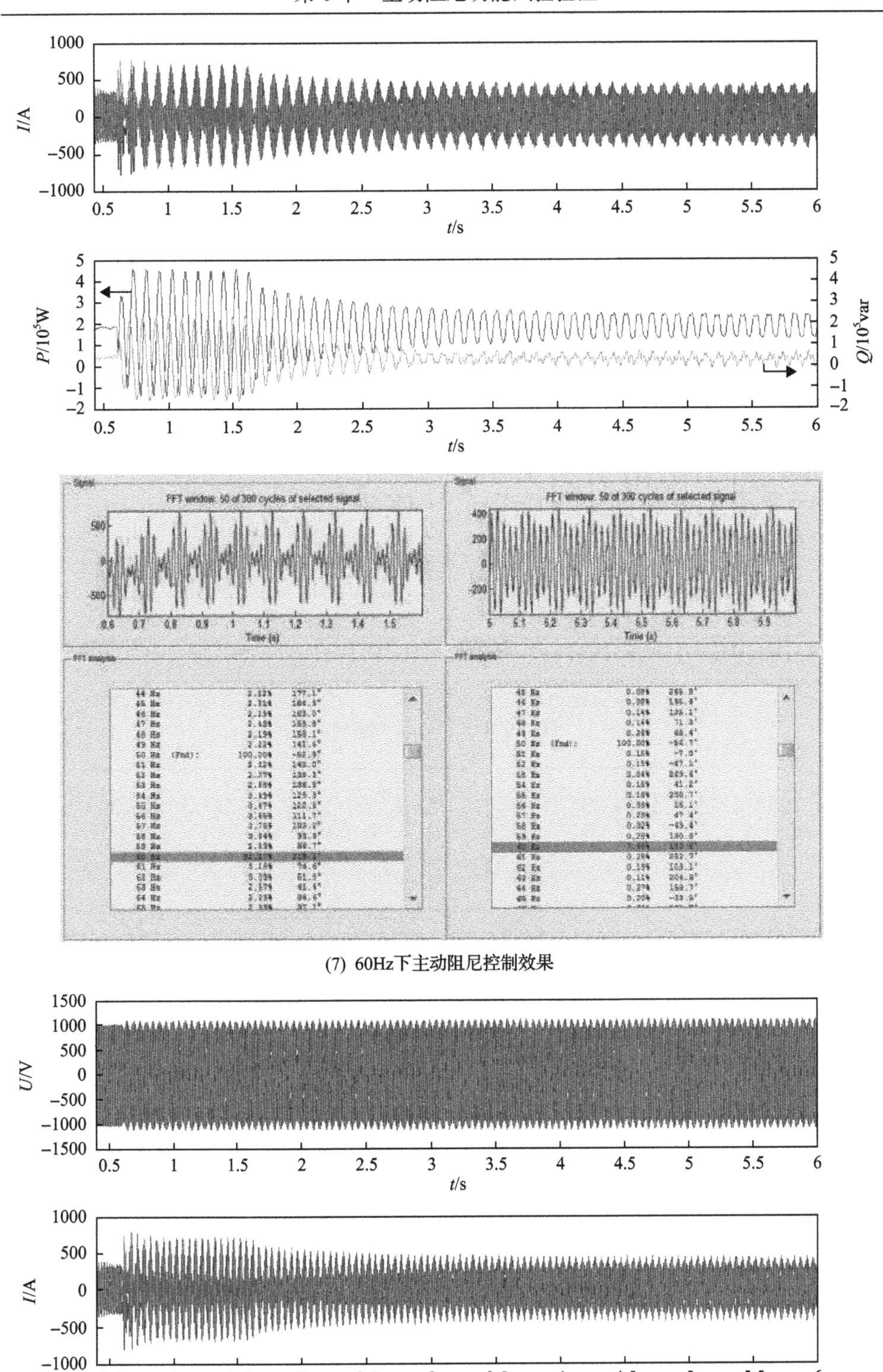

(7) 60Hz下主动阻尼控制效果

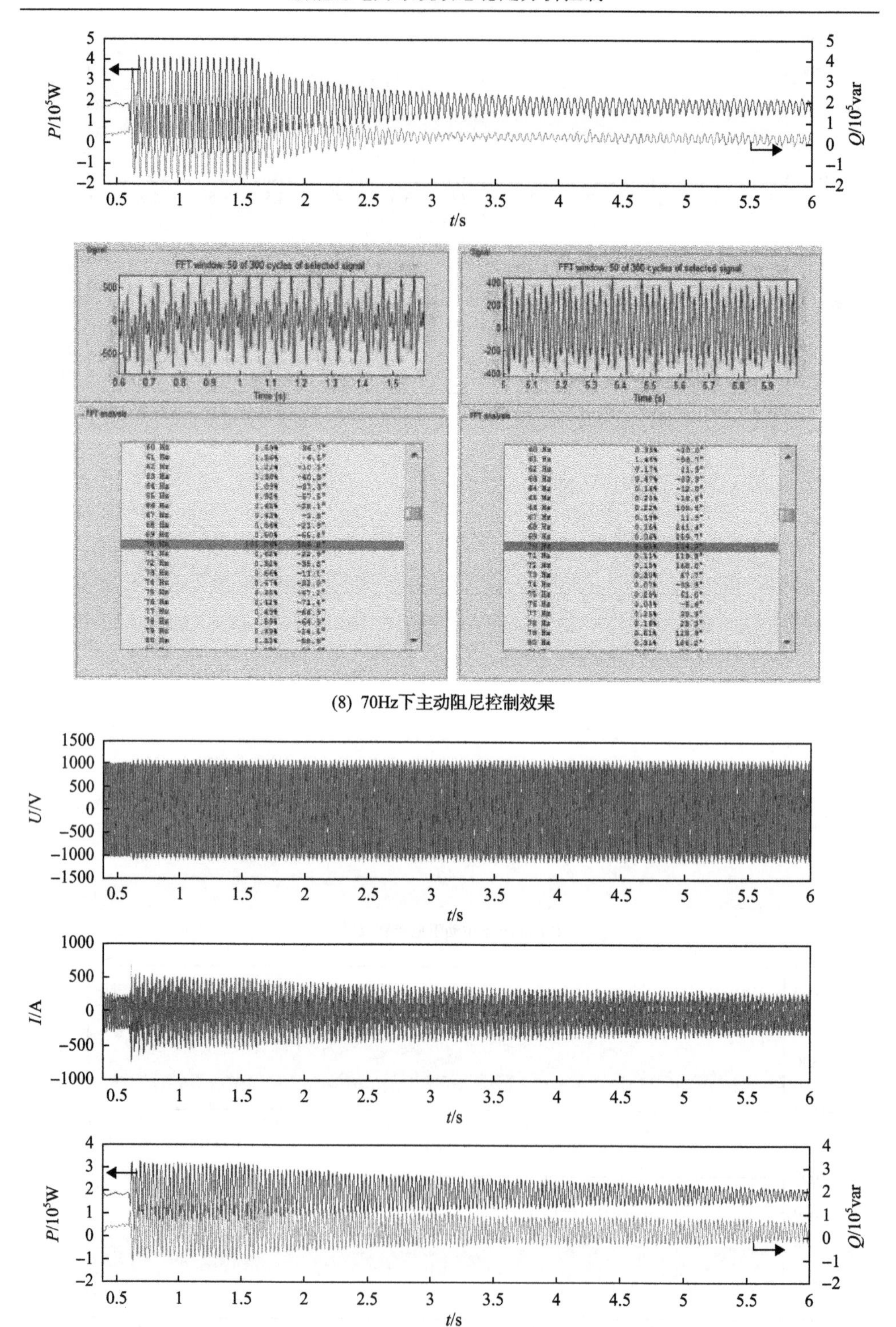

(8) 70Hz下主动阻尼控制效果

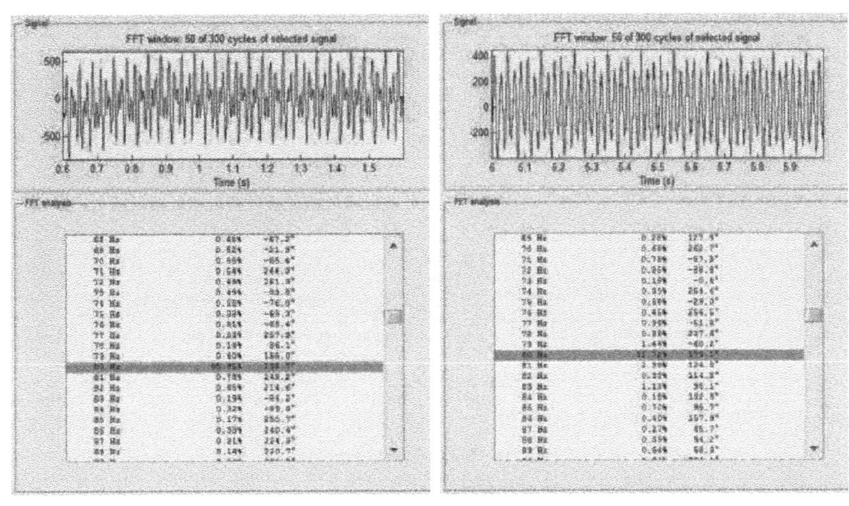

(9) 80Hz下主动阻尼控制效果

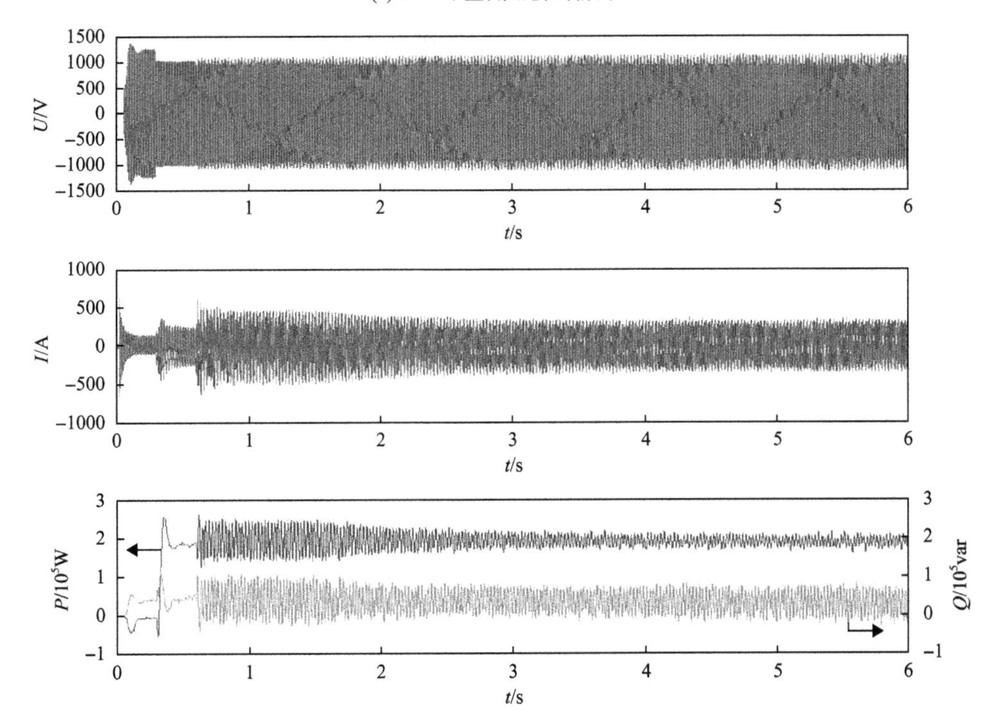

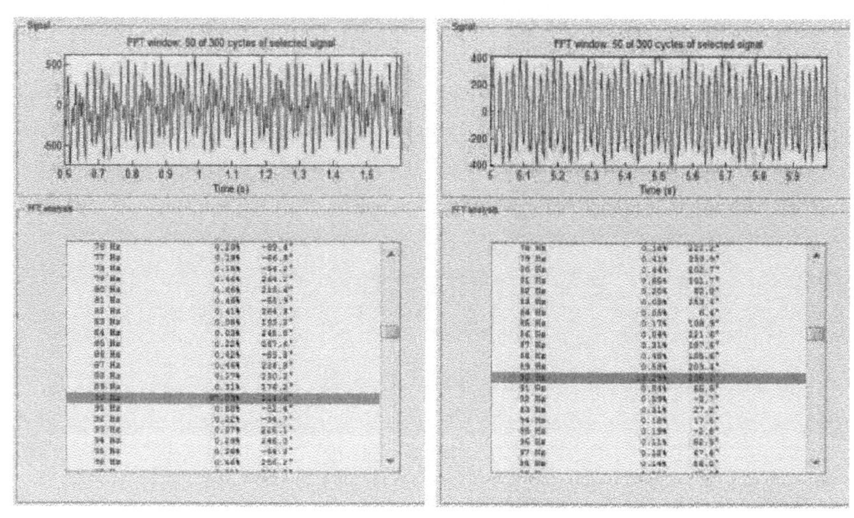

(10) 90Hz下主动阻尼控制效果

图 6-8　主动阻尼控制全频段效果

阻尼时振荡频率处入网电流分量的 30%，该控制可完全覆盖次/超同步频率下的振荡，抑制效果良好。

2. 直驱机组电控系统

在 35kV 侧，三相正常电压信号和次/超同步电压信号叠加后输入到三相受控电压源，受控电压源产生三相 35kV 电压，经变压器后得到 690V 电网 PCC 点，待测全功率变流器接入到 690V 电网 PCC 点。

仿真时，正常电网电压信号给定为 35kV/50Hz，次超同步电压信号幅值给定为 3kV，频率给定依次为 5Hz、15Hz、25Hz、35Hz、45Hz、55Hz、65Hz、75Hz、85Hz、95Hz，有功功率给定 2.2MW，分析不同次/超同步频率时的主动阻尼效果。

分析录波文件中的并网点电流，在主动阻尼策略使能先后的并网电流 THD 对比结果如表 6-5 所示。

通过次/超同步振荡频率 f_{ssr} 依次为 5Hz、15Hz、25Hz、35Hz、45Hz、55Hz、65Hz、75Hz、85Hz、95Hz 仿真可以看出，在电网存在频率为 f_{ssr} 的次/超同步频率电压时，并网电流会出现明显的频率为 f_{ssr} 和频率为 $100-f_{ssr}$ 两个频率的谐波电流分量，在投入次/超同步频率谐波抑制策略后，对应频率的谐波电流有显著的抑制效果，控制器具备对次/超同步频率的主动阻尼作用。

表 6-5　检测结果

检测环境	温度 36℃		相对湿度 52%	
检测日期	2020 年 6 月 3 日			
次/超同步频率检测时间				
电网次/超同步振荡频率 f_{ssr} /Hz	THD/%			
	f_{ssr}		100− f_{ssr}	
	抑制前	抑制后	抑制前	抑制后
5	8.42	0.38	4.33	1.46
15	9.75	1.12	5.88	1.63
25	10.23	2.38	6.35	1.62
35	10.51	3.53	7.22	2.41
45	8.02	4.88	6.35	2.47
55	8.39	4.38	6.82	4.46
65	12.15	3.68	7.98	3.71
75	12.67	2.38	7.23	2.42
85	12.04	1.63	6.21	1.92
95	11.56	1.26	5.91	1.26

表 6-5 所述的次/超同步主动阻尼技术对应波形如图 6-9～图 6-18 所示。实验图中，变流器给定 2.2MW 有功功率稳定运行后，在 1.5s 时刻控制电网出现次同步频率振荡，在 2.5s 时刻控制投入次同步振荡主动阻尼策略。各工况仿真图中，(a)为 690V 侧 AB 电网电压，单位 V；(b)为提取的 AB 相次同步频率电压，单位 V；(c)为变流器 A 相并网电流，单位 A；(d)为提取的变流器 A 相次同步频率电流，单位 A；(e)为次同步电网工况无主动阻尼策略时的电网电流谐波占比 THD 频谱，单位%；(f)为使能主动阻尼策略后的电网电流 THD 频谱，单位%。

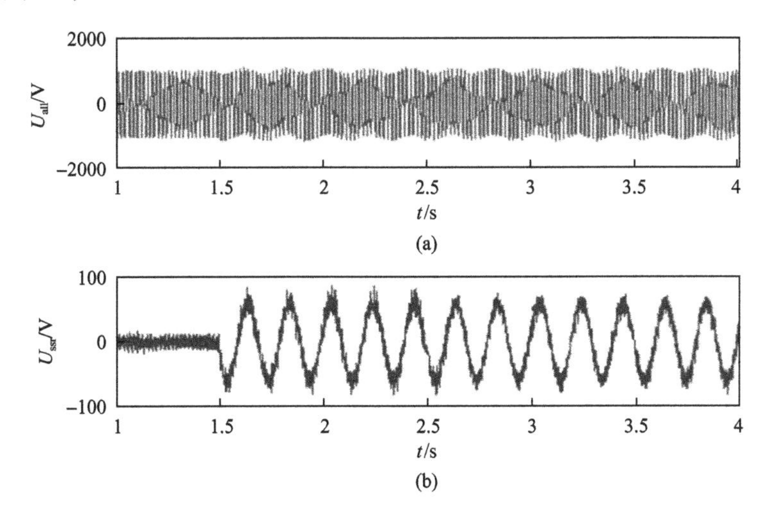

(a)

(b)

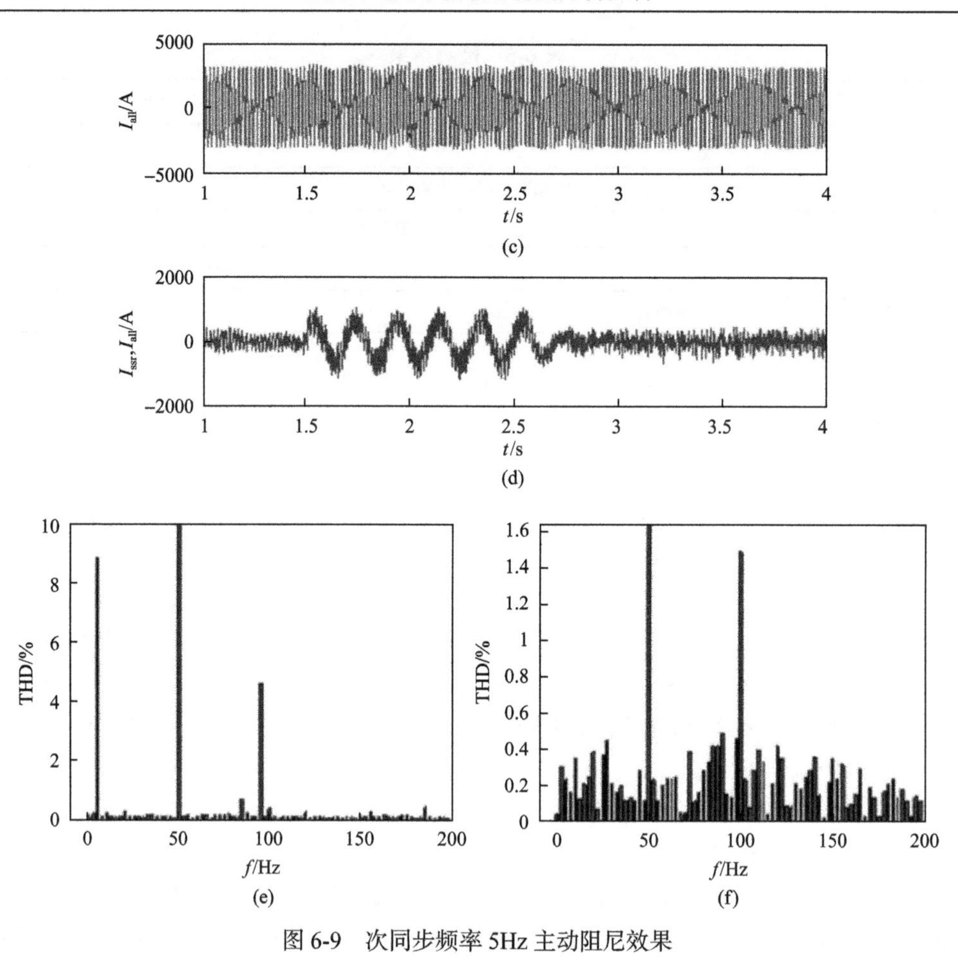

图 6-9　次同步频率 5Hz 主动阻尼效果

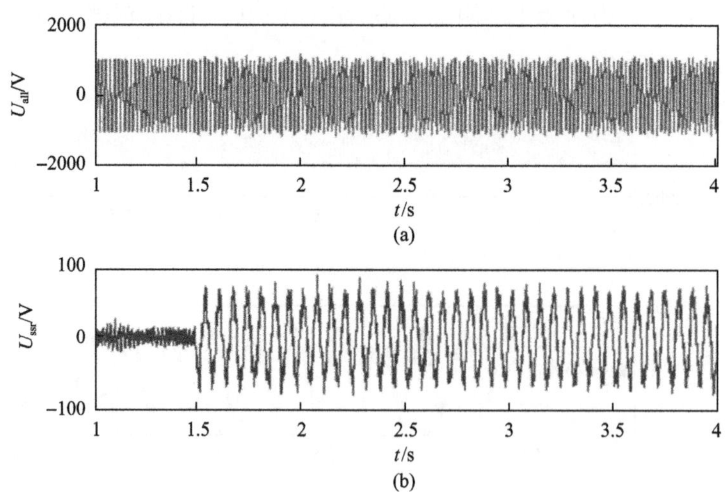

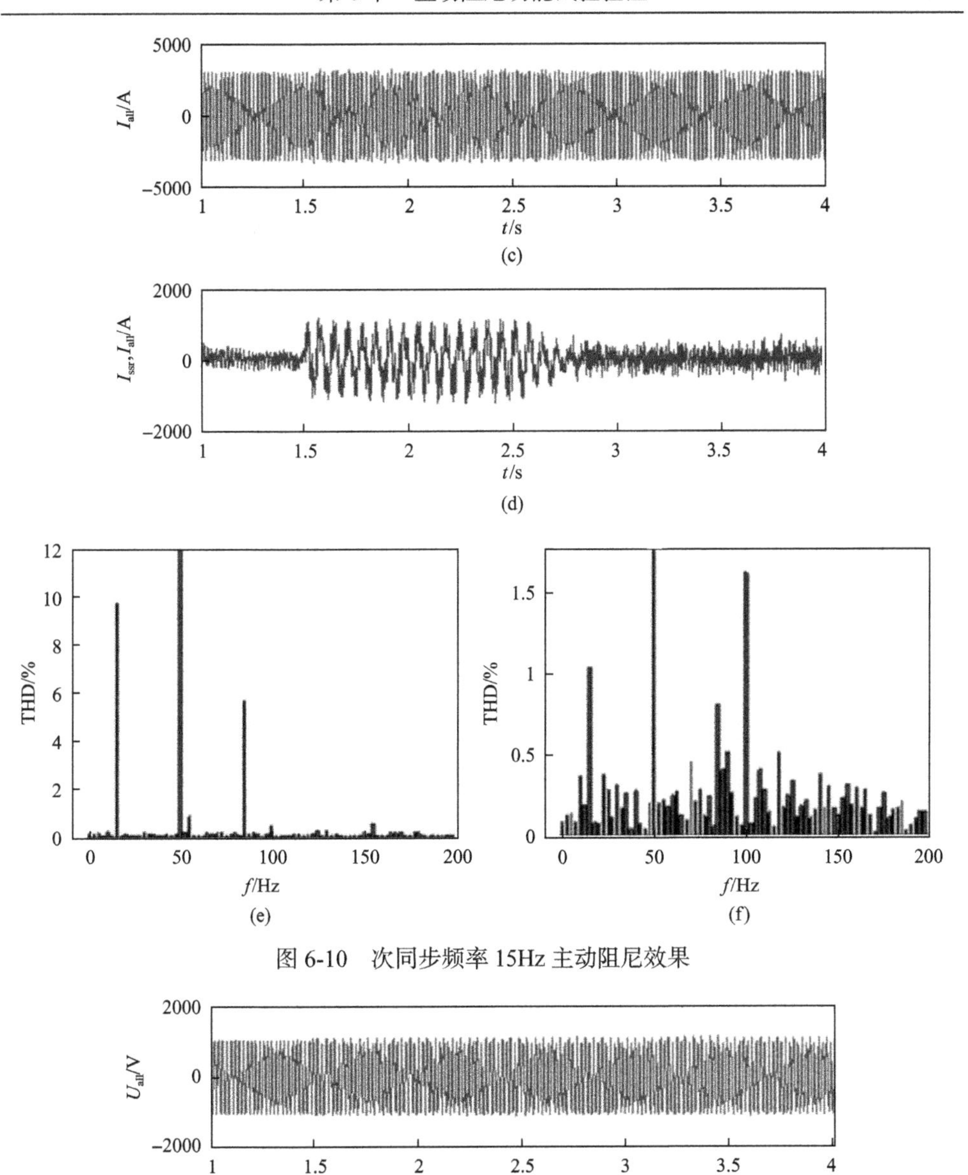

图 6-10　次同步频率 15Hz 主动阻尼效果

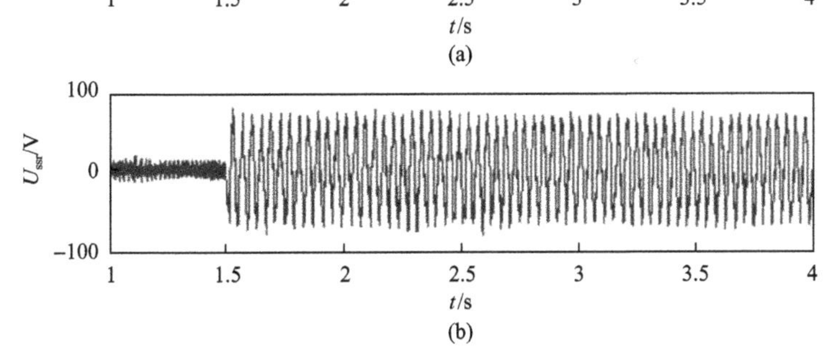

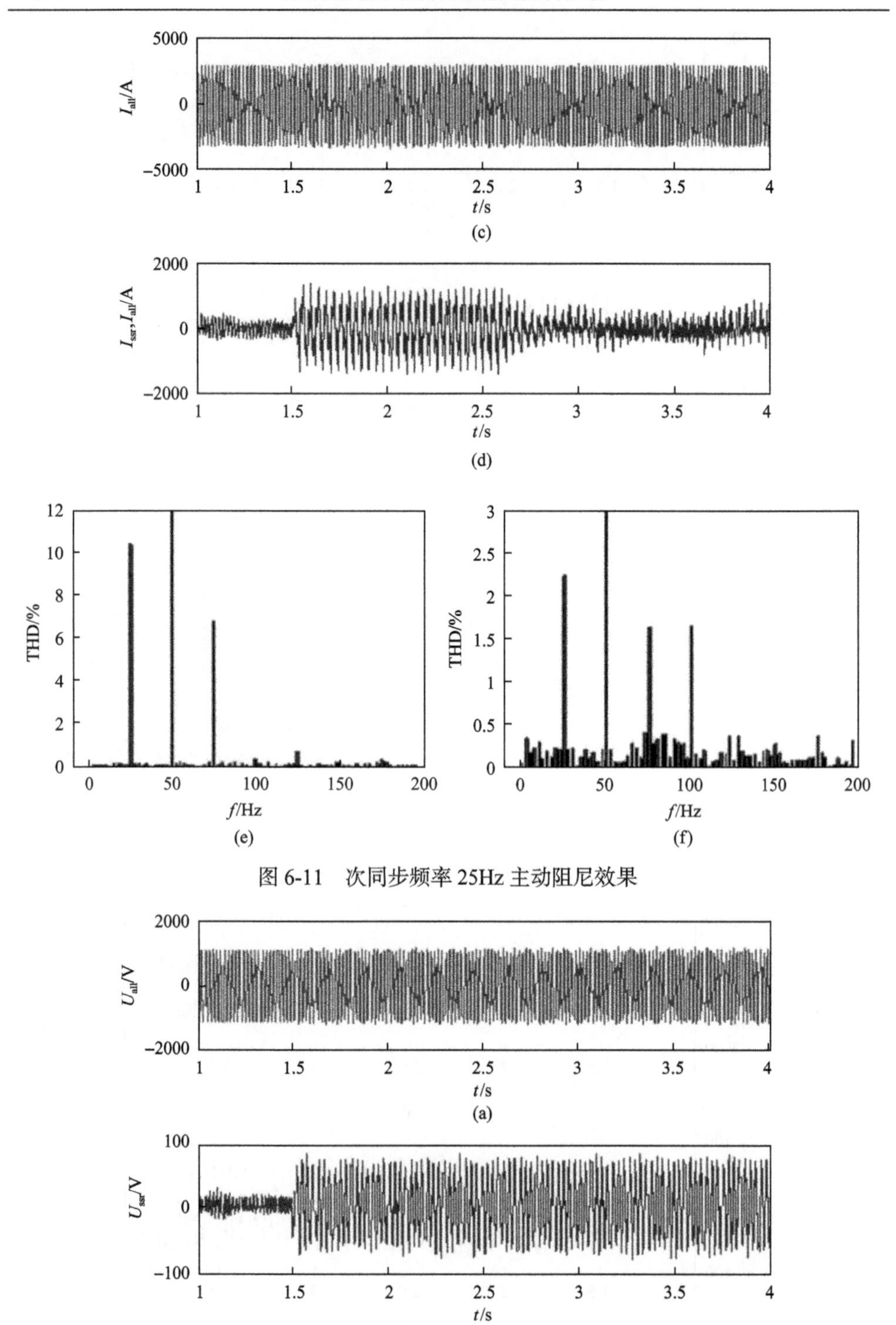

图 6-11　次同步频率 25Hz 主动阻尼效果

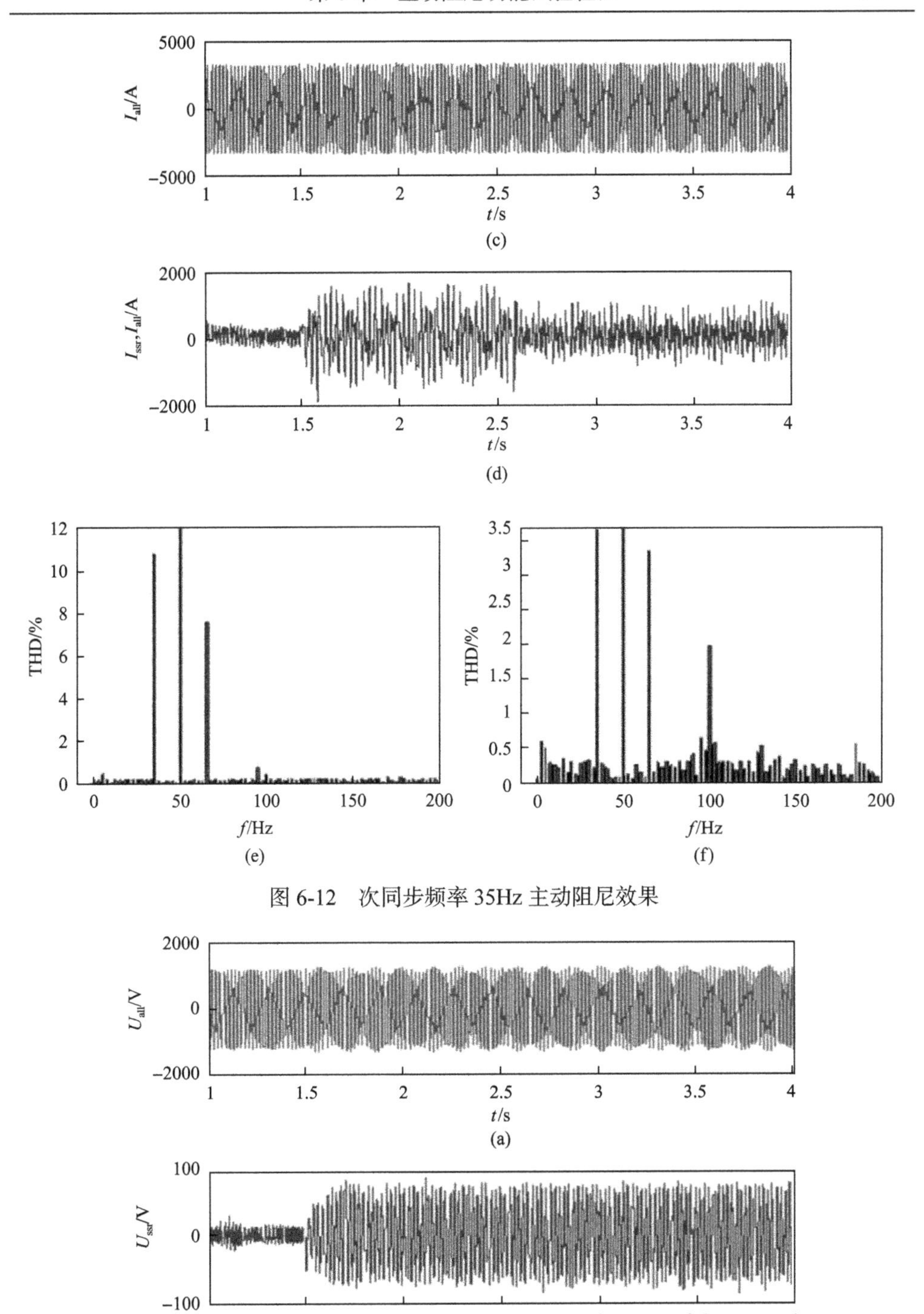

图 6-12　次同步频率 35Hz 主动阻尼效果

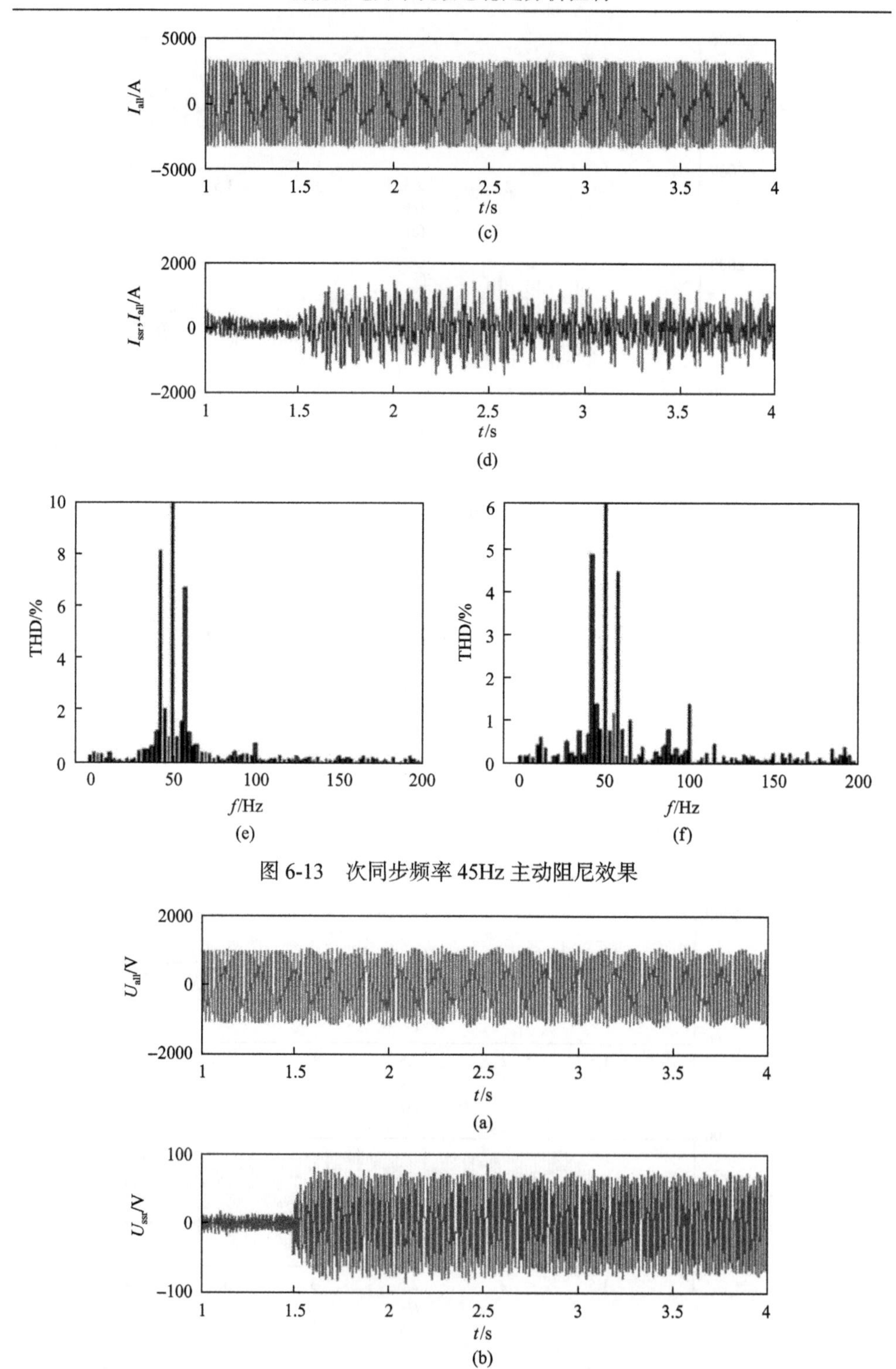

图 6-13　次同步频率 45Hz 主动阻尼效果

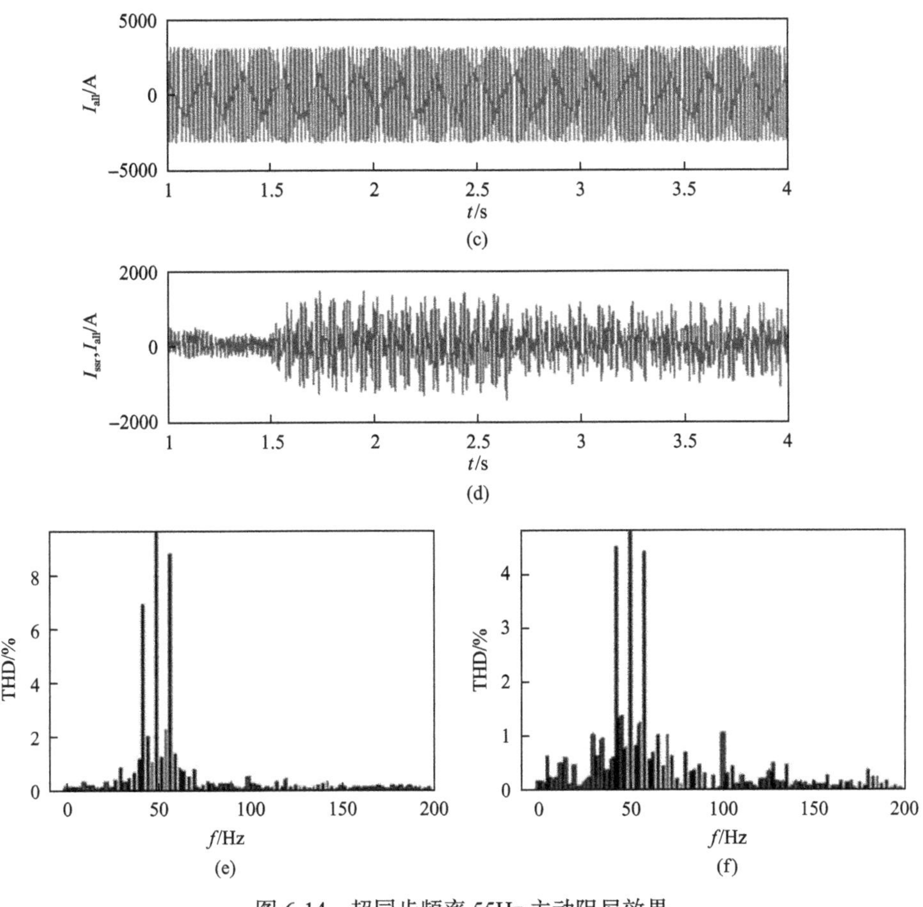

图 6-14　超同步频率 55Hz 主动阻尼效果

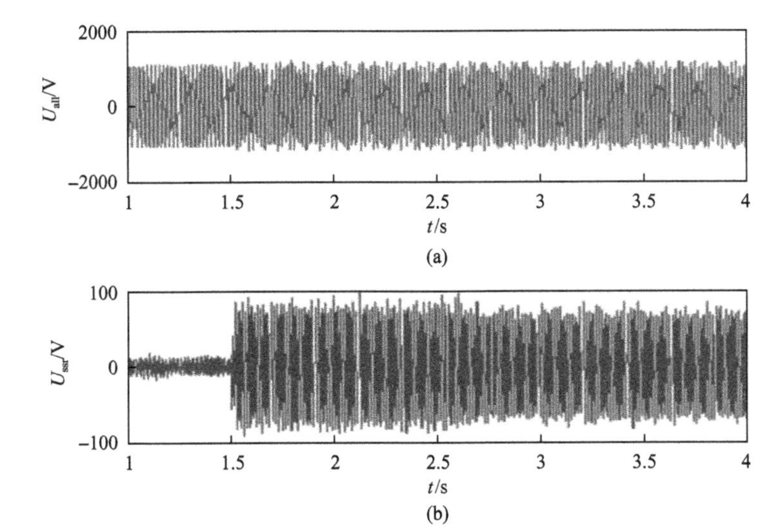

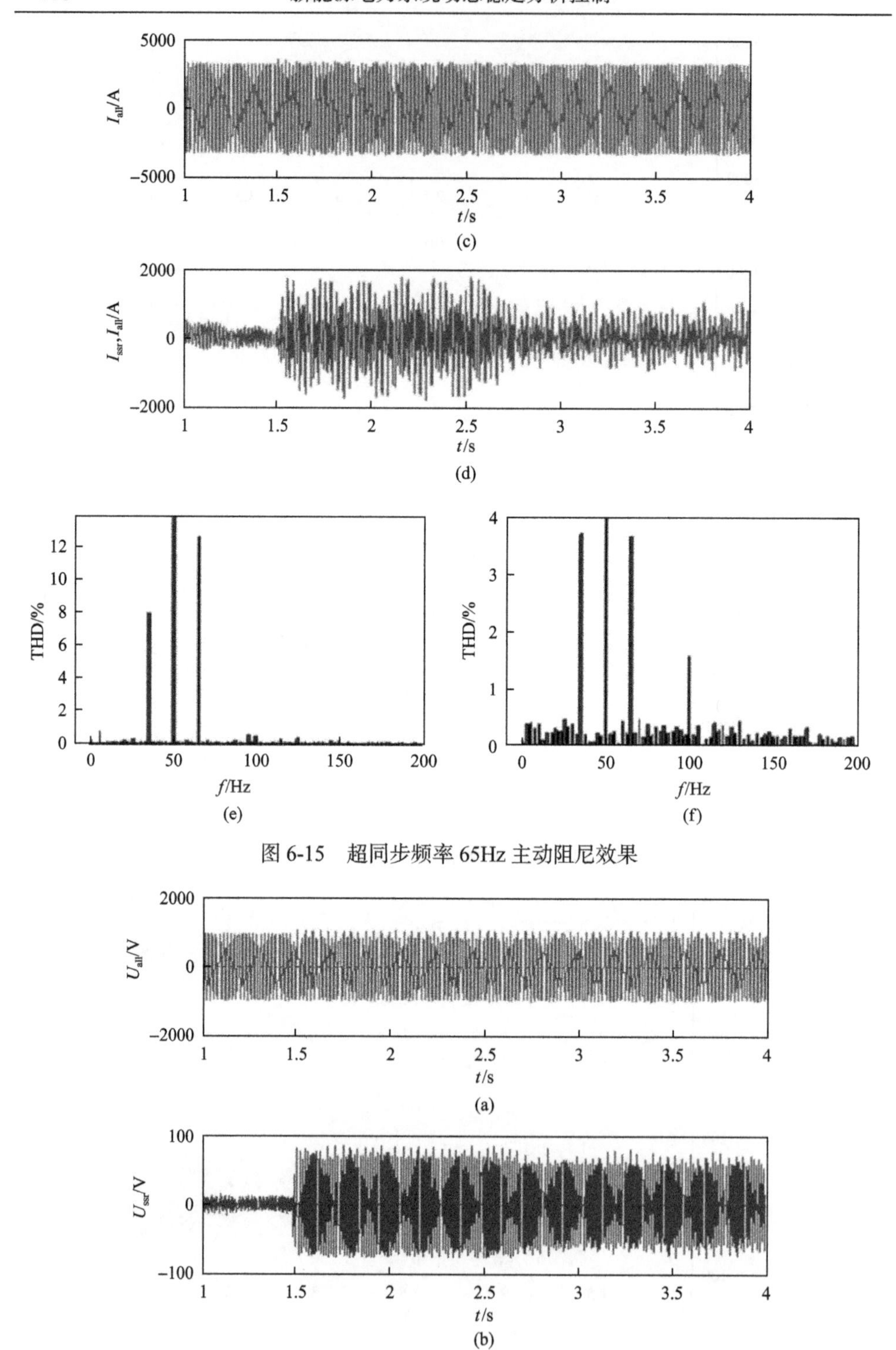

图 6-15　超同步频率 65Hz 主动阻尼效果

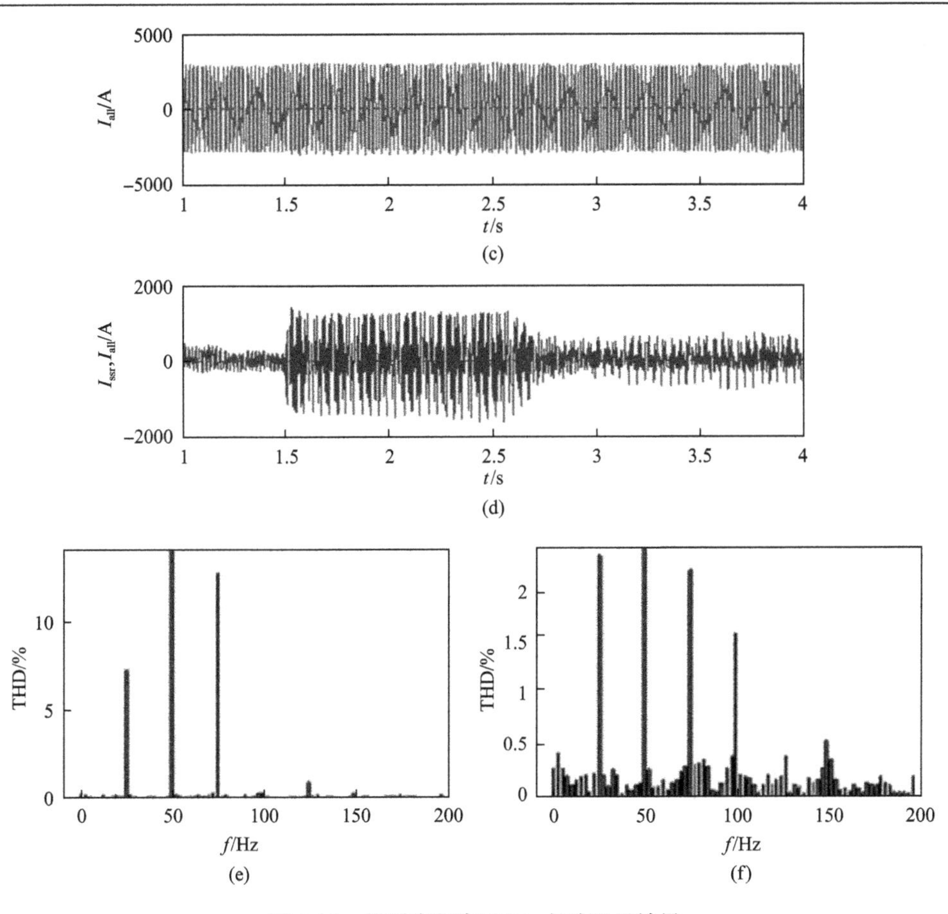

图 6-16　超同步频率 75Hz 主动阻尼效果

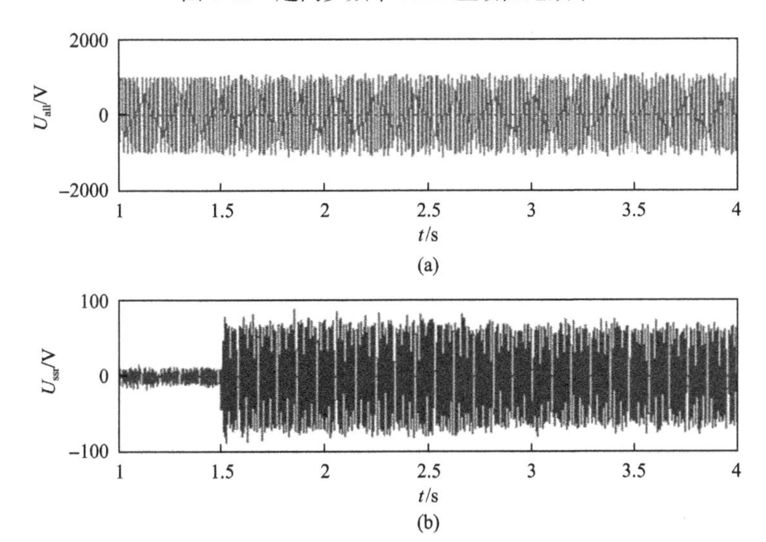

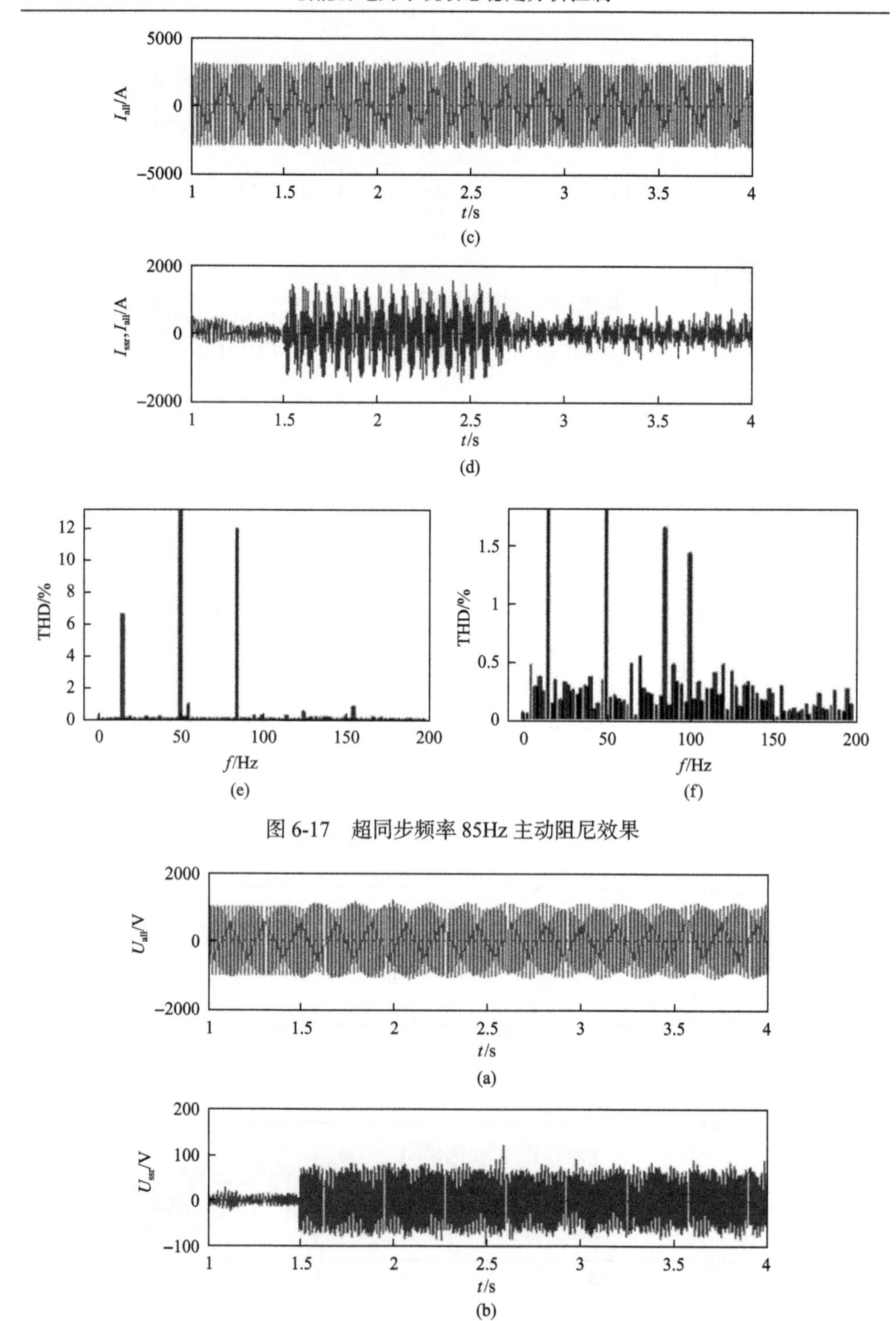

图 6-17　超同步频率 85Hz 主动阻尼效果

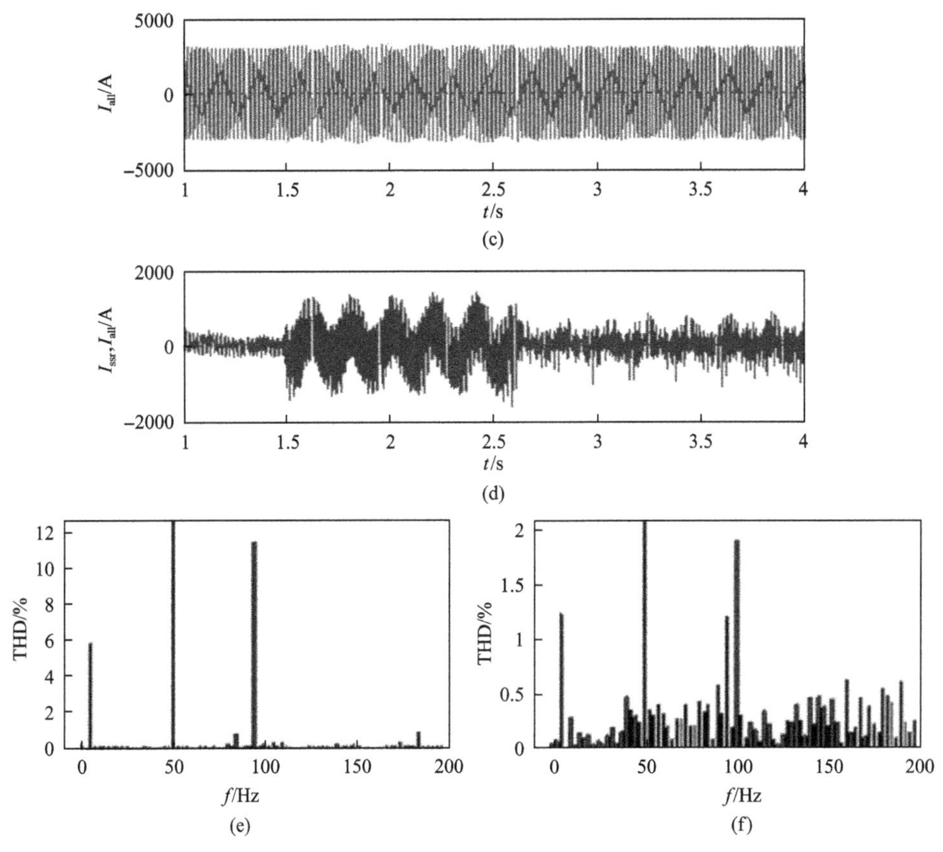

图 6-18　超同步频率 95Hz 主动阻尼效果

6.2.3　主动阻尼控制对基频特性影响(低电压穿越特性)验证

基于上述平台进行风电机组主动阻尼控制对基频特性影响(低电压穿越特性)的测试，如图 6-19 所示。由测试结果可知，主动阻尼控制对基频动态无影响。

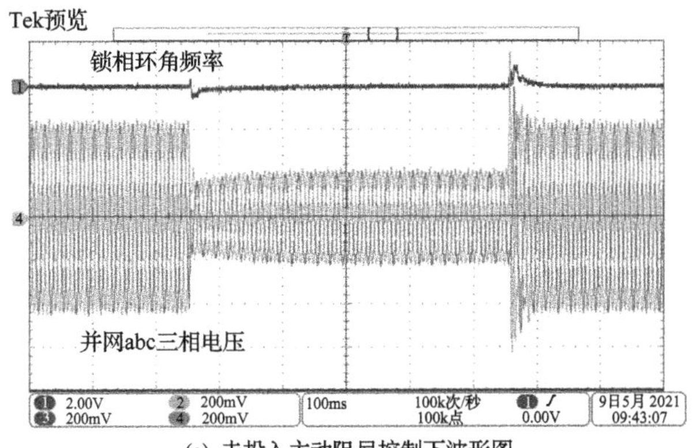

(a) 未投入主动阻尼控制下波形图

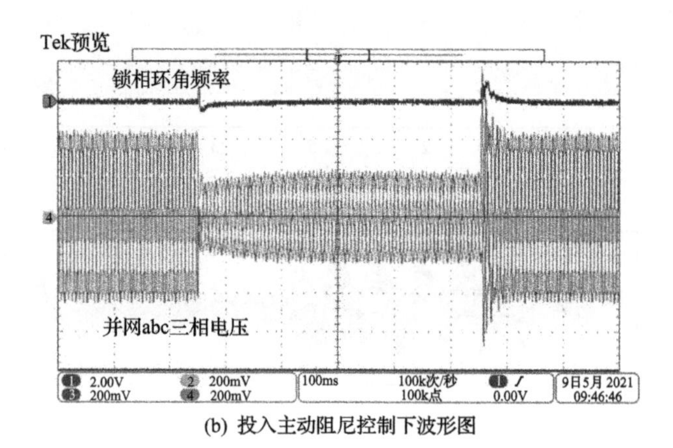

(b) 投入主动阻尼控制下波形图

图 6-19 主动阻尼控制对基频特性影响(低电压穿越特性)验证

6.3 新能源机组主动阻尼功能试验验证

本节基于开发的具备主动阻尼功能的双馈/直驱电控系统,通过双馈/直驱整机试验平台开展样机试验验证，并在沽源九龙泉风电场开展现场示范验证。

6.3.1 双馈风电机组主动阻尼功能试验验证

1. 验证平台及方案

双馈风电次同步振荡主动阻尼测试在双馈机组整机对拖试验平台完成，试验台测试的拓扑图如图 6-20 所示,包括 2MW 双馈同步发电机、测试用双馈变流器。双馈机组通过背靠背变流器接入电网。背靠背变流器的源侧(SSC 侧)提供 1p.u.基波电压的基础上，可叠加次同步谐波电压。

通过电控系统上位机软件，对 2MW 双馈风电机组样机电控系统控制软件进行改造，嵌入主动阻尼控制策略代码，从而获取机组主动阻尼的能力。在厂内拖动试验台，将双馈发电机拖动到 1200r/min 左右，启动双馈变流器，使双馈电机并网。双馈机组通过背靠背变流器接入电网。背靠背变流器的源侧提供 1p.u.基波电压的基础上，叠加注入幅值为 0.02p.u.、频率为 10Hz 的次同步谐波电压。当双馈机组定子电流和入网电流均出现次同步分量时，投入主动阻尼控制，对照阻尼投入前后并网电流振荡分量是否减小，判定主动阻尼有效性。

图6-20　双馈风电机组试验台拓扑图

2. 试验结果

为了直观证明阻尼效果，双馈机组并网接入点叠加注入幅值为 0.02p.u.、频率为 10Hz 的次同步谐波电压时，双馈机组定子电流和入网电流均出现次同步分量。投入主动阻尼，观察入网电流次同步分量衰减情况。

试验结果波形如图 6-21(a)所示，图 6-21(b)为总入网电流的 FFT 分析结果。

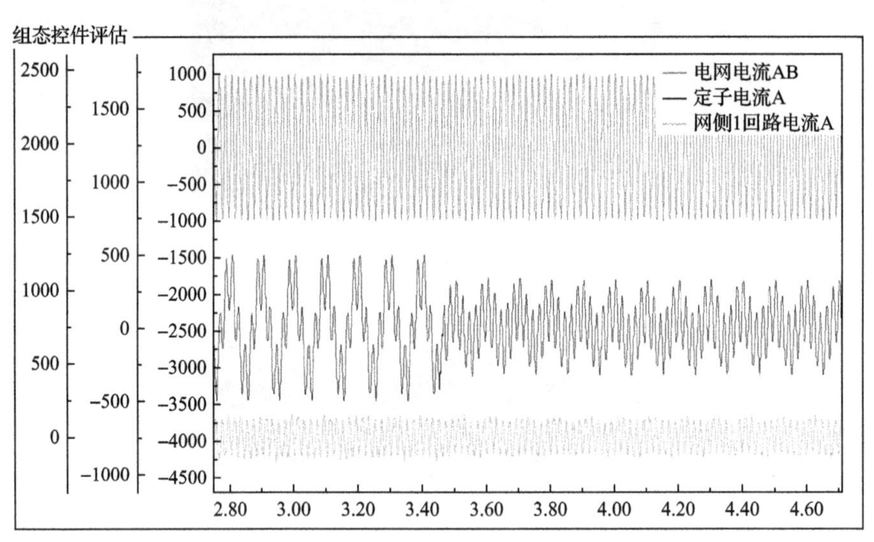

(a) 主动阻尼投入过程入网电流波形

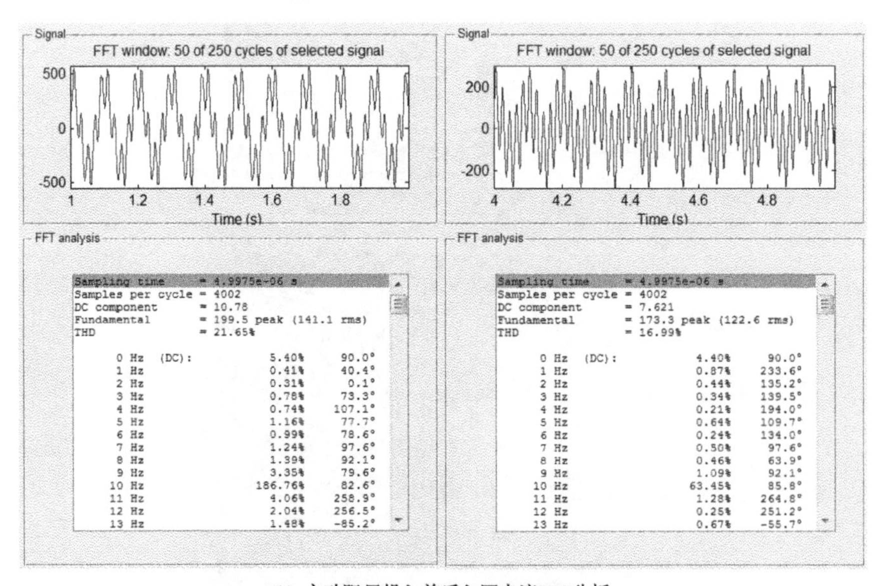

(b) 主动阻尼投入前后入网电流FFT分析

图 6-21　主动阻尼投退过程入网电流波形

投入主动阻尼控制策略后入网电流的次同步振荡分量的模值从 373A 降低到 110A，入网电流次同步振荡分量小于未投阻尼时入网电流次同步振荡分量的 30%。

6.3.2　直驱风电机组主动阻尼功能试验验证

1. 验证平台及方案

直驱风电次同步振荡主动阻尼测试在直驱机组整机对拖实验平台完成，图 6-22 为测试系统示意图，包括 6MW 永磁同步电动机、2.5MW 永磁同步发电机、拖动电机侧 AC-DC-AC 变流器单元、发电机侧 AC-DC-AC 变流器单元、串联电抗器、主控台。在实际测试中，功率在拖动电机与发电机之间循环，损耗部分由电网提供。主控台主要由工控机、显示器、上位机应用软件组成，实现对整流器、逆变器等设备的数据监控及控制参数整定修改。调整串联电抗器大小用于模拟实际机组接入弱电网的并网场景。

2. 试验结果

在机组与电网之间串入较大的电抗器，并通过主控台调节网侧变流器控制参数，激发直驱风电机组产生 dq 坐标下 34Hz 左右、60Hz 左右的振荡，后投入主动阻尼控制策略，用以验证所提控制策略对次同步频段(2.5～50Hz)和超同步频率(50～100Hz)振荡阻尼的有效性。

在激发次/超同步振荡出现后，投入主动阻尼控制策略，振荡阻尼对比结果如表 6-6 所示，实验录波结果如图 6-23 和图 6-24 所示。表 6-6 结果表明，主动阻尼控制策略对次同步频段和超同步频段振荡均有良好的阻尼效果，投入后可使得原先发散的振荡分量快速衰减(次同步频段测试结果显示在 0.2s 内振荡幅值下降到原来的 10%左右以下；超同步频段测试结果显示在 0.1s 内振荡幅值下降到原来的 10%左右以下)，且稳定后均不再存在次/超同步振荡分量。

表 6-6　投入阻尼控制前后振荡阻尼对比结果　(单位：kW)

振荡工况	投入阻尼前振荡分量峰值大小(有功次/超同步振荡分量幅值)	投入阻尼后振荡分量稳态大小(有功次/超同步振荡分量幅值)
次同步	65	0
超同步	60	0

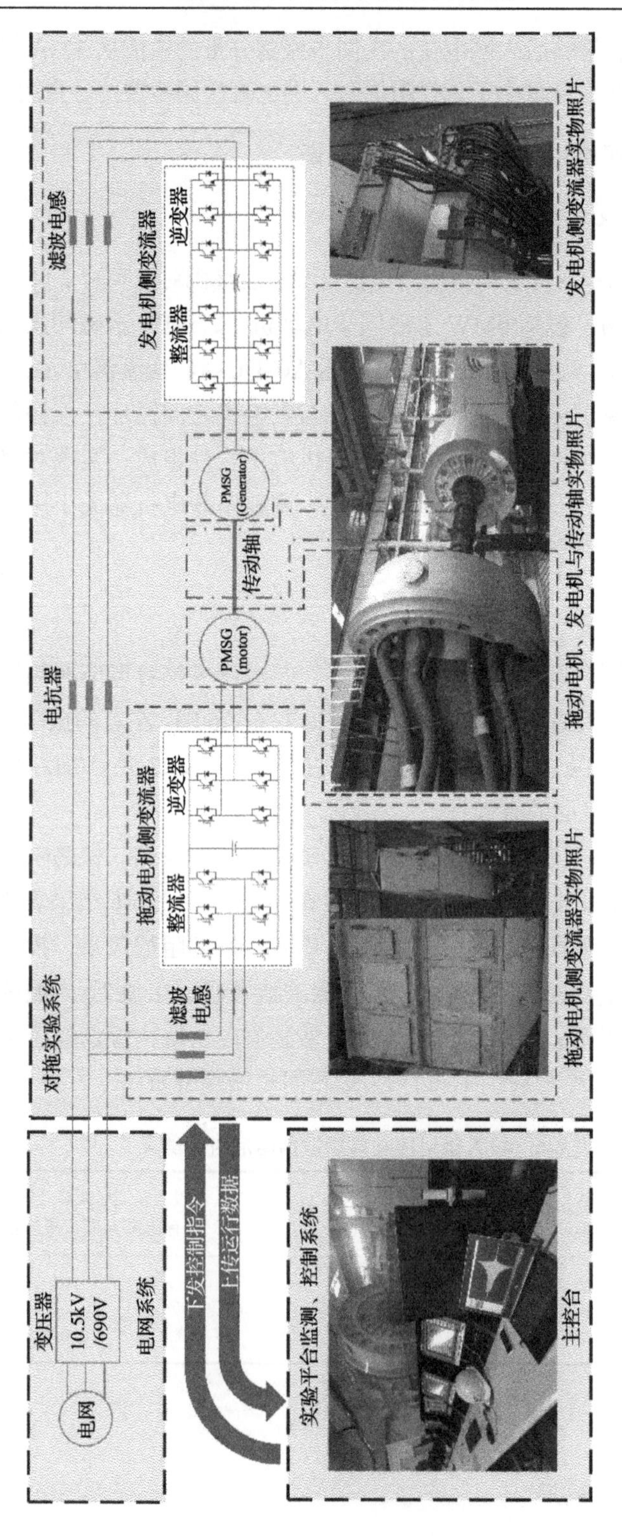

图6-22　直驱风电机组整机对拖实验平台系统示意图

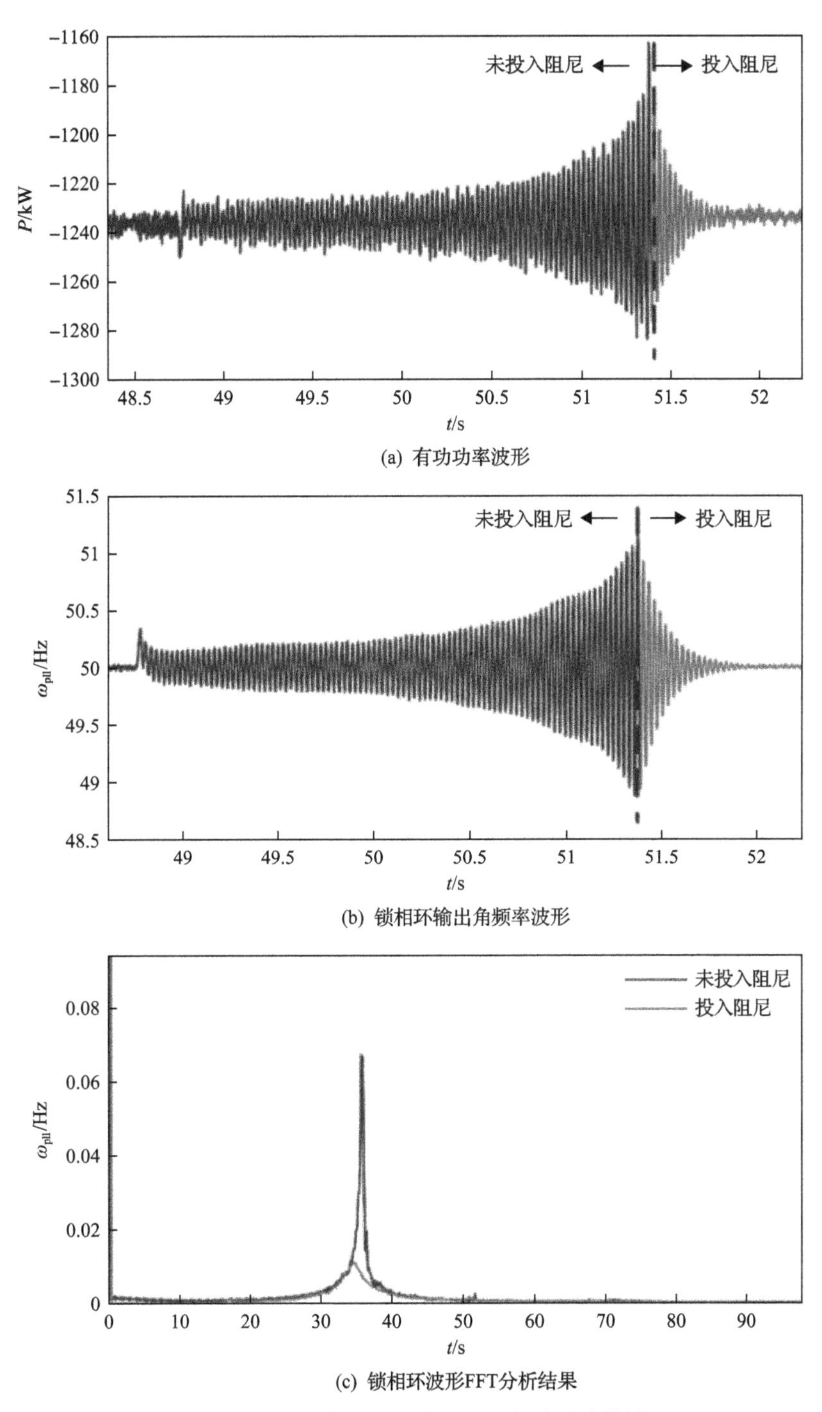

图 6-23　次同步频段振荡工况下实时录波结果

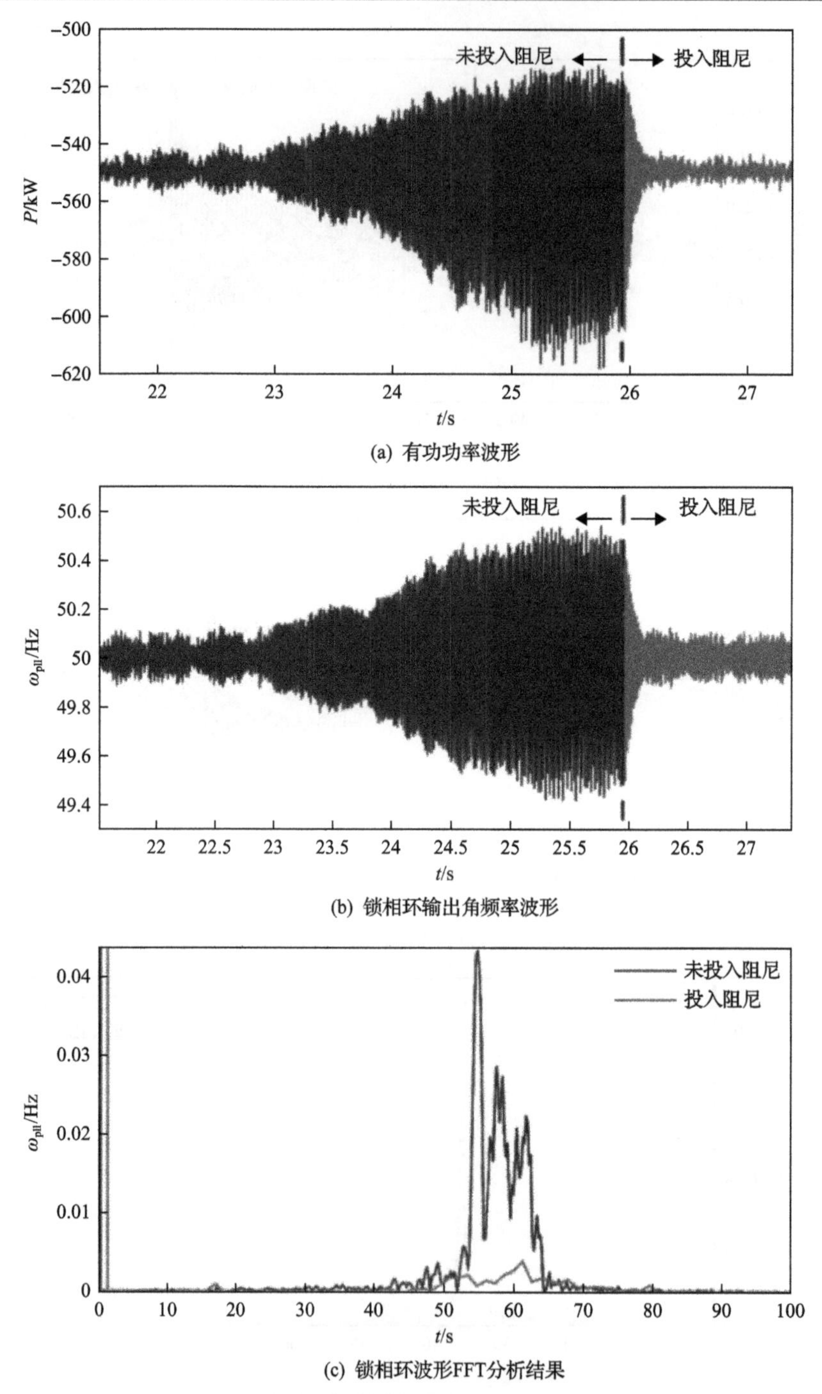

(a) 有功功率波形

(b) 锁相环输出角频率波形

(c) 锁相环波形FFT分析结果

图 6-24　超同步频段振荡工况下实时录波结果

6.3.3 风电机组主动阻尼功能示范验证

1. 示范场景与方案

福建莆田风电场发生的宽频振荡使得风场并网后稳定性控制削弱，使得系统整体稳定性受到破坏，电网的安全稳定运行遭受威胁。将所提出的主动阻尼控制策略嵌入福建莆田地区风电场中风机变流器控制器中，从而获得了宽频振荡主动阻尼功能，如图 6-25 所示。

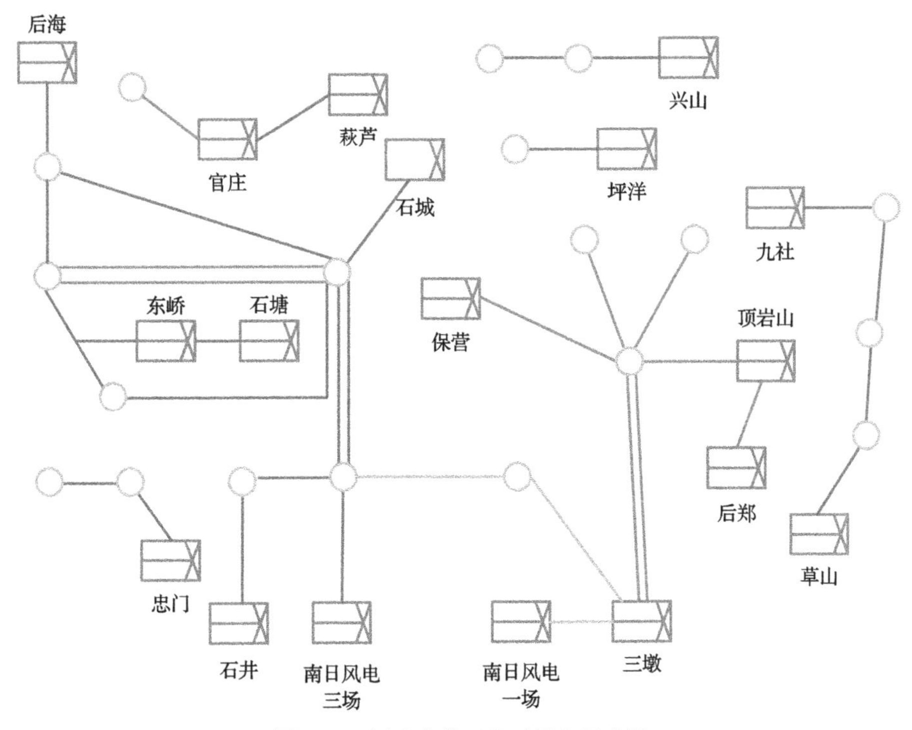

图 6-25　福建省莆田地区风电示意图

2. 试验结果

为了直观证明阻尼效果，在福建风电场实际发生振荡时，有功功率发散振荡则自动投入主动阻尼策略，并且同时触发保存波形。抑制结果在 0.3s 以内完成收敛，如图 6-26 所示。

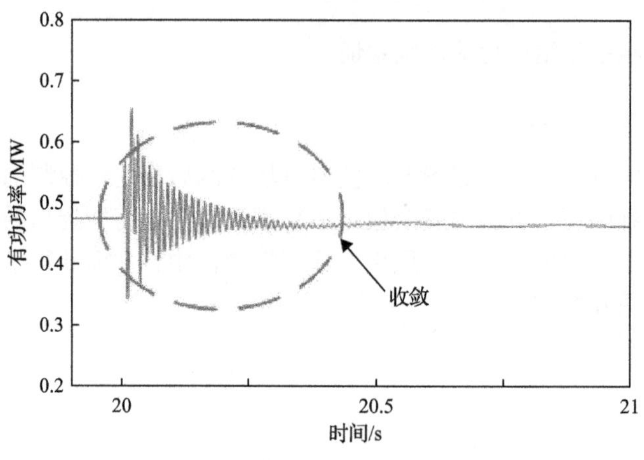

图 6-26 现场主动阻尼抑制效果图

6.4 总 结

本章对双馈风电机组和直驱风电机组电控系统进行研究，并基于电控系统进行半物理仿真试验，从振荡检测时间、主动阻尼功能以及主动阻尼控制对基频特性(低电压穿越特性)影响三方面分别进行理论验证，最后对含主动阻尼功能的双馈风电机组和直驱风电机组进行验证，证实了主动阻尼策略的有效性和可行性。